普通高等教育“十三五”规划教材

无机及分析化学实验学习指导

郑　冰　朱志彪　编著

中国石化出版社

内 容 提 要

本书是《无机及分析化学实验》课程的学习指导教材，主要针对大学一年级学生缺乏实验基础、适应大学化学实验教学相对困难的实际，面向学习该课程的学生而编写的学习指南型教材。本书涵盖基础知识和基本操作、基本化学原理、基础元素化学、化学分析法、无机化合物的制备和提纯、综合实验、设计实验七大模块的实验项目。每个实验项目的内容包括操作详解及注意事项、课堂提问、参考资料，旨在使学生在课前即能深入掌握每个操作步骤的原理、单元操作的细节，启发学生思考、反馈、举一反三，并拓展知识面，为大一学生顺利完成该课程的学习提供必要的学习指导。

本书可作为高等学校化学、生物、农学类等相关专业本科生的辅助教材，也可供相关专业的实验教学、研究人员参考。

图书在版编目（CIP）数据

无机及分析化学实验学习指导／郑冰，朱志彪编著.
—北京：中国石化出版社，2019. 7
普通高等教育“十三五”规划教材
ISBN 978-7-5114-5422-5

Ⅰ. ①无… Ⅱ. ①郑… ②朱… Ⅲ. ①无机化学-化学实验-高等学校-教学参考资料 ②分析化学-化学实验-高等学校-教学参考资料 Ⅳ. ①O61-33 ②O65-33

中国版本图书馆 CIP 数据核字(2019)第 136694 号

中国石化出版社出版发行
地址:北京市朝阳区吉市口路 9 号
邮编:100020 电话:(010)59964500
发行部电话:(010)59964526
http://www.sinopec-press.com
E-mail:press@sinopec.com
北京科信印刷有限公司印刷
全国各地新华书店经销
*
787×1092 毫米 16 开本 13 印张 328 千字
2019 年 8 月第 1 版 2019 年 8 月第 1 次印刷
定价:40.00 元

前　言

本书是高等院校《无机化学实验》《分析化学实验》《无机及分析化学实验》课程的学习指导教材。本书结合编者及其他教师多年的教学经验编写，其目的在于使大学一年级学生在实验课程前能够细致、深入地掌握每个实验中各单元操作的原理及细节，促使其思考、反馈、做到融会贯通，并拓展知识面，为顺利完成大学期间的第一门基础实验课提供必要的学习指导，使学生快速转变化学学习思维，以尽快适应大学阶段化学实验课程的学习。在本书的编写过程中，主要侧重以下三点：

(1)实验操作详解及注意事项(简称“详解”)。该部分着重解决学生对实验操作预习不透、“知其然不知其所以然”的问题，对实验操作部分的每一重要细节均做出引导性的深入解释或提示，并注明关系实验成败的关键点及影响因素，以保证学生可成功地完成实验。在该部分，除给出必要的方程式、机理、安全注意事项外，通过问句、留白等形式启发学生思考每一步操作的道理和意义，通过阅读(“详解”)→思考→查阅(资料)→分析→反馈→指导操作，实现“融会贯通”，引导学生逐步养成勤于思考、乐于探究的思维习惯。

(2)课堂提问题目列表。该列表中的题目涵盖保证学生能成功完成实验的基础知识点，主要涉及实验原理、基础知识、操作流程、操作方法(演示)等。在学生完成本教材的预习的基础上，教师可在课堂上进行提问以检验其预习效果。此外，“详解”部分的问句、留白部分同样可作为课堂提问题目或思考题，供教师选择使用。

(3)基础知识参考资料。基础知识参考资料包含实验课程所涉及的重要基础知识，如基本概念、化合物的结构、性质、用途、方法、涉及的国家标准等，旨在拓展课程的知识面，为学有余力者提供一种深入探索的途径，为将来的科研工作奠定基础。

本书主编为郑冰，副主编为朱志彪。第一章、第二章、第三章(实验三至实验五)、第五章、第六章、第七章[实验三十二(Ⅰ~Ⅳ)]、第八章(分析类设计性实验）由郑冰编写；第三章（实验六至实验九）、第四章、第七章［实验三十二（Ⅴ）至实验三十五］、第八章（无机及分析类设计性实验）由朱志彪编写。熊旖雯、范景贺、杨思雨、刘书涵等在文字编排方面做了许多工作，在此表示感谢。全书由郑冰统稿定稿。

闫鹏飞教授、袁福龙教授、秦川丽教授、范乃英教授、朱宇君教授、张国老师、曹尔新老师对本书的编写提出了宝贵意见；曾从事过无机及分析化学课程教学并帮助过我们的所有老师们，为我们的教学和教材建设打下了坚实的基础，在此表示衷心感谢。

由于编者水平有限，书中难免有疏漏和不妥之处，敬请读者批评指正。

编　者

2019 年 5 月

目　　录

第一章　绪　论

化学是一门以实验为基础的自然科学，可以说“实验是化学的灵魂”。基础实验课程是本科人才实践能力培养的重要的基础性实践教学环节，它对于提高学生的综合素质，培养学生的创新精神与实践能力具有特殊作用。在基础化学实验中，无机及分析化学实验的专业覆盖面最广，是众多基础化学实验课程中的基础。从化学类人才培养的角度出发，无机及分析化学实验课程的主要教学目标是：加深对无机及分析化学基础理论、基本知识的理解，正确和熟练地掌握无机及分析化学实验技能和基本操作，严格树立“量”“误差”和“有效数字”的概念，以及对实验结果的分析及数据处理的能力，提高观察、分析和解决问题的能力，激发学习主动性和创造性，培养严谨的工作作风、实事求是的科学态度，为培养能适应未来社会发展需要的应用型专业人才奠定扎实的基础。通过综合性、设计性实验，进一步提升独立实验能力和创新意识，激发学习兴趣，培养理论联系实际、解决问题的能力，以全面提高综合素质。无机及分析化学实验课程在本科一年级第一学期开设，往往是高校相关专业学生大学期间的第一门实验课，因此，学好无机及分析化学实验课程，对于良好的实验作风和科学态度的培养，以及将来后续课程的学习、科学研究、技术工作等具有至关重要的意义！

一、基本要求

1.“五必带”

千金难买，回头一望：每次实验课出发前，检查是否做到“五必带”，即实验教材、预习报告、实验柜钥匙、实验服、护目镜是否带齐。

2. 上课时间要求

实验课要求提前10分钟进入实验室进行实验前准备，主要包括准备本次实验所需的仪器，并清洗、烘干等，备用；将预习报告置于自己的实验台上待教师检查。

3. 数据记录

要求边做实验边记录数据，应直接将数据、现象记录在实验报告上，而不可记录在手上、书上、草稿纸上，再转到实验报告上；数据应使用中性笔或钢笔记录，不可用铅笔；数据未经教师签字视为无效；数据不可随意涂改，特殊原因需要更正时，须经教师确认，征得教师同意后方可杠改并请教师签字生效。

4. 实验台面卫生

实验全程要保持实验台面布局合理、干净整齐：

（1）实验前先用干净抹布将实验台面擦净。

（2）不常用仪器一字排开置于实验台面内侧，不用的仪器不应摆放在台面上。

（3）实行固液分离，每次实验准备一只大烧杯盛放废液，其他需要统一回收的废液应按要求回收；准备一个大表面皿或烧杯盛放固体废弃物，保证实验台面整洁。

（4）教材和报告应放置于指定位置，与实验区域分开，避免被弄脏或弄污，方便记录数据、实验现象等；衣服、书包等物品应放入衣包柜内。

（5）实验过程中，取出所需仪器后，应随即关好柜门。

(6) 钥匙应拔出，不要插在锁孔内，以免被碰折。

(7) 应保持良好的卫生习惯，每人准备一块抹布，随时备用；实验结束将清洗好的仪器收拾完毕、锁好柜门后，将实验台面、个人分担区(试剂架上中下部分、水池、窗台、通风橱等)清理、擦拭干净并经教师签字后方可离开实验室，具体卫生分担区由教师指定。

(8) 值日生轮流值日，负责整个实验室的公共卫生：扫地、拖地、擦黑板、倒垃圾，检查门、窗、水、电，值日结束后，由教师检查签字后方可离开实验室。

5. 实验总体要求

实验总体要求总结为“敬天爱人，胆大心细；五官灵敏，有条不紊”。

这里的“敬天”指的是要尊重自然：每次实验用到的化学药品都有其独特的性质，使用前应弄清楚每种药品的属性、使用注意事项，这样才能保证在使用时不会因为误操作导致安全问题；实验中需要使用的仪器也有其操作规范，应认真学习并遵照执行，否则很容易因为误操作导致仪器损坏，造成损失、甚至导致意外事故发生。

“爱人”在这里指的是在实验中，既要保护好自己的安全，又要注意其他同学和老师的安全。例如，有的同学虽然清楚加热试管时管口对着自己是很危险的，但并不注意管口朝向周围其他人同样存在危险！应做到珍爱自己和爱护周围同学兼顾。

“胆大心细”指的是在“敬天爱人”的基础上，实验操作应大胆去做，同时也应注意到各种细节，保证实验操作的规范性和安全性。

“五官灵敏”指的是实验中，眼、耳、鼻等要灵敏，能及时觉察到实验过程中出现的反常、异常现象和安全隐患；若实验中出现反常现象，应深入分析、反复验证，直到得出正确的结果；若实验中出现安全隐患，应能及时处理并报告教师，保证各种隐患在第一时间能得到处理。例如，电炉的电源线搭在加热板面上，存在安全隐患，应避免。

“有条不紊”建立在课前充分预习、对整个实验有充分理解的基础上，是合理计划、周密安排后的结果；要求同学们“慎始善终”，实验前把每步操作的顺序想清楚、计划好，做到思路清晰、心中有数，避免照方抓药、手忙脚乱，这样，从实验开始，即可做到有条不紊，按计划顺利完成实验目标。

二、实验安全知识

实验中，经常使用水、电、各种化学品、电气设备、玻璃仪器和相关的仪器设备。如果不了解仪器的性能、药品的性质，操作失误，违反仪器的使用规程等，都会带来很多不安全的因素。因此，必须将“安全”放在首位！实验前，要了解和掌握必要的实验室安全知识，防止意外事故的发生。

(1) 实验前应了解电源、消火栓、灭火器、紧急洗眼器和紧急淋洗器的位置及正确的使用方法，了解实验室安全出口和紧急情况时的逃生路线。

(2) 实验时应根据情况采取必要的防护措施。要身着长袖、过膝的实验服，佩戴护目镜，不准穿拖鞋、大开口鞋和凉鞋。长发(过衣领)必须束起。

(3) 实验室内严禁饮食、吸烟。化学实验药品禁止入口。

(4) 水、电、煤气一经使用完毕，应立即关闭。

(5) 浓酸、浓碱具有强腐蚀性，切勿溅在皮肤或衣服上。用硫酸、盐酸、硝酸等溶解样品时应在通风橱内操作。

(6) 稀释浓硫酸时，应将浓硫酸缓慢注入水中，并不断搅拌，切勿将水注入硫酸中！以免产生局部过热使浓硫酸溅出，引起灼伤。

(7) 有毒、有刺激性或有恶臭气味物质(如硫化氢、氟化氢、氯气、一氧化碳、二氧化硫、二氧化氮等)的实验，必须在通风橱中进行。

(8) 开启存有挥发性试剂的瓶塞时，应在通风橱内进行；开启时，瓶口须指向无人处，以免液体喷溅而造成伤害。

(9) 闻瓶中气体的气味时，鼻子不能直接对着瓶口(或管口)吸气，而应该用手将少量气体扇向自己的鼻孔。

(10) 不可用手去接触任何化学品，取用在空气中易燃的钾、钠和白磷等物质时，要用镊子。

(11) 重铬酸钾、钡盐、铅盐、砷的化合物、汞的化合物，特别是氰化物等，毒性大，使用时要特别小心。剩余的废物、废液应统一回收。

(12) 强氧化剂(如氯酸钾、硝酸钾、高锰酸钾等)或强氧化剂混合物不能研磨，否则将引起爆炸。

(13) 不得将实验室的化学药品带出实验室。

(14) 使用玻璃棒、玻璃管、温度计时，应注意安全，避免割伤。

(15) 使用酒精灯前应充分了解酒精灯的操作注意事项，并严格执行。

(16) 加热试管时，不得将试管口指向自己和他人，也不要俯视正在加热的液体，避免溅出的液体伤人。

(17) 使用电器设备时，不要用湿的手、物接触电源，以免发生触电事故。电器使用前应检查线路是否有裸露的地方，以防触电或者短路。使用电炉、电热板时，要把其电源线整理好，距离加热设备 10cm 以上，以防烫坏电源线的绝缘皮而漏电。使用水浴锅加热时，要随时注意水位变化，以免因缺水烧坏元件或引发火灾。

(18) 点燃的火柴用后应立即熄灭，不得乱扔。一切易挥发和易燃物质的实验，必须在远离火源的地方进行，以免发生爆炸事故。

(19) 分析天平、分光光度计、酸度计等常用的精密仪器，使用时应严格按照规定进行操作。

(20) 实验完毕应洗手，离开实验室前应关闭水、电、门、窗。

三、实验室事故处理

实验中，如果不慎发生意外事故，应沉着、冷静，在自身能力范围内迅速处理，同时报告指导教师，超出能力范围的应迅速报警。

1. 火灾

一旦发生火灾，应保持沉着冷静，在保证自身安全的情况下，一方面迅速切断总电源，关闭通风设备，防止火势蔓延；另一方面立即熄灭所有火源，超出能力范围的应迅速报警。使用灭火器时，应从火的四周开始向中心扑灭，把灭火器的喷口对准火焰的根部喷射。

(1) 酒精等有机溶剂泼洒在实验台面上着火燃烧，用灭火毯、湿抹布、砂子盖灭，或用灭火器扑灭。

(2) 衣服着火，立即用湿布蒙盖，使之与空气隔绝而熄灭。衣服的燃烧面积较大，可躺在地上打滚，使火焰不致向上烧着头部，同时也可使火熄灭。

(3) 小器皿内着火，可盖上石棉网或灭火毯等，隔绝空气灭火。

(4) 乙醚等有机溶剂着火时，用沙土扑灭，不可用水！否则反而扩大燃烧面。

(5) 油类着火，用沙土(或防火毯、灭火器)灭火。

(6) 电器着火，首先切断总电源，然后用二氧化碳灭火器或四氯化碳灭火器灭火。

实验室常用的灭火器类型、使用范围及使用方法见表 0-1。

表 0-1　实验室常用的灭火器类型、使用范围及使用方法

灭火器类型	主要成分	灭火使用范围	使用方法
二氧化碳灭火器	液态二氧化碳	图书、档案、贵重设备、精密仪器、600V 以下电气设备、B 类及 C 类的初起火灾； 不适用碱(土)金属及其氢化物燃烧的火灾	先拔出保险销，一手握住胶质喷筒根部，另一只手紧握启闭阀的压把，压合压把，喷射火焰根部； 小贴士：防止皮肤接触喷筒中上部或连接管造成冻伤
干粉灭火器	钠盐干粉、紫钾盐干粉、氨基干粉、磷酸盐干粉、碳硫氨基干粉等	BC 类干粉灭火器：B、C、E 类初起火灾；ABC 类干粉灭火器还适用于 A 类火灾， 不适用于 D 类火灾	将筒身上下摇晃数次，拔出保险销，筒体与地面垂直，对准火苗根部，用力压下握把，摇摆喷射

注：火灾分类：

A 类火灾指固体物质火灾，如木料、布料、纸张、橡胶、塑料等燃烧形成的火灾。

B 类火灾指液体火灾和可溶化的固体物质火灾，如可燃易燃液体和沥青、石蜡等燃烧形成的火灾。

C 类火灾指气体火灾，如煤气、天然气、甲烷、氢气等燃烧形成的火灾。

D 类火灾指金属火灾，如钾、钠、镁等金属燃烧形成的火灾。

E 类火灾指物体带电燃烧形成的火灾，如加热设备、烘干设备等燃烧形成的火灾。

F 类火灾指动植物油脂燃烧形成的火灾，如烹饪器具内的动植物油等燃烧形成的火灾。

2. 中毒

绝大多数化学试剂具有不同程度的毒性，主要通过皮肤接触或呼吸道吸入引起中毒。

(1) 吸入有毒气体时，应立即将中毒者搬到室外呼吸新鲜空气，解开衣领纽扣，利于呼吸从而缓解症状。吸入氯气和溴气者，可用碳酸氢钠溶液漱口，但不可进行人工呼吸。

(2) 毒物进入口内时，未咽下的毒物应立即吐出来，用大量水冲洗口腔；若已咽下，应根据毒物的性质采取相应的解毒方法。

(3) 腐蚀性中毒或强酸、强碱中毒都要先饮大量水，对于强酸中毒可服用氢氧化铝膏。无论酸碱中毒都可服用牛奶解毒，但不要吃催吐剂。

(4) 刺激性或神经性中毒，先服用牛奶或蛋白缓和，再服用硫酸镁溶液催吐。

上述应急措施完毕，立即将伤者送往医院治疗。

3. 玻璃割伤

伤口处不能用手抚摸，也不能用水洗涤。应先把碎玻璃从伤处取出。轻伤可涂以碘伏或医用酒精，然后贴上“创可贴”；必要时可撒些消炎粉或敷些消炎膏，再用绷带包扎；重伤者经云南白药止血、包扎后，立即送往医院救治。

4. 烫伤和灼伤

(1) 烫伤。轻微烫伤，将无破损创面放入冷水中浸洗，伤口处皮肤未破时，可涂擦烫伤膏，若伤口破裂，应用 5% 的高锰酸钾溶液擦拭，然后撒上消炎粉。严重烫伤，不能用生冷水冲洗或者浸泡伤口，否则会引起肌肤溃烂，加重伤势，大大增加留疤的几率，应用干净布包住创面及时送往医院。

（2）酸腐蚀灼伤。先用大量水冲洗，再用饱和碳酸氢钠溶液（或稀氨水、肥皂水）洗，最后再用水冲洗。如果酸液溅入眼中，先抹去眼外部的酸，立即用大量水长时间冲洗，再用质量分数为3%~5%的碳酸氢钠溶液洗涤。

（3）碱腐蚀灼伤。先用大量水冲洗，再用质量分数为3%~5%醋酸溶液或质量分数为3%的硼酸溶液洗，最后用水冲洗。如果碱液溅入眼中，先抹去眼外部的碱，用大量水冲洗，再用质量分数为3%硼酸溶液洗涤后，滴入蓖麻油。

（4）溴腐蚀灼伤。立即用大量水冲洗，也可用酒精或2%硫代硫酸钠溶液洗至伤口呈白色，然后涂甘油后加以按摩。

（5）磷灼伤。用1%硝酸银、5%硫酸铜或浓高锰酸钾溶液洗伤口，然后包扎。

对于重伤情况，上述应急措施处理完毕，立即将伤者送往医院治疗。

第二章　基础知识和基本操作

实验一　电子分析天平称量练习

一、操作详解及注意事项

序号	操作	原理或注意事项
0	**实验前准备：** 称量瓶 1 个，表面皿 1~2 个，100mL 烧杯 2 个，药匙。	1. 烘箱打开备用。 2. 将 1 个清净的称量瓶置于烘箱烘干备用(称量瓶盖应如何放置?)，讲课环节结束，仪器即能干燥，不影响实验中使用。
1	**电子天平的使用方法：** (1)检查水平：在使用前需观察水平仪是否水平，若不水平，需调整天平后面的水平调节脚，使天平水平泡到中央位置。 (2)预热、开机：接通电源，用手指轻按天平面板上的“on”键，显示屏上显示所有字段和软件版本号，接着出现 0.0000g 闪动。需要预热 20~30min 后，天平稳定，进入称量状态。 (3)归零：待电子显示屏上闪动的数字稳定并且屏幕左上角出现稳定指示符“米”后，即可称量读数。如果显示不是 0.0000g，则需快速按一下“O/T”键回零。打开天平侧门，将空容器置于秤盘上，关闭天平侧门，按“O/T”键回零，即将容器的质量扣除。 (4)称量：打开天平侧门，向容器中加入样品，关闭天平侧门，待电子显示屏上闪动的数字稳定并且屏幕左上角出现稳定指示符“米”后，即可读数并记录称量结果，此时显示的是样品的净重。 (5)关机：称量完毕，取下被称物，按住“Mode off”键直到显示屏出现“off”后松开。拔掉电源，盖上防尘罩。	1. 称量时，应佩戴天平手套，不可徒手操作。 2. 称量过程中，应注意轻拿轻放！放置容器至电子天平的秤盘时，若用力过大会使质量瞬间超过天平量程，导致仪器损坏。 3. 对所称物质的质量是否符合分析天平量程范围没把握时，可先在台秤上预称，以确保符合要求，避免造成仪器损坏。 4. 称量试样时，试样的移取应使用专门的工具，如药匙等，**要避免手直接接触**，以防手上汗渍和油渍沾到容器上而影响准确性，同时保证安全，避免对人体造成损伤。 5. 化学试剂不能直接接触托盘。 6. 放置称量物之前要先归零，天平的回零键一般为“去皮”“T”“O/T”等按键。 7. 读数时应先关闭天平双侧小门，避免因空气流动而影响示数。
2	**指定质量称量法：** 准确称量 0.5000g 石英砂，误差范围±0.5mg。准备一个干净而干燥的表面皿，放在电子天平托盘上，待天平稳定后，归零，用药匙量取少量石英砂加到表面皿中，直至达到 0.5000mg±0.5mg 为止，记录称量数据。教师签字，再按归零键，继续在表面皿上称量 0.5000mg±0.5mg。	1. 指定质量称量法又称增量法，此法用于称量某一指定质量范围的试样，适用于不易吸潮、在空气中性质稳定的粉末或小颗粒试样。 2. 指定质量法和递减法的区分口诀：**“加法和减法，归零为参比”**：指定质量称量法相当于加法，天平显示屏显示的是加号(实际不显示)；而递减称量法相当于减法，天平显示屏显示的是负号(减号)；加法和减法是以天平系统“归零”为分界。

续表

序号	操作	原理或注意事项
3	**递减称量法(差减法)：** (1)准备两个干净而干燥的小烧杯，标上编号，然后分别放在分析天平的托盘上，准确称量到0.1mg。将烧杯的质量 m_1、m'_1 记录在报告本上。 (2)粗称。取一个干净而干燥的称量瓶于台秤上，归零，加入1g石英砂。 (3)精称。将称量瓶放入分析天平托盘，归零，然后用瓶盖轻轻地敲击称量瓶磨口处，将试样0.4~0.5g(约1/2)转移到第一个烧杯内，将称量瓶放回分析天平的托盘上，此时天平显示的是-0.＊＊＊＊g，此数据为样品净质量，记录为 m_2。若不符合称量范围，重复上述操作。按归零键，用同样的方法再转移0.4~0.5g试样于第二个烧杯中，准确记录天平显示的-0.＊＊＊＊g，记为 m'_2。 (4)分别称量1、2两个已装有样品的小烧杯的质量，并记为 m_3、m'_3。 **小贴士：** (1)称量时不能用手直接拿称量瓶或烧杯，应戴天平专用手套或用干净的纸条夹取。 (2)取出的试样不能再放回称量瓶，因此采用递减称量法称量时，一旦试剂倾倒超出称量要求，则需将试剂倾倒至指定回收容器并洗刷烧杯后重新称量。	1. 递减法中称量瓶使用的口诀：**“先正敲，后回敲，不偏不少精度高”**。 (1)**“先正敲”**：一边用瓶盖轻轻敲击瓶口上部，一边慢慢将称量瓶口另一端向下倾斜，使试样慢慢落入正下方的容器内。 (2)**“后回敲”**：估测倾出的试样已接近所要称的质量时，用瓶盖轻轻敲击瓶口上部动作不停，同时慢慢将称量瓶竖起。 (3)**“不偏不少精度高”**：当称量瓶口到达水平位置后，仍保持用瓶盖轻轻敲击瓶口上部动作不停，使黏在瓶口处的试样落入称量瓶内，沾在瓶口外沿的试样落入正下方的容器内，**称量瓶和下方容器的相对位置不能偏，称量瓶内外瓶口的试样不少**，以保证精度。盖好瓶盖，放回秤盘上称量。 2. 递减法称量练习步骤口诀：**“前后称烧杯，中间称量瓶，两份之间要清零”**。 3. 天平读数：关好天平门，待天平示数稳定即可读数，稳定指的是天平示数的最后一位不变，最后一位示数稳定即可读数，数据记录在实验报告相应的表格里面。
4	**结果检验：** (1)检验称量瓶的减重是否等于烧杯的增重，即 $m_2=m_3-m_1$，$m'_2=m'_3-m'_1$。如果不相等，求出称量的绝对差值，该值应≤0.5mg。 (2)检验倒入烧杯中2份样品的质量是否合乎要求的范围，将称量的结果记录在实验报告中。	

二、课堂提问

(1) 称量中，试样不能洒落在秤盘上和天平箱内，若试样洒落，应如何处理？

(2) 读数时天平门是开的还是关的？为什么？

(3) 称量过程结束需要做什么？

(4) 直接称量法适用于什么类型的试样？

(5) 直接称量法称量时，样品应置于秤盘的什么位置？

(6) 指定质量称量法适用于称量什么类型的试样？

(7) 使用牛角勺向容器中添加试样的操作方法。

(8) 指定质量称量法的操作步骤？

(9) 递减称量法适用于什么类型的试样？

(10) 递减称量法的操作步骤。

(11) 在称量过程中需要戴手套吗？为什么？

(12) 怎样洗涤和干燥仪器？

(13) 洗净的标准是什么？

(14) 用去污粉洗涤时应注意什么？

(15) 使用毛刷应注意什么？可否用布擦干仪器？

三、数据记录

实验报告记录如表 1-1、表 1-2 所示。

表 1-1 指定质量称量法

样品号	Ⅰ	Ⅱ
称样量/g		
称量误差/mg		

表 1-2 递减法

样品号	Ⅰ	Ⅱ
空烧杯重/g	$m_1=$	$m'_1=$
倾出样品重/g	$m_2=$	$m'_2=$
烧杯+样品重/g	$m_3=$	$m'_3=$
烧杯中样品重/g	$m_3-m_1=$	$m'_3-m'_1=$
称量误差/mg	$\mid m_2-(m_3-m_1)\mid=$	$\mid m'_2-(m'_3-m'_1)\mid=$

实验二 酸碱滴定练习

一、操作详解及注意事项

序号	操 作	原理或注意事项
0	**实验前准备**：50mL 滴定管，25mL 移液管，250mL 锥形瓶，10mL 量筒，洗耳球等。	预习滴定管、移液管操作注意事项(见下表“滴定管、移液管操作注意事项”)。
1	**强碱滴定强酸练习**： 用量筒量取 5mL 未知浓度的 HCl 溶液于锥形瓶中，加水 20mL 左右，加入 2 滴酚酞作指示剂。将标准 NaOH 溶液注入滴定管内，设法赶尽下端的气泡，调整滴定管内的液面位置至“0”刻度。然后进行滴定至溶液由无色变为粉红色(30s 内不消失)，即可认为已达终点。第一次滴定结束后，再加入 5mL 未知浓度的 HCl 溶液于锥形瓶中，再用碱液滴定至终点。如此反复练习多次。当熟练地掌握滴定管的滴定操作，并能正确地判断滴定终点后，可开始做下面的实验。	1. 该部分供练习之用，主要训练滴定的基本操作及滴定终点的颜色控制，数据不需记录。 2. 量取 HCl 使用量筒即可。 3. 滴定颜色是从无色→微红色，滴定终点应是淡淡的红色，或者说是粉色，颜色深说明滴定过量，变成微红色 30s 不变色即可！为什么？ (因为长时间放置可能会褪色→受空气中的酸碱性物质的影响，如二氧化碳等)

续表

序号	操　作	原理或注意事项
2	**盐酸浓度测定：** 用移液管准确吸取25mL未知浓度的HCl溶液于锥形瓶中，加入2~3滴酚酞指示剂。将标准NaOH溶液注入滴定管中，调整滴定管内的液面位置至“0”刻度。然后按上述方法进行滴定。达到滴定终点后，记下液面位置的准确读数，即为滴定所用碱溶液的体积。再吸取25mLHCl溶液，用同样步骤重复操作，直到两次实验所用碱溶液的体积相差不超过0.05mL为止。	1. 加入2~3滴酚酞指示剂后，溶液是什么颜色？ 2. 调整滴定管内的液面位置至“0”刻度时的基准读数位置(凹液面最低点/交叉点)要和终点读数时一致，为什么？ 3. 平行滴定3组，保证3组数据的滴定液体积消耗相差不超过0.05mL，若超过范围→重滴→直到达到要求。 4. 为什么要求保证3组数据的滴定液体积消耗相差不超过0.05mL？
3	**强酸滴定强碱练习：** 用量筒量取5mL未知浓度的NaOH溶液于锥形瓶中，加水20mL左右，加入1滴甲基红指示剂。将标准HCl溶液注入滴定管内，设法赶尽下端的气泡，调整滴定管内的液面位置至“0”刻度。然后进行滴定至溶液由黄色变为橙红色(30s内不消失)，即可认为已达终点。第一次滴定结束后，再加入5mL未知浓度的NaOH溶液于锥形瓶中，再用酸液滴定至终点。如此反复练习多次。当熟练地掌握滴定管的滴定操作，并能正确地判断滴定终点后，可开始做下面的实验。	1. 同样是供练习之用，数据不需记录。 2. 量取NaOH使用量筒即可。 3. 滴定颜色是从黄色到橙红色，滴定终点应是微微变色，30s不变色即可，颜色深说明滴定过量。 4. 滴定中总有同学问：“老师，我这个过没过?”“过多少?”自我检测对比的方法，如下： (1)**与空白对比**：准备一个锥形瓶，瓶内装滴定前的溶液，加指示剂！自行对比滴定前后溶液的颜色变化，来确定是否达到终点，及变化幅度大小。 (2)**返滴定确定过量多少**：在滴定后的溶液中滴加未知浓度NaOH溶液，逐滴滴加，记下滴数，观察颜色变化，溶液从橙红色变回黄色的那一滴即是终点，计算滴定过量了多少。
4	**氢氧化钠浓度测定：** (1)用移液管吸取25mL未知浓度的NaOH溶液于锥形瓶中，加入1滴甲基红指示剂。 (2)在滴定管中装入标准HCl溶液，调整滴定管内的液面位置至“0”刻度。然后按上述操作方法进行滴定。滴定达到终点后，记下液面位置的读数，即为滴定所用酸溶液的体积。 (3)再吸取25mL NaOH溶液，用同样步骤重复操作，直到两次实验所用酸溶液的体积相差不超过0.05mL为止。	平行滴定3组，保证3组数据的滴定液体积消耗相差不超过0.05mL。
5	**体积估量：**1mL溶液有多少滴和1滴是多少毫升的估算：取一个10mL量筒，滴管逐滴滴加至1mL，记下滴数。	1mL有多少滴？1滴折合多少毫升？半滴折合多少毫升？

滴定管、移液管操作注意事项

序号	操　作	原理或注意事项
0	**洗涤：**使用前应将滴定管清洗干净。	应用水、洗涤剂或洗液洗涤至内壁不挂水珠为止。
1	**检漏：**滴定管内装水至最高刻度→垂直放置滴定管→检查活塞处是否漏水→旋转活塞再次检查。	滴定管上有旋塞，可调节→调整至**松紧合适**，太松，容易漏液；太紧，难以控制滴定速度，尤其是对终点1滴/半滴的控制较难。

续表

序号	操作	原理或注意事项
2	**润洗**：自来水洗涤→蒸馏水洗涤2~3次→滴定液润洗2~3次。	按照"少量多次"的原则。少量：5~10mL；多次：2~3次。水槽边接水时，慢开慢闭，防止水喷溅到四周！
3	**加滴定液**：关好旋塞，从下口瓶中将滴定液直接放入管中，或用小烧杯取一定体积滴定液，然后将滴定液装入滴定管。	1. "一定体积"对应的是滴定管的容积，零刻线以上位置，不要取多，以免浪费溶液。 2. 小烧杯须干净、干燥或提前润洗。
4	**排气泡**：滴定管中滴定液有气泡会影响实验结果，需要排气泡。方法：管内装满操作溶液→倾斜滴定管→打开旋塞→快速放出溶液。	1. 气泡为什么会对实验结果有影响？滴定前后操作液高度不同→压力不同→气泡的高度变化→产生误差。 2. 排气泡的方法有快速冲出法和倒吸法等。
5	**调零**：两指捏滴定管零刻度线以上位置，使管身自然垂直，眼睛与液面下边缘相平，旋转活塞，调节管内液面下边缘在零刻度处。	1. 读数时注意：对于无色溶液，读取凹液面最低点；对于有色溶液，如高锰酸钾，凹液面最低点难以辨识，因此要读取弧形液面的最高处。 2. 滴定时应从零刻度开始，便于读数，同时也可避免滴定液用量不足。
6	**操作姿势**：滴定前，铁架台的位置应放在使操作者身体舒适、自然的操作位置。	1. 通常情况下，为了摆放整齐，实验室台面上的铁架台放置于贴近试剂架位置，使用时，应自行调整铁架台位置，将其摆放至距离操作者较近的实验台边缘，即不太远也不太近；同时滴定管高度应适宜，操作者感觉操作舒适、自然即可，如封二图1所示。 2. 很多同学不知道将铁架台拉到距离身体比较合适的位置，滴定时弯腰拧身，非常不利于滴定操作，也很不舒服，如封二图2所示。
7	**锥形瓶**：使用前应刷洗干净。	锥形瓶可否润洗？
8	**移液管**：用移液管准确吸取25mL溶液。	移液管使用参考：操作9~11。
9	**润洗**：自来水洗涤→蒸馏水洗涤2~3次→待测液润洗2~3次。	按照"少量多次"的原则，参考操作2。
10	**移液**： (1)右手拇指和中指拿住标线以上部分，移液管插入液面下1~2cm。 (2)左手持洗耳球，排空洗耳球内空气，使洗耳球对准移液管上口，缓慢松开洗耳球，待液面升至刻度线以上，迅速移去洗耳球，同时用食指堵住管口。 (3)左手拿起吸液容器，将容器与移液管同时提起，右手食指微微松动同时转动管身，使液面缓慢下降，直到管内溶液的凹液面最低点与标线相切，这时应立即用食指按紧管口，移开吸液容器。 (4)将移液管向上提起，使之离开液面，并将原深入溶液部分沿容器内壁轻转两圈，以除去管壁上的溶液。	1. 洗耳球，也称作吸耳球、吹尘球、皮老虎、皮吹子，是一种橡胶材质的工具，一端是球形，另一端是管状，用于快速大量吹出风来，最初用于医院治疗耳疾病，游泳后吸取耳内的进水。实验室内主要用于吸量管定量抽取液体。 2. 洗耳球吸取溶液前，应先排空空气，而不能在移液管已经插入溶液后再排空气！使用中应注意勿将溶液吸入。 3. 吸液时，应保证管尖浸入溶液中的深浅合适。 4. 调整液面至刻线时，应单手持管操作；移液管尖距离吸液容器不可过高。

续表

序号	操　作	原理或注意事项
11	**放液**：左手改拿锥形瓶，使其倾斜约30°角，移液管保持垂直，其内壁与移液管尖紧贴，下管口靠器壁，放松右手食指，使溶液自然沿壁流下；待液体流完后，再停留15s左右，移出移液管。	1. 应注意管尖残留液的引流。 2. 15s后，移液管尖剩余的液体通常不用洗耳球吹出，除非移液管上有注明"吹"("blow-out")的字样。
12	**滴定**：右手转动锥形瓶，左手控制活塞调节流速(不能太快)，眼睛注视锥形瓶内颜色变化，接近终点时，用水呈螺旋状冲洗瓶壁，再滴至终点。 **手法**：(1)左手控制旋塞，大拇指在管前，食指和中指在管后，三指控制活塞柄，无名指和小指向手心弯曲；(2)摇瓶时，应微摇动腕关节，保持锥形瓶口基本不动，瓶底作圆周运动，应摇动使溶液呈现旋涡状，而非晃动！	1. 滴定速度要求"见滴成串"，不可成流(线)！ 2. 难点：**终点一滴/半滴的控制**，最终要求掌握终点半滴的控制；终点半滴指的是滴定液保留在管尖处悬而未落，然后将其靠(沾)到锥形瓶内壁，再用洗瓶将其冲入锥形瓶内的溶液中。 3. 重点：滴定时旋塞控制和锥形瓶摇动的手法。 4. 旋塞螺母应朝向手心，而非相反方向。 5. 滴定过程中左右手应同时配合，边滴边摇，不可单手操作或"放任自流"！
13	**读数**：两指提滴定管颈部(液面上方位置)，使管身自然垂直，眼睛与液面下边缘(凹液面最低点)相平，读数时应估读一位。	1. 如：23.25mL，最后一位是估读的。 2. 读数前应关紧旋塞，即让旋塞柄和滴定管垂直，以保证读数时不会有滴定液渗出。 3. 滴定后，管尖下方应用小烧杯承接，以防滴定液漏到滴定台上。
14	**存放**：(1)短期：倒掉滴定管内溶液，用水洗净，滴定管倒置于管夹上。 (2)长期：旋塞中垫上小纸片，以防粘结。	

二、课堂提问

(1) 酸碱滴定的基本原理？

(2) 滴定管操作的注意事项？

(3) 移液管操作的注意事项？

(4) 发现滴定过量，如何检查过量多少？

三、参考资料

1. 滴定姿势

通常情况下，为了摆放整齐，实验室台面上的铁架台放置于贴近试剂架位置，使用时，应自行调整铁架台位置，将其摆放至距离操作者较近的实验台边缘，即不太远也不太近；同时滴定管高度应适宜，操作者感觉操作舒适、自然即可，如封二图1所示。很多同学不知道将铁架台拉到距离身体比较合适的位置，滴定时弯腰拧身，非常不利于滴定操作，也很不舒服，如封二图2所示。

2. 有效数字的运算和保留

有效数字指的是具体工作中能够实际测到的数字，它不仅代表一个数值的大小，而且反映了所用仪器的精密程度。例如，在普通电子天平(台秤)上称量某样品为6.68g，它的有效数字是3位；如果用电子分析天平称量该样品，示数为6.6858g，则有5位有效数字。又如，用最小刻度为1mL的量筒测量液体体积为25.6mL，它的有效数字是3位，其中25mL是直接由量筒的刻度读出的，而0.6mL是估读的；如果用最小刻度为0.1mL的滴定管测量将该液体的体积，可直接从滴定管的刻度读出25.6mL，再在两个小刻度之间估读出0.08mL，那么该液体的体积为25.68mL，它的有效数字是4位。

可见，有效数字与测量仪器的精密程度有关，其最后一位数字是估读的、不准确的，而其他的数字都是准确的。因此，在记录数据时，任何超过或低于仪器精密程度的有效数字都是不合理的。

数字中的"0"位置不同，其含义也不同。"0"的用途有两种：一种是表示有效数字，另一种是决定小数点的位置。

(1)"0"在数字前，仅起定位作用，本身不算有效数字，如0.1566，0.02588，0.003266只起到表示小数点位置的作用，这3个数值都是4位有效数字。

(2)"0"在数字中间和数字后，如58.006，58.000中的"0"都是有效数字，所以这两个数值都是5位有效数字。

(3)以"0"结尾的正整数，有效数字位数不定，如58000和79000，其有效数字位数可能是2位、3位甚至是4位，这种情况应根据实际测量的精密度来确定。如果它们有2位数字是有效的，那就写成5.8×10^4和7.9×10^4，有3位有效数字则写成5.80×10^4和7.90×10^4。

3. 常用指示剂的选择

指示剂包括单一指示剂和混合指示剂，本实验涉及的指示剂有酚酞(变色范围：pH=8.2~10.0)、甲基红(变色范围：pH=4.4~6.2)、甲基橙(变色范围：pH=3.1~4.4)。其中，甲基红和甲基橙各有利弊，从精确度考虑，甲基红优于甲基橙；从实用角度考虑，甲基橙变色的色差大，因此优于甲基红。关于用量：甲基红滴一滴即可，甲基橙一般为2~3滴。

4. 酸式滴定管和碱式滴定管的区分

目前实验室提供的滴定管旋塞是聚四氟乙烯材质的，既耐酸、又耐碱，因此是酸碱通用的，所以不必刻意区分酸式滴定管和碱式滴定管。

5. 滴定误差的来源分析

(1)一次滴定的误差应为多少？

因为滴定全程共读数两次，即调零和滴定终点读数，每次都有±0.01mL的误差，所以一次滴定的读数误差为±0.02mL。

(2)如果一次滴定装液量不足，再次装液继续滴定，那么读数误差是多少？

因为每次滴定需读数两次，即调零和滴定终点读数，每次都有±0.01mL的误差，所以一次滴定的读数误差为±0.02mL。但是总共装液两次，滴定两次，所以总共产生±0.04mL的误差。

6. 滴定时需要润洗和不需要润洗的仪器分别有哪些？

滴定管和移液管需要润洗，因为要保证其中的溶液浓度和原溶液浓度一致。

锥形瓶不可润洗也无须干燥，因为参与反应的物质的量已被滴定管和移液管所确定；锥形瓶内残余的水或是冲洗瓶壁上溶液的水都不会改变参与反应物质的实际用量。

7. 进行滴定实验时一般选择移取25.00mL溶液，为什么？

对于常量的滴定分析，滴定液消耗的体积一般在20~30mL为宜，若移取体积太小，相对误差会偏大；而移取体积太大，一方面浪费药品，另一方面不宜进行摇动锥形瓶的操作，溶液易溅出。所以，进行滴定实验时一般选择移取25.00mL溶液。

第三章　基本化学原理

实验三　置换法测定摩尔气体常数 *R*

一、操作详解及注意事项

序号	操　作	原理或注意事项
0	**实验前准备：** 10mL 量筒、长颈漏斗、温度计、试管、试管夹、铁环、量气管等。	1. 预习测定摩尔气体常数的原理、气体分压定律与气体状态方程的应用、理想气体的定义和适用条件。 2. 写出理想气体状态方程式和气体分压定律。 3. 预习数据的表达和处理。
1	**称量镁条：** 准确称取已擦去表面氧化膜的镁条 0.030～0.035g(准确至 0.1 mg)。	1. 用分析天平称量镁条，称量质量不要超过规定的范围。质量小，测量相对误差大；质量过大，产生的气体可能会超出量气管的量程、导致实验失败。 2. 镁条应纯净，若表面有氧化膜，需用砂纸打磨干净。
2	**连接装置：** 打开试管的胶塞，由漏斗向量气管内装水，至略低于刻度“0”的位置。上下移动漏斗以赶尽胶管和量气管内的气泡，然后将试管的塞子塞紧。	1. 连接时，胶管和玻璃管应事先用水润湿，注意防止划伤。 2. 赶尽气泡的目的？避免带来测量误差。 3. 所需用水应在室温下放置 24h，如果直接加入自来水，由于温差可能会产生气泡，附着在管壁上难以排除。
3	**检查气密性：** 将漏斗下移一段距离，固定在铁环上。如果量气管内液面只在初始时稍有下降，以后维持不变(观察 3～5 min)，即表明装置不漏气。如液面不断下降，应重复检查各接口处是否严密，直至确保不漏气为止。	本实验成败的关键：仪器装置的气密性是否良好，所以，应反复检查气密性，防止漏气！
4	**加入原料：** 把漏斗移回原来位置，取下试管，用一只长颈漏斗向试管中注入硫酸，将试管按一定倾斜度固定好，把镁条用水稍微湿润后贴于管壁内，确保镁条不与酸接触。检查量气管内液面是否处于“0”刻度以下，并再次检查装置气密性。	1. 取出漏斗时应小心，注意切勿使酸沾污管壁。 2. 反应前应避免镁条与硫酸接触。为什么？ 如若不慎，漏斗沾污了管壁，可用少量水冲洗，在沾污部位的对向粘贴镁条。
5	**生成气体：** (1)将漏斗靠近量气管右侧，使两管内液面保持同一水平，记下量气管液面位置。 (2)将试管底部略为提高，使酸与镁条接触，此时，反应产生的氢气进入量气管中，管中的水被压入漏斗内。为避免量气管内压力过大，可适当下移漏斗，使两管液面大致保持同一水平。	1. 读取初始体积时，应注意有效数字位数。 2. 反应过程中，应调节两侧气压平衡，为什么？ 防止因管内压力过大将胶管冲开。

续表

序号	操　　作	原理或注意事项
6	**读取体积：** 反应完毕后，待试管冷至室温，然后使漏斗与量气管内液面处于同一水平，记录液面位置。1~2 min后，再记录液面位置，直至两次读数一致，即表明管内气体温度已与室温相同。	1. 读取终了体积时，试管必须充分冷却至室温。 2. 读数时，尽可能在足够长的时间内多读几次，直至读数不再发生变化。
7	记录室温和大气压。	1. 通过温度计和大气压力计读取室温和大气压。 2. 通过查表查出水的饱和蒸气压。

二、课堂提问

(1) 怎样检查装置的气密性？依据是什么？

(2)实验过程中不小心将漏斗内的水洒出少量，对气体体积读数有无影响？

(3) 读取量气管内气体体积时，为什么要使量气管和漏斗中的液面保持在同一水平面？

(4) 本实验中可能引起误差的影响因素有哪些？

(5) 本实验中所测得的数据也可以作为测定阿伏伽德罗常数N_A的方法，试根据相关数据计算N_A。

(6) 试分析下列情况对实验结果有何影响：

① 量气管(包括量气管与漏斗相连接的橡皮管)内气泡未赶尽；

② 镁条表面的氧化膜未擦净；

③ 固定镁条时，不小心使其与稀酸溶液有了接触；

④ 反应过程中，实验装置漏气；

⑤ 记录液面读数时，量气管内液面与漏斗内液面不在同一水平面；

⑥ 反应过程中，因量气管压入漏斗中的水量过多，造成少量水由漏斗中溢出；

⑦ 反应完毕，未待试管冷却至室温即进行体积读数。

三、参考资料

1. 理想气体

理想气体(ideal gas)是研究气体性质的一个物理模型。从微观上看，理想气体的分子有质量，无体积，是质点；每个分子在气体中的运动是独立的，与其他分子无相互作用，碰到容器器壁之前作匀速直线运动；理想气体分子只与器壁发生碰撞，碰撞过程中气体分子在单位时间里施加于器壁单位面积冲量的统计平均值，宏观上表现为气体的压强。简单地说，理想气体应满足：(1)分子间没有作用力；(2)分子本身不占体积；(3)气体与器壁碰撞无动能损失。

从宏观上看，理想气体是一种无限稀薄的气体，它遵从理想气体状态方程和焦耳内能定律。

定义：忽略气体分子的自身体积，将分子看成是有质量的几何点；假设分子间没有相互吸引和排斥，即不计分子势能，分子之间及分子与器壁之间发生的碰撞是完全弹性的，不造成动能损失。

严格遵从气态方程[$pV=(m/M)RT=nRT$](n为物质的量)的气体，叫作理想气体。从微观角度来看是指：气体分子本身的体积和气体分子间的作用力都可以忽略不计，不计分子势能的气体称为理想气体。

该方程严格意义上来说只适用于理想气体，但近似可用于非极端情况(高温低压)的真实气体(包括常温常压)。

适用条件：(1)高温(>273K)；(2)低压(<数百千帕)。

2. 摩尔气体常数(Molar gas constant)

摩尔气体常数(又称通用、理想气体常数及普适气体常数，符号为R)，是一个在物态方程式中联系各个热力学函数的物理常数，其值大约为8.314472 J/(mol·K)。与它相关的另一个名字叫玻尔兹曼常量(Boltzmann constant)，但当用于理想气体定律时通常会被写成更方便的每开尔文每摩尔的单位能量，而不写成每粒子每开尔文的单位能量，即$R=N_A \cdot k$(N_A为阿伏伽德罗常数，Avogadro's number；k为玻尔兹曼常数，Boltzman number)。理想气体状态方程中的摩尔气体常数R的准确数值，是通过实验测定出来的。

气态方程全称为理想气体状态方程：$pV=nRT$。其中p为压强，V为体积，n为物质的量，R为普适气体常量，T为绝对温度[T的单位为开尔文(K)，数值为摄氏温度加273.15，如0℃即为273.15K]。

当p、V、n、T的单位分别采用Pa、m^3、mol、K，R的数值为8.31。该方程严格意义上来说只适用于理想气体，但近似可用于非极端情况(低温或高压)的真实气体(包括常温常压)。

理想气体状态方程来源的三个实验定律：玻-马定律、盖·吕萨克定律和查理定律，以及直接结论pV/T=恒量。

波义耳-马略特定律：在等温过程中，一定质量的气体的压强与其体积成反比。即在温度不变时任一状态下压强与体积的乘积是一常数。即$p_1V_1=p_2V_2$。

盖·吕萨克定律：一定质量的气体，在压强不变的条件下，温度每升高(或降低)1℃，它的体积的增加(或减少)量等于0℃时体积的1/273。

查理定律：一定质量的气体，当其体积一定时，它的压强与热力学温度成正比。即：

$$p_1/p_2=T_1/T_2 \text{ 或 } p_t=p'_0(1+t/273)$$

式中，p'_0为0℃时气体的压强，t为摄氏温度。

综合以上三个定律可得pV/T=恒量，经实验可得该恒量与气体的物质的量成正比，得到理想气状态方程。

3. 置换法测定摩尔气体常数微型实验

原理：在一定温度和压力下，测定已知质量为m的金属镁与过量硫酸反应所生成的氢气(含水蒸气)的体积V，通过理想气体状态方程式和分压定律计算摩尔气体常数R。

微型实验一

1) 实验用品

仪器：微量刻度分液管(5mL)，烧杯(500mL)，分析天平，温度计，气压计，滴管，铁架台等。

药品：镁条，砂纸，3 mol·L^{-1} H_2SO_4溶液。

2) 实验步骤

(1) 在分液管的磨口活塞上涂抹凡士林，使转动灵活且不漏气。分液管的活塞开启一点，使管内液体与外部相通，又不致使管内酸液过快流出。

(2) 用分析天平称取经砂纸擦去氧化膜的光亮镁条，每份质量0.0030~0.0040g。将镁条用铜丝拴住，投入活塞开启的分液管底部(靠近玻璃活塞)，浸入盛满水的大烧杯中，将分液管夹在铁架台上，烧杯内的蒸馏水从分液管出口进入分液管。

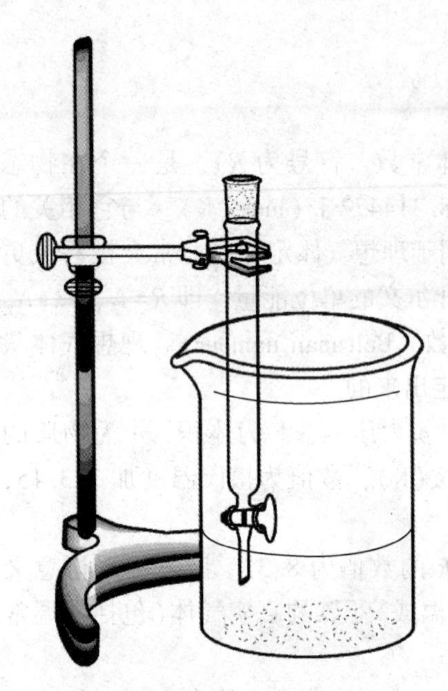

图3-1 摩尔气体常数测定微型装置(微型实验一)

(3) 准确调节液面的高度为V_1，用滴管靠近液面快速滴加10滴3mol·L^{-1} H_2SO_4溶液，迅速塞上分液管上部的磨口塞，并使磨口塞的槽口对准管口的小孔，使外界空气与分液管内液面上的空气相通，迅速旋转磨口塞，使管内气体与管外不再相通。

(4) 片刻后，由于硫酸的扩散作用反应开始，产生的氢气使分液管内液面下降，为不使分液管内压力增大导致漏气，在水面下降的同时应慢慢提起分液管，使其水面与烧杯内的水面保持基本相平。

(5) 待镁条反应完毕，充分冷却至室温，调节分液管高度，使管内外液面相等，记下分液管内液面刻度V_2，则镁与硫酸反应产生氢气(含水蒸气)的体积即为$V=V_2-V_1$。

3) 装置的优点

实验装置见图3-1。

(1) 因采用旋转分液管上部的磨口塞来使管内外气体相通，加酸后，酸与镁反应前管内液面无须再调整，操作更简单，并消除了因塞封管口时引起开始反应前后管内外压力不等或漏气的现象，减少了相对偏差、实验误差和实验失败的可能性。

(2) 铜丝拴住镁条，既便于镁沉入分液管底(玻璃活塞的上部)，又由于Mg-Cu在酸中形成原电池，促进镁与酸的反应。

微型实验二

1) 实验用品

仪器：吸量管(5mL)，量筒(100mL)，试管(10 mm × 75 mm)，分析天平，温度计，气压计，滴管，铁架台等。

药品：镁条，砂纸，医用胶管，3mol·L^{-1} H_2SO_4溶液。

2) 实验步骤

(1) 用分析天平称取已擦去表面氧化膜的镁条，每份质量为0.0030~0.0040g。

(2) 将一支5mL吸量管放进盛有约100mL水的100mL量筒中，用一小段医用胶管将吸量管和小试管相连接，然后将吸量管提起一段距离后固定。如果吸量管内水面只在开始时稍有下降，以后维持不变，则表明装置不漏气；如果水面不断下降，应检查原因并排除，直至确认不漏气为止。

(3) 取下小试管和胶管，在小试管中加入10滴3mol·L^{-1} H_2SO_4溶液，套上胶管，胶管上套上止水夹并在接近小试管处夹紧，然后从胶管的另一端放入镁条，将胶管套上吸量管，调节吸量管的高度，使吸量管和量筒内的水面相平，读取吸量管内水面的读数V_1。

(4) 松开胶管上的止水夹，使镁条落入小试管的H_2SO_4溶液中进行置换反应，吸量管内水面开始下降。为不使吸量管内压力增大导致漏气，在水面下降的同时应慢慢提起吸量管，使其水面与量筒内的水面保持基本相平。

（5）反应完毕，待小试管中溶液充分冷至室温，调节吸量管使其水面与量筒内的水面持平，将止水夹夹到医用胶管原位，再调节吸量管使其水面与量筒内的水面相平，读取吸量管内水面的读数 V_2，则镁与硫酸反应产生氢气（含水蒸气）的体积即为 $V=V_2-V_1$。

3）注意事项

（1）实验中，应以两指捏住吸量管与医用胶管交接部的方式持住量气管，以免因手的温度影响实验的结果。

（2）读取体积时，必须充分冷至室温，避免因读数不准带来误差。

4）装置的优点

实验装置见图 3-2。

（1）采用具有精确刻度的吸量管作为量气管，试剂用量缩小至仅为常规实验的约 1/10，且实验结果仍有较高的精确性和较好的重现性等特点。

（2）采用止水夹将镁条卡住在胶管中的措施，确保镁条不会提前落入溶液中（在常规实验中，镁条用水沾附在小试管壁，较易出现提前掉落的情况）。

（3）实验装置中反应管和量气管用胶管直接连接，密闭性好，基本上不会出现漏气现象，实验结果的重现性较好（在常规实验中，反应管和量气管通过胶塞、玻璃管和胶管间接连接，接口较多，较易出现漏气现象）。

（4）实验装置及操作较简单，可单人进行实验（常规实验一般要由 2 人合作进行），实验用时较短（约为常规实验的 2/3）。

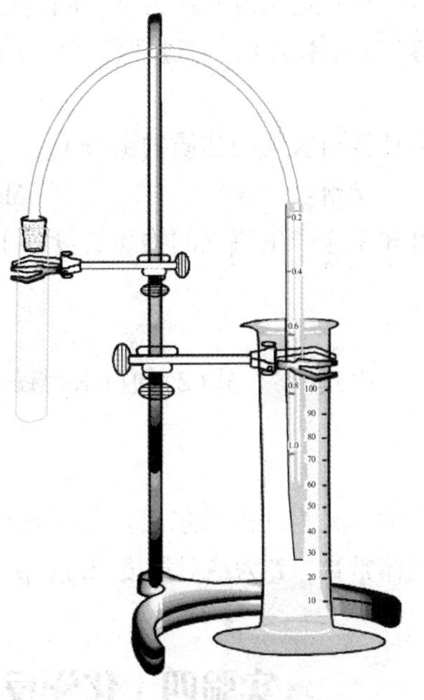

图 3-2　摩尔气体常数测定微型装置（微型实验二）

4. 阿伏伽德罗常数的测定

阿伏伽德罗常数（Avogadro's constant，符号：N_A）是物理学和化学中的一个重要常量。阿伏伽德罗提出，同温同压下，相同体积的任何气体都含有相同数目的分子。它的数值为：6.022×10^{23}。它的正式的定义是 0.012kg 碳 12 中包含的碳 12 原子的数量。

历史上测量阿伏伽德罗常数的方法有：电子电荷方法、黑体辐射方法、α 粒子计数法、平差法、单分子油膜法、早期 X 射线晶体密度法、现代 X 射线晶体密度法（XRCD）等，实验数据的精密度也越来越高。目前公认的测量结果最接近实际值的是现代 X 射线晶体密度法（XRCD）。

然而，上述测量方法几乎都要用到精密和贵重的仪器，而相对简便易行的方法是置换量气法。

在一定温度和压力下，测定已知质量为 m 的金属镁与过量硫酸反应所生成的氢气（含水蒸气）的体积 V，通过理想气体状态方程式：

$$pV=nRT \tag{1}$$

换算为标准状态下 H_2 的体积，利用标准状态下 H_2 的密度求得 H_2 的质量，利用 Mg 的物质的量求得 H_2 的物质的量（n）。

标准状态下 H_2 的体积：

$$V_0 = \frac{273.15 \times [p - p(H_2O)] \times V}{1.01325 \times 10^5 \times T} \quad (2)$$

又由 $Mg + H_2SO_4 \xlongequal{} MgSO_4 + H_2$

可知反应产生氢气的物质的量等于与酸作用镁的物质的量：

$$n(H_2) = n(Mg) = \frac{m(Mg)}{M(Mg)} \quad (3)$$

每个氢分子的质量为 3.34×10^{-24} g，则阿伏伽德罗常数为：

$$N_A = \frac{m}{3.34 \times 10^{-24}} = \frac{\rho V_0 \times M(Mg)}{3.34 \times 10^{-24} \times m(Mg)} = \frac{0.089 \times 24.3 \times V_0}{3.34 \times 10^{-24} \times m(Mg)} \quad (4)$$

5. *原子量的测定*

测定原理和方法同“置换法测定摩尔气体常数微型实验”方案。

在一定温度和压力下，测定已知质量为 m 的金属镁与过量硫酸反应所生成的氢气（含水蒸气）的体积 V，通过理想气体状态方程式：

$$pV = nRT \quad (1)$$

可计算出氢气的物质的量（n）。

又由： $Mg + 2H_2SO_4 \xlongequal{} MgSO_4 + H_2$

可知反应产生氢气的物质的量等于与酸作用镁的物质的量

$$n = \frac{m}{M} \quad (2)$$

由式(1)、式(2)便可求得镁的摩尔质量，进而得到镁的相对原子质量

$$M = \frac{m}{n} = \frac{mRT}{pV} \quad (3)$$

式中，M 为镁的摩尔质量（g/mol），m 为镁条的质量（g），n 为氢气的物质的量（mol），R 为气体常数，T 为绝对温度（K），p 为氢气的分压（Pa），V 为氢气（含水蒸气）体积（m^3）。

实验四　化学反应速度、反应级数和活化能的测定

一、操作详解及注意事项

序号	操　　作	原理或注意事项
0	**实验前准备：** 秒表、温度计、烧杯、量筒等。 两人一组。	1. 思考表 4-2（浓度对反应速度的影响）中起始浓度的数值应该怎么填？是不是把表 4-1 中的数据直接填入？ 2. 表 4-3（温度对反应速度的影响）中第一列实验编号中括号内的温度数值不用写，实验中按照实际的温度数据填写。 3. 在取溶液前，应先给量筒和烧杯贴标签，以防止弄混；盛装氧化剂的量筒必须单独使用；量筒若不够用，则 KNO_3 和 $(NH_4)_2SO_4$ 对应的量筒可以共用，为什么？ 4. 为避免全体同学都去边台取试剂，造成混乱，要求用烧杯到边台取适量试剂，然后回本组的实验台操作；本着节约的原则，需要提前计算实验所需各试剂体积，适量即可。

续表

序号	操　作	原理或注意事项
1	**浓度对反应速度的影响：** 室温下按表4-1中编号1的用量分别量取KI、淀粉、$Na_2S_2O_3$溶液于150mL烧杯中，用**玻璃棒搅拌均匀（表4-2中各物质的起始浓度需要同学们根据体积的变化自行换算并填写）**。	1. 溶液的加入量和加入顺序不要弄错。 2. 每种组分专用一支量筒，不可混用；量取不同体积的溶液要**选取合适规格的量筒**，如量取20mL溶液尽量选取25mL或50mL的量筒；量取8mL溶液可选取10mL量筒，为什么？ 3. 量筒**读数时注意保持量筒垂直**，即握住量筒颈部，使量筒随重力自然下垂、平稳，保持视线与凹液面最低点相平→读凹液面最低点对应的刻度；有的同学把量筒放在实验台上，蹲下来趴着看，应避免这种做法。 4. **向量筒中加试剂尽量不要用滴管**，直接加即可，否则若滴管数量不够，混用会造成污染，影响实验结果。 5. 若没有150mL的烧杯，可选一个合适大小的烧杯；如果烧杯过大不利于搅拌均匀。
2	再量取$(NH_4)_2S_2O_8$溶液，迅速加到烧杯中，同时按动秒表，立即用玻璃棒将溶液搅拌均匀。	1. **反应前**一定先将溶液**搅拌充分**。 2. 反应开始时，即开始倾倒$(NH_4)_2S_2O_8$溶液至烧杯时，注意尽量倾倒完全。 3. **反应过程**中要用玻璃棒**不断搅拌**。 4. 两人一组，相互配合，一人倒入$(NH_4)_2S_2O_8$溶液，另一人立即计时，搅拌同时进行（**“三同时”**）；搅拌不要碰烧杯壁，仔细观察现象，一旦变色立即停止计时（可以在烧杯下垫一张白纸以便观察，**刚一出现蓝色立即停止计时**）。
3	（1）观察溶液，刚一出现蓝色，立即停止计时，并记录反应时间。 （2）用同样方法对编号2~5进行实验。为了使溶液的离子强度和总体积保持不变，在实验编号2~5中所减少的KI或$(NH_4)_2S_2O_8$的量分别用KNO_3和$(NH_4)_2SO_4$溶液补充。	1. 计时的同学**手指应一直在停止计时状态**，集中注意力仔细观察现象，因为稍微走神即可能导致计时不准确。 2. 数据记录注意有效数字，详见**实验二**“酸碱滴定练习”参考资料，应将秒表上显示的数字全部记录下来。
4	**温度对反应速度的影响：** 按表中实验编号4的用量分别加KI、淀粉、$Na_2S_2O_3$和KNO_3溶液于150mL烧杯中，搅拌均匀。	1. 无论是冰水浴还是热水浴，均**以温度计在溶液中测得的实际温度为准**，温差应略大于10℃→保证实验数据点分布合理，避免数据点过于集中→增大误差。 2. 温度计的使用：测量时应使球泡悬于溶液中，不可靠在容器壁上或插到容器底部，**不可将温度计当玻璃棒使用！**刚测过高温的温度计不可立即测低温或用自来水冲洗，以免温度计炸裂；温度计读数须估读。
5	在一个小烧杯中加入$(NH_4)_2S_2O_8$溶液，将每个烧杯中的溶液温度均控制在283 K左右，将$(NH_4)_2S_2O_8$迅速倒入另一个烧杯中，搅拌，记录反应时间和温度（室温、低于室温、高于室温）。 小贴士：两种溶液应同时变温。	1. 混合液和$(NH_4)_2S_2O_8$需放置在同一温水浴或同一冰水浴中至温度相同，约3~10 min（保持溶液温度）方可进行反应、计时。 2. 冰水浴可用塑料盆或小铝锅盛装；实验应穿插进行，避免排队等候水浴。 3. 实验编号7测定的是室温下的实验数据，与“浓度对反应速率影响”的4号数据是一致的，可以直接使用。

续表

序号	操作	原理或注意事项
6	**催化剂对反应速度的影响：** 按表中实验4的用量分别加KI、淀粉、$Na_2S_2O_3$和KNO_3溶液于150mL烧杯中，再加入2滴$Cu(NO_3)_2$溶液，搅拌均匀，迅速加入$(NH_4)_2S_2O_8$溶液，搅拌，记录反应时间。	1. 可将"浓度对反应速率影响"的4号数据直接作为表4-4(催化剂对反应速度的影响)的第一组数据，$Cu(NO_3)_2$的滴数显然应是________。 2. 做第二组实验(实验编号10)时，可自行选择$Cu(NO_3)_2$的滴数，2~4滴均可，并记录实际的反应时间(在实验报告中根据反应时间定性说明催化剂对反应速度的影响)。

表4-1　浓度对反应速度的影响

实验编号		1	2	3	4	5
试剂用量/mL	$0.20mol \cdot L^{-1}$ KI	20	20	20	10	5
	0.2%（质量）淀粉溶液	4.0	4.0	4.0	4.0	4.0
	$0.010mol \cdot L^{-1}$ $Na_2S_2O_3$	8.0	8.0	8.0	8.0	8.0
	$0.20mol \cdot L^{-1}$ KNO_3	—	—	—	10	15
	$0.20mol \cdot L^{-1}(NH_4)_2SO_4$	—	10	15	—	—
	$0.20mol \cdot L^{-1}(NH_4)_2S_2O_8$	20	10	5.0	20	20

表4-2　浓度对反应速度的影响

实验编号		1	2	3	4	5
起始浓度/$mol \cdot L^{-1}$	$(NH_4)_2S_2O_8$					
	KI					
	$Na_2S_2O_3$					
反应时间Δt/s						
速度常数k						

表4-3　温度对反应速度的影响

实验编号	反应温度T/K	$1/T$	反应时间t/s	速率常数k	lg$k$
6(283K)					
7(293K)					
8(303K)					
9(313K)					

表4-4　催化剂对反应速度的影响

实验编号	加入$0.02mol \cdot L^{-1}$ $Cu(NO_3)_2$滴数	反应时间t/s
4		
10		

以lg k对$1/T$作图可得一直线，由直线的斜率求反应的活化能E_a；根据实验结果讨论浓度、温度、催化剂对反应速度及速率常数的影响。

二、课堂提问

(1) 水溶液中，$(NH_4)_2S_2O_8$与 KI 发生反应的离子方程式是什么?

(2) 该反应的平均反应速度与反应物的浓度之间的关系是什么? 其中反应速率常数和反应级数分别是什么?

(3) 为了能够测定$[S_2O_8^{2-}]$的变化量，在混合$(NH_4)_2S_2O_8$和 KI 溶液时，同时加入一定体积的已知浓度的$Na_2S_2O_3$溶液和淀粉溶液，此时同时进行另一个反应，其反应的离子方程式是什么?

(4) 为什么实验中蓝色的出现标志着反应的完成?

(5) $(NH_4)_2S_2O_8$与 KI 发生反应的平均反应速度应如何求解?

(6) 反应级数如何求解?

(7) 如何根据阿仑尼乌斯公式计算反应的活化能?

(8) 当加入$(NH_4)_2S_2O_8$体积分别为 5.0mL、10.0mL、15.0mL 时，为什么分别加入 15.0mL、10.0mL、5.0mL 的$(NH_4)_2SO_4$?

三、参考资料

1. 影响反应速度的因素

影响反应速度的因素通常有温度、浓度、催化剂等；在计算反应速度的时候，要看具体哪个反应为速控步骤(不是所有参与反应的组分浓度都出现在反应计算式中)。本实验涉及两个反应:

$$S_2O_8^{2-} + 3I^- = 2SO_4^{2-} + I_3^-$$

$$2S_2O_3^{2-} + I_3^- = S_4O_6^{2-} + 3I^-$$

总反应速度由最慢的反应决定，即第一个反应。当以反应物浓度变化计算反应速度时，反应物$(NH_4)_2S_2O_8$与 KI 的浓度属于考察范围内的因素。

2.《化学反应速度、反应级数和活化能的测定》实验报告处理注意事项

(1) 数据处理应有计算过程。

(2) m 和 n 的计算结果要求保留小数点后一位数，再取整数；如 2.3≈2，参考实验二“酸碱滴定练习”参考资料中“有效数字的运算和保留”部分。

(3) 作图要求用计算机作图(Excel 或 Origin 等)，Origin 作图可参见实验二十八“吸光光度法测定水和废水中的总磷”中作图部分；计算机作图的优点很多，可把图做的美观大方、还可给出直线的回归方程、斜率数值等；通过调整坐标比例使直线与坐标轴大约呈 30°~60°角，调出回归方程和 R^2 值；作图并打印、附在实验报告上，可自行设计格式。

(4) 要求每位同学各自独立作图；具体的数据处理和作图要求、范例可参考文献(中国知网等)。

3. 考察某个因素对反应速度的影响的注意事项

只有被考察的因素有变化，其他条件在几次测定中均需保持一致；例如，在考察温度对反应速度的影响时，只能温度有变化，其他条件包括反应物的浓度、体积均需保持一致，甚至搅拌速度也要求一致。

4. 本实验所用$(NH_4)_2S_2O_8$和KI溶液都易变质，如何判断溶液是否变质？

KI还原性较强，若KI溶液呈黄色，说明已有I^-被氧化成I_2。$(NH_4)_2S_2O_8$易分解为$(NH_4)_2SO_4$、SO_3和O_2，如果其溶液pH值小于3，则$(NH_4)_2S_2O_8$已发生明显分解。以上两种溶液均不稳定，最好实验前临时配制。

5. 反应速度以溶液刚出现稳定的蓝色对应的时间来计算，蓝色的出现是否意味着反应的终止？

不是。溶液显示稳定的蓝色只是意味着$Na_2S_2O_3$已反应完全，但$(NH_4)_2S_2O_8$氧化KI的反应仍然继续。

6. 活化能

活化能(activation energy)是指分子从常态转变为容易发生化学反应的活跃状态所需要的能量(阿伦尼乌斯公式中的活化能区别于由动力学推导出来的活化能，又称阿伦尼乌斯活化能或经验活化能)。活化分子的平均能量与反应物分子平均能量的差值即为活化能。

活化能是一个化学名词，又被称为阈能。这一名词是由阿伦尼乌斯(Arrhenius)在1889年引入，用来定义一个化学反应的发生所需要克服的能量障碍。活化能可以用于表示一个化学反应发生所需要的最小能量。反应的活化能通常表示为E_a，单位是千焦耳每摩尔(kJ/mol)。

对一级反应来说，活化能表示势垒(有时称为能垒)的高度。活化能的大小可以反映化学反应发生的难易程度。

活化能是指化学反应中，由反应物分子到达活化分子所需的最小能量。以酶和底物为例，二者自由状态下的势能与二者相结合形成的活化分子的势能之差就是反应所需的活化能，因此不是说活化能存在于细胞中，而是细胞中的某些能量为反应提供了所需的活化能。

化学反应速度与其活化能的大小密切相关，活化能越低，反应速度越快，因此降低活化能会有效地促进反应的进行。酶通过降低活化能(实际上是通过改变反应途径的方式降低活化能)来促进一些原本很慢的生化反应得以快速进行(或使一些原本很快的生化反应较慢进行)。影响反应速度的因素分外因与内因：内因主要是参加反应物质的性质；在同一反应中，影响因素是外因，即外界条件，主要有浓度、压强、温度、催化剂等。

实验五　弱电解质电离常数的测定

一、操作详解及注意事项

序号	操　　作	原理或注意事项
0	**实验前准备：** 将4个50mL烧杯洗净并置于烘箱中烘干备用；烧杯、容量瓶均需编号以防弄混。 烧杯使用前应刷净并干燥，避免将溶液稀释或者污染试剂；如果不具备干燥条件，可以用少量待测的HAc溶液润洗。	1. 为保证实验中取液、称量不拥挤，一部分同学去天平室称量，另一部分同学先在实验室配制溶液。 2. 为合理利用时间，调整好实验顺序：一部分同学先做pH值测量，避免排仪器耽误时间。 3. 实验中数据记录应注意有效数字的位数。

续表

序号	操 作	原理或注意事项
1	**0.2mol·L^{-1} NaOH 溶液的标定：** **(1)NaOH 溶液的配制**：2.5g NaOH 固体溶于300mL蒸馏水中(供一名同学使用)，或5g NaOH 固体溶于500mL蒸馏水中(供两名同学使用)，**搅拌均匀！**	1. 标定的目的是什么？确定 NaOH 溶液的________。 2. 一定要将溶液搅拌均匀，**搅拌均匀指的是当固体溶解后继续搅拌充分**！否则会产生什么后果？溶液不均匀，滴定结果将________。 3. 原理部分参见实验十四"酸碱标准溶液的标定"。 4. NaOH 固体的称量用台秤还是分析天平？选用什么容器盛装？100mL烧杯还是500mL烧杯？为什么？稀释用不用非常精确？________，因为________________。 5. 配制溶液可以用自来水吗？
2	**(2)NaOH 溶液的标定**：差减法准确称取3份邻苯二甲酸氢钾0.8~0.9g，分别置于250mL锥形瓶中，加入40~50mL蒸馏水，使之溶解。加酚酞指示剂2滴，用待标定的 NaOH 溶液滴至微红色。见表5-1。 小贴士："准确称取"指的是用什么仪器称？	1. 反应方程式：$KHC_8H_4O_4+NaOH = KNaC_8H_4O_4+H_2O$ 邻苯二甲酸氢钾是二元弱酸邻苯二甲酸的共轭碱，它的酸性较弱，但强于它的碱性，故可以用 NaOH 滴定。 2. 酚酞的变色范围？pH 值：___(___色)~___(___色)。 3. 反应到达化学计量点时的溶液 pH 值为多少？9.20。 4. 在滴定接近终点时，先逐滴、再半滴滴加，直至终点，操作可参见实验二"酸碱滴定练习"。 5. 滴定颜色是从无色到微红色，滴定终点应是淡淡的红色，或者说是粉色，颜色深说明滴定过量，变成微红色30s不变色即可！因为长时间放置可能褪色(受空气中的酸碱性物质的影响，如二氧化碳等)。
3	**HAc 溶液浓度的标定：** 移液管准确移取25.00mL 0.2mol·L^{-1} HAc 溶液，置于250mL锥形瓶中，加2~3滴酚酞指示剂，用标准 NaOH 溶液滴定至微红色，记录数据。见表5-2。	1. 润洗移液管的液体不能再放回原溶液！ 2. 移液管和吸量管的正确放置方法：横放在移液管架上。
4	**不同浓度 HAc 溶液的配制：** 分别吸取2.50mL、5.00mL 和25.00mL 上述 HAc 溶液于三个50mL容量瓶中，用蒸馏水稀释至刻度，摇匀，分别计算出各溶液的准确浓度。	1."2.50mL、5.00mL 和25.00mL"有几位有效数字？所以应用什么量器量取？实验室提供5mL移液管，用来吸取2.50mL、5.00mL 的 HAc 溶液；不能用量筒量取！量筒的精度不符合实验要求→要计算溶液的准确浓度。 2. 发放的5mL移液管不要放到自己柜子里，用毕交回！ 3. 容量瓶操作注意：(1)检查是否漏水。加自来水至标线附近，盖好瓶塞，用左手食指按住塞子，其余手指拿住瓶颈以上部分，用右手食指尖托住瓶底边缘。将瓶倒立2 min，看是否漏水。如不漏水，将瓶直立，瓶塞转动180°，倒过来再转一次，确定无漏水后，方可使用。(2)容量瓶的瓶塞应用橡皮筋或细绳系上，不应取下随意乱放，以免玷污、弄错或打碎。(3)洗涤。按常规洗涤方法把容量瓶洗涤干净，并应用洗液→容量瓶专用刷刷洗。(4)容量瓶不得在烘箱中烘烤，也不能用明火加热。(5)容量瓶不宜长期存放溶液，如需长期保存，应将其转移到磨口试剂瓶中，磨口瓶洗净后还需用容量瓶中的溶液润洗2~3次，以保证浓度不变。

续表

序号	操　作	原理或注意事项
5	**测定pH值：** 用四个干燥的50mL烧杯，分别取约30mL上述三种浓度的HAc溶液及未经稀释的HAc溶液，由稀到浓分别用pH计测定它们的pH值。见表5-3。 小贴士：定位就是仪器校准。 缓冲溶液的选择： 酸性常选用pH=4的邻苯二甲酸氢钾溶液； 中性常选用pH=6.86的混合磷酸盐溶液； 碱性常选用pH=9.18的硼砂溶液。	1. 烧杯必须保持干燥，课前提前烘干或润洗。 2. 烧杯必须编号，不要弄混。 3. pH计调节流程：选pH档→调至待测液温度→将pH定位到4→测量，为什么由稀到浓测定pH值？ 注意：(1)包裹电极的小容器中装的是**保护液**，定位调节pH值用的**缓冲溶液**是pH=4的邻苯二甲酸氢钾溶液，都**可重复使用，不要倒掉**！(2)电极上的球泡特别易碎，使用时应注意轻拿轻放，不要弄碎，平时不用应插入装有保护液的小瓶中并固定好。(3)润洗操作：蒸馏水冲洗→待测液润洗2~3次→滤纸吸干。(4)测定时注意电极的**球泡应完全浸入待测溶液，轻轻摇动溶液，待示数稳定即可读数。**(5)测定完毕要清洗电极，并将其置于保护液中。
6	**数据处理：** 根据实验结果总结HAc电离度与其浓度的关系，并对浓度及电离常数测定结果进行讨论。	注意有效数字的记录、运算及保留，参见实验二“酸碱滴定练习”参考资料。

表5-1　氢氧化钠浓度的标定

滴定序号		1	2	3
邻苯二甲酸氢钾的质量/g				
邻苯二甲酸氢钾的浓度/mol·L^{-1}				
NaOH溶液的用量/mL				
NaOH溶液的浓度/mol·L^{-1}	测定值			
	平均值			
	相对偏差/%			

表5-2　醋酸浓度的标定

滴定序号		1	2	3
HAc溶液的量/mL				
标准NaOH溶液的浓度/mol·L^{-1}				
标准NaOH溶液的用量/mL				
HAc溶液的浓度/mol·L^{-1}	测定值			
	平均值			
	相对偏差/%			

表5-3　醋酸电离度和电离常数测定(温度：______K)

HAc溶液编号	c	pH	[H^+]	K_i	α
1					
2					
3					
4					

二、课堂提问

（1）pH 值法测定 HAc 电离常数的基本原理？

（2）滴定管操作的注意事项。

（3）移液管操作的注意事项。

（4）pH 计测量 pH 值的本质是什么？其操作注意事项有哪些？

（5）容量瓶操作的注意事项？

（6）NaOH 溶液标定的基本原理？

（7）NaOH 标定中，选的是哪种基准物质？为什么？

（8）递减法称量的注意事项？

（9）测定 pH 值时，溶液在烧杯中的用量有何要求？是否需要准确？如何使溶液尽快达到平衡？

（10）pH 值测定顺序有什么要求？为什么？

（11）取 2.50mL 的 HAc 溶液转移至 50mL 容量瓶并定容后，其浓度保留几位有效数字？

三、参考资料

1. 基本概念

不同的弱电解质在水中电离的程度是不同的，一般用电离度和电离常数来表示。

电离度(ionization degree)——弱电解质在溶液中达到电离平衡时，已电离的电解质分子数占原来总分子数(包括已电离的和未电离的)的百分数。即电离度表示弱酸、弱碱在溶液中离解的程度。

电离度(α)=(已电离弱电解质分子数/原弱电解质分子数)×100%

=(分子、分母同除以阿氏常数)=(分子、分母同除以溶液体积)

影响电离度的因素：引起电离的原因很多。例如，气体粒子受电子或离子的撞击或受电磁波(光、X 射线等)的辐照，固体表面受电子或离子轰击，固体受到高热等，都有可能产生电离现象。

内因：电解质的本性。

外因：温度和溶液的浓度等。

电离平衡常数：弱电解质在一定条件下电离达到平衡时，溶液中电离所生成的各种离子浓度以其在化学方程式中幂指数乘积，与溶液中未电离分子的浓度以其在化学方程式中幂指数乘积的比值，即溶液中的电离出来的各离子浓度乘积[A^+][B^-]与溶液中未电离的电解质分子浓度[AB]的比值是一个常数(该弱电解质的电离平衡常数)。这个常数叫电离平衡常数，简称电离常数。

电离常数是电离平衡的平衡常数，描述了一定温度下，弱电解质的电离能力，其大小反映弱电解质的电离程度，不同温度时有不同的电离常数。

在同一温度下，同一电解质的电离平衡常数相同，但随着弱电解质浓度的降低，转化率会增大。由该温度下的解离度 α=(K/起始浓度)的算术平方根，可得知：弱电解质浓度越低，电离程度越大。

2. 基准物质的选择

标定 NaOH 溶液的基准物质选用邻苯二甲酸氢钾($KHC_8H_4O_4$，缩写为 KHP，pK_{a2} =

5.41)。$KHC_8H_4O_4$容易纯制，在空气中不吸湿，易保存，有较大的摩尔质量。邻苯二甲酸氢钾通常在100~125℃干燥2h后使用，温度过高则脱水而变为邻苯二甲酸酐。

$KHC_8H_4O_4$与NaOH的反应为

$$C_6H_4(COOH)(COOK) + NaOH \longrightarrow C_6H_4(COONa)(COOK) + H_2O$$

反应产物是邻苯二甲酸钠盐，在水溶液中显弱碱性，可选用酚酞为指示剂。

3. 注意事项

(1) 移取溶液时，选用吸量管的总体积应最接近于所取体积，以减少误差；例如移取3.00mL溶液，应选用总体积为5.00mL的吸量管，而不是总体积为10.00mL的吸量管。

(2) 进行下一组测量时，由于前一个同学刚完成测定，残留溶液的浓度较高，必须用蒸馏水对电极进行冲洗，然后用吸水纸将电极(包括玻璃泡表面)吸干，再进行测定；测定时，电极玻璃泡完全浸入溶液中，不要触碰杯壁，轻轻晃动烧杯，使溶液尽快达到平衡，待读数稳定后读取pH值。

4. 不同浓度的HAc溶液电离度和电离常数是否相同？温度对电离常数有何影响？

当温度一定时，不同浓度的HAc溶液的电离常数相同，但电离度不同，溶液浓度越小电离度越大。

温度对HAc的电离有较大影响，当温度提高时，其电离度和电离常数均增加，因此测定溶液pH值时，需同时记录溶液温度。

5. pH计的校准

因电位计设计的不同，pH计类型很多，其操作步骤各有不同，因而pH计的操作应严格按照其使用说明书正确进行。在具体操作中，校准是pH计使用操作中的重要步骤。

尽管pH计种类很多，但其校准方法主要采用两点校准法，即选择两种标准缓冲液：一种是pH=6.86标准缓冲液，第二种是pH=9.18标准缓冲液或pH=4标准缓冲液。先用pH=6.86标准缓冲液对电计进行定位，再根据待测溶液的酸碱性选择第二种标准缓冲液。如果待测溶液呈酸性，则选用pH=4标准缓冲液；如果待测溶液呈碱性，则选用pH=9.18标准缓冲液。应在两种标准缓冲液之间反复操作几次，直至不需再调节其零点和定位(斜率)旋钮，pH计即可准确显示两种标准缓冲液pH值，则校准过程结束。此后，在测量过程中零点和定位旋钮就不应再动。

若是智能式pH计，则不需反复调节，因为其内部已储存几种标准缓冲液的pH值可供选择，且可自动识别并自动校准。但应注意标准缓冲液的选择及其配制的准确性。智能式0.01级pH计一般内存有3~5种标准缓冲液pH值。

在校准前应特别注意待测溶液的温度。以便正确选择标准缓冲液，并调节电计面板上的温度补偿旋钮，使其与待测溶液的温度一致。不同的温度下，标准缓冲溶液的pH值是不同的。

校准工作结束后，对频繁使用的pH计一般在48h内不需再次标定。如遇到下列情况之一，仪器则需要重新标定：

(1) 溶液温度与标定温度有较大差异。

(2) 电极在空气中暴露过久，如半小时以上。

(3) 定位或斜率调节器被误动。

(4) 测量过酸(pH<2)或过碱(pH>12)的溶液后。

(5) 换过电极后。

(6) 当所测溶液的 pH 值不在两点定标时所选溶液的中间，且距 pH = 7 又较远时。

其他注意事项：

(1) 测量时应按说明书规定的时间周期对仪器进行校准。

(2) 校准时应注意：

标准缓冲溶液温度应尽量与被测溶液温度接近；

定位所用的标准缓冲溶液应尽量与被测溶液的 pH 值接近；

两点标定时，应尽量使被测溶液的 pH 值在两个标准缓冲溶液的区间内。

(3) 校准后，应将浸入标准缓冲溶液的电极用水冲洗净，因为若缓冲溶液被带入被测溶液后，会造成测量误差。

(4) 记录被测溶液的 pH 值时应同时记录被测溶液的温度值，因为 pH 值随温度的变化而变化。尽管大多数 pH 计都具有温度补偿功能，但仅仅是补偿电极的响应而已，即半补偿，而没有同时对被测溶液进行温度补偿，即全补偿。

实验六　电离平衡和沉淀反应

一、操作详解及注意事项

序号	操作	原理或注意事项
0	**实验前准备：** 试管、试管架、100mL 烧杯、离心试管、点滴板、药匙等。	1. 课前预习电离、同离子效应、盐类水解以及沉淀的生成与溶解、转化条件等方面的内容。 2. 运用相关的理论知识解释实验中出现的现象，同时对理论知识加以验证。 3. 报告格式和注意事项等参见第四章“基础元素化学”部分，按照性质实验报告的“三栏式”书写。
1	**电离：** 用 pH 试纸测试浓度为 0.1mol · L^{-1} HCl、HAc、NaOH 和 $NH_3 \cdot H_2O$ 的 pH 值。与计算值作比较。	1. pH 值测定：用镊子夹取试纸(不可用手直接拿试纸)→置于点滴板上(试纸不可置于实验台上)→玻璃棒蘸取溶液→润湿试纸→与比色卡比色。 2. 着重了解弱电解质与强电解质的区别→加深对“电离平衡”概念的理解。 3. HAc 和 $NH_3 \cdot H_2O$ 的电离常数均为 1.8×10^{-5}。
2	**同离子效应和缓冲溶液：** (1) 在小试管中取 HAc 溶液，加 1 滴甲基橙，观察溶液的颜色，然后加入少量固体 NaAc，观察颜色有何变化?	1. 反应方程式? 2. 控制好溶液和固体的加入量，观察到现象即可。 3. 溶液颜色由_______变化到_______的原因?
	(2) 在小试管中取 $NH_3 \cdot H_2O$，加 1 滴酚酞，观察溶液颜色，再加入少量固体 NH_4Cl，观察颜色变化，并解释之。	1. 反应方程式? 2. 控制好溶液和固体的加入量，观察到现象即可。 3. 溶液颜色由_______变化到_______的原因?
	(3) 在一支试管中加入等量 HAc 和 NaAc，摇匀后测试 pH 值。然后将溶液分成二份，第一份滴加几滴 HCl，第二份滴加几滴 NaOH，摇匀后测 pH 值。	1. 本操作实质上是配制缓冲溶液。 2. 了解缓冲溶液的缓冲作用。

续表

序号	操作	原理或注意事项
2	(4) 在两个小烧杯中各加入 5mL 蒸馏水，用 pH 试纸测其 pH 值。然后分别加入 3 滴 $0.1mol \cdot L^{-1}$ HCl 溶液和 3 滴 $0.1mol \cdot L^{-1}$ NaOH 溶液，测其 pH 值。与上一个实验作比较，得到什么结论？	通过与操作 2 中(3)对比，了解缓冲溶液的缓冲作用。
3	**盐类水解：** (1) 用精密 pH 试纸分别测试浓度为 $0.1mol \cdot L^{-1}$ 的 NaCl、NH_4Cl、Na_2CO_3、NH_4Ac 的 pH 值。解释所观察到的现象。	根据水解知识加以解释。
	(2) 取少量固体 $Fe(NO_3)_3 \cdot 9H_2O$，用 6mL 水溶解后观察溶液的颜色，然后分成三份，第一份留作比较，第二份加几滴 HNO_3，第三份小火加热煮沸，观察现象。	1. Fe^{3+}的水合离子为_____色。 2. Fe^{3+}水解生成了各种碱式盐而使溶液显棕黄色。 3. 加酸或加热对水解平衡的有何影响？ 4. 加热试管时应注意管口不可对人，以防喷溅伤人！
	(3) 取 $SbCl_3$ 溶液，加水稀释，观察有无沉淀生成？滴加 HCl，沉淀是否溶解？再加水稀释，是否再有沉淀生成？	1. 掌握易水解类物质的配制方法。 2. $SbCl_3$ 溶液取用量不可过多，以免影响实验效果。
	(4) 分别取 1mL 同等浓度的 $Al_2(SO_4)_3$ 和 $NaHCO_3$ 溶液于两个试管中，测试 pH 值，写出它们水解反应方程式。然后将 $NaHCO_3$ 倒入 $Al_2(SO_4)_3$ 中，观察有何现象并解释。	1. $NaHCO_3$ 与 $Al_2(SO_4)_3$ 的反应方程式：________，实际上是__________反应。 2. 综合以上几个实验，了解水解平衡移动的影响因素。
4	**沉淀的生成与溶解：** (1)在二支试管中加入约 0.5mL 饱和 $(NH_4)_2C_2O_4$ 溶液和 0.5mL $CaCl_2$ 溶液，观察现象。在一支试管内加入 HCl 溶液，震荡，观察沉淀是否溶解？在另一支试管中加入 HAc 溶液，沉淀是否溶解？	1. 了解沉淀生成与溶解的条件。 2. 查出并利用弱酸($H_2C_2O_4$ 和 HAc)的 K_a 值以及沉淀(CaC_2O_4)的 K_{sp} 加以说明。
	(2)在二支试管中加入 1mL $MgCl_2$ 溶液，并逐滴加入 $NH_3 \cdot H_2O$ 至有白色 $Mg(OH)_2$ 沉淀生成，然后在第一支试管中加入 HCl 溶液，沉淀是否溶解？在第二支试管中加入饱和 NH_4Cl 溶液，沉淀是否溶解？	比较酸性(HCl 和 NH_4Cl)的强弱对沉淀溶解平衡的影响，从而了解 $Mg(OH)_2$ 酸碱性的强弱。
	$Ca(OH)_2$、$Mg(OH)_2$ 和 $Fe(OH)_3$ 溶解度比较： (1)分别取 0.5mL $CaCl_2$、$MgCl_2$ 和 $FeCl_3$ 溶液于三支小试管中，各加入 NaOH 溶液数滴，观察现象。 (2)分别取 0.5mL $CaCl_2$、$MgCl_2$ 和 $FeCl_3$ 溶液于三支小试管中，分别加入 $NH_3 \cdot H_2O$ 数滴，观察现象。 (3)分别取 0.5mL $CaCl_2$、$MgCl_2$ 和 $FeCl_3$ 溶液于三支小试管中，分别加入 NH_4Cl 和 $NH_3 \cdot H_2O$ 混合溶液，观察并记录。	1. 加入强碱，观察沉淀(氢氧化物)的有无和颜色变化：____________________。 2. 加入弱碱，观察沉淀(氢氧化物)的有无和颜色变化：____________________。 3. 加入缓冲溶液，观察沉淀(水解产物)的有无和颜色变化。 4. 通过实验并查找相关参数比较 $Ca(OH)_2$、$Mg(OH)_2$ 和 $Fe(OH)_3$ 溶解度的相对大小。

续表

序号	操作	原理或注意事项
5	**沉淀转化：** (1)在一支试管中加入 $Pb(NO_3)_2$溶液，再加入约 0.5mL 的 Na_2SO_4溶液，观察白色沉淀生成，然后再加入 K_2CrO_4溶液，振荡，观察白色 $PbSO_4$沉淀转化为黄色 $PbCrO_4$沉淀。	1. 根据溶度积原理解释两个同种类型的沉淀之间的相互转化条件。 2. 沉淀需经离心后，将上层清液倾出，沉淀量不可过大，否则影响实验效果。 3. 离心机的使用应注意：配重、平衡、逐级增档、档位不可开得过高，**禁止试图用手阻止正在运行的离心机停机！**
	(2)向 $AgNO_3$溶液中加入 K_2CrO_4溶液，观察砖红色 Ag_2CrO_4沉淀生成。沉淀经离心、洗涤，然后加入 NaCl 溶液，观察砖红色沉淀转化为白色 AgCl 沉淀。	根据溶度积原理解释两个不同类型的沉淀之间的相互转化。

二、课堂提问

(1) 化学平衡主要包括哪些平衡？
(2) 同离子效应指的是什么？
(3) 缓冲溶液有何特点？
(4) 影响盐类水解的因素有哪些？
(5) 缓冲溶液的 pH 值由哪些因素决定？其中主要的影响因素是什么？
(6) 沉淀的溶解及转化的条件有哪些？

三、参考资料

1. 化学平衡

化学平衡(chemical equilibrium)是指在宏观条件下、一定的可逆反应中，化学反应正逆反应速率相等，反应物和生成物各组分浓度不再改变的状态。用可逆反应中正反应速率和逆反应速率的变化表示化学平衡的建立过程。化学平衡的本质：正反应速率等于逆反应速率。

化学平衡是无机化学课程中的重要组成部分，包括酸碱平衡、配位平衡、氧化还原及沉淀溶解等平衡。此外，化学平衡在分析化学中有着极为重要的应用。本实验中主要涉及酸碱平衡和沉淀溶解平衡。

1) 平衡常数

化学平衡常数，是指在一定温度下，可逆反应无论从正反应开始，还是从逆反应开始，不论反应物起始浓度大小，最后都达到平衡状态，此时各生成物浓度的化学计量数的幂指数乘积除以各反应物浓度的化学计量数幂指数乘积所得的比值是个常数，用 K 表示，这个常数叫化学平衡常数。

2) 平衡移动

在化学反应条件下，因反应条件的改变，使可逆反应从一种平衡状态转变为另一种平衡状态的过程，叫化学平衡的移动。化学平衡发生移动的根本原因是正逆反应速率不相等，而平衡移动的结果是可逆反应到达了一个新的平衡状态，此时正逆反应速率重新相等(与原来的速率可能相等也可能不相等)。

影响化学平衡移动的因素主要有浓度、温度、压强等。

3）平衡过程

（1）过程（动力学角度）。从动力学角度，反应开始时，反应物浓度较大，产物浓度较小，所以正反应速率大于逆反应速率。随着反应的进行，反应物浓度不断减小，产物浓度不断增大，所以正反应速率不断减小，逆反应速率不断增大。当正、逆反应速率相等时，系统中各物质的浓度不再发生变化，反应就达到了平衡。此时系统处于动态平衡状态，并非反应进行到此即完全停止。

（2）过程（微观角度）。从微观角度出发，在可逆反应中，反应物分子中的化学键断裂速率与生成物化学键的断裂速率相等所造成的平衡现象。

2. 同离子效应

同离子效应（common ion effect）：在弱电解质溶液中加入与其相同的离子后，使原电解质的电离平衡向生成原电解质分子的方向移动，从而降低原电解质的电离度的效应。

在酸碱平衡和沉淀溶解平衡中都存在同离子效应。在酸碱平衡中，同离子效应是指向弱酸或弱碱溶液中加入与其相同的离子，导致其解离度下降的作用。同理，在沉淀溶解平衡中，同离子效应是指向难溶沉淀物的溶液中加入含相同离子的电解质，导致难溶物的化学平衡向生成难溶物方向移动、导致难溶物增多的作用。

同离子效应有两种，一种是降低弱电解质的电离度；另一种是降低原电解质的溶解度，这种效应对于微溶电解质特别显著，在化学分析中应用很广。

例如，醋酸（HAc）在水溶液中存在如下平衡：

$$HAc \rightleftharpoons H^+ + Ac^- \qquad K=\frac{[H^+][Ac^-]}{[HAc]}$$

如果向溶液中增加更多的 Ac^-（如加入 NaAc）或 H^+，都可以使平衡向左移动，降低 HAc 的电离度，这种作用即酸碱平衡中的同离子效应。

硫酸钡饱和溶液中，存在如下平衡：

$$BaSO_4 \rightleftharpoons Ba^{2+} + SO_4^{2-}$$

在上述饱和溶液中加入氯化钡，由于氯化钡完全电离，溶液中钡离子突然增大，离子积（即未达平衡状态的离子浓度的幂指数乘积，Q）$>K_{sp}$，原来的平衡遭到破坏，Ba^{2+} 大于 $BaSO_4$ 溶解在纯水中的钡离子浓度，平衡向左移动，析出沉淀。当溶液中再次建立新的平衡，即 Ba^{2+} 小于 $BaSO_4$ 溶解在纯水中的硫酸根浓度，硫酸钡的溶解度可用新的平衡状态下的来量度。因此，$BaSO_4$ 在氯化钡溶液中的溶解度比在纯水中要小。即加入含相同离子的强电解质氯化钡使难溶盐 $BaSO_4$ 的溶解度降低。

3. 缓冲溶液

缓冲溶液（buffer solution）指的是由弱酸及其盐、弱碱及其盐组成的混合溶液，能在一定程度上抵消、减轻外加强酸或强碱对溶液酸碱度的影响，从而保持溶液的 pH 值相对稳定。缓冲溶液的成分通常为弱酸和它的共轭碱或弱碱和它的共轭酸。作用：降低 pH 变动幅度；生物意义：维持生物的正常 pH 值和生理环境。

常见的缓冲体系有：

（1）弱酸和它的盐（如 HAc-NaAc）；

（2）弱碱和它的盐（$NH_3 \cdot H_2O-NH_4Cl$）；

（3）多元弱酸的酸式盐及其对应的次级盐（如 $NaH_2PO_4-Na_2HPO_4$）的水溶液组成。

而生化实验室常用的缓冲系主要有磷酸、柠檬酸、碳酸、醋酸、巴比妥酸、Tris（三羟甲基氨基甲烷)等系统。

在 H^+浓度($mol \cdot L^{-1}$)小于 1 的溶液中，其酸度常用 pH 表示，其定义为：

$$pH=-lg[H^+]$$

在中性溶液或纯水中，$[H^+]=[OH^-]=10^{-7} mol \cdot L^{-1}$，即 pH=pOH=7，在碱性溶液中 pH=14 -pOH>7，在酸性溶液中 pH<7。

如果溶液中同时存在着弱酸以及它的盐，例如 HAc 和 NaAc，这时加入少量的酸可被 Ac^-结合为电离度很小的 HAc 分子，加入少量的碱则被 HAc 所中和，溶液的 pH 值始终改变不大，这种溶液即为缓冲溶液。缓冲溶液的 pH 值(以 HAc 和 NaAc 为例)为：

$$pH=pK-lg\frac{[酸]}{[盐]}=pK-lg\frac{[HAc]}{[Ac^-]}$$

4. 水解

弱酸和强碱或弱碱和强酸以及弱酸和弱碱所生成的盐，在水溶液中都会发生水解。例如：

$$NaAc+H_2O \rightleftharpoons NaOH+HAc \text{ 或 } Ac^-+H_2O \rightleftharpoons OH^-+HAc$$

$$NH_4Cl+H_2O \rightleftharpoons NH_3 \cdot H_2O+HCl \text{ 或 } NH_4^++H_2O \rightleftharpoons H^++NH_3 \cdot H_2O$$

根据同离子效应，向溶液中加入 H^+或 OH^-就可以阻止它们(NH_4^+或 Ac^-)水解。另外，由于水解是吸热反应，所以加热则可促使盐的水解。

5. 沉淀溶解平衡

难溶强电解质在一定温度下与它的饱和溶液中的相应离子处于平衡状态。例如：

$$AgCl(s) \rightleftharpoons Ag^++Cl^-$$

它的平衡常数就是饱和溶液中两种离子浓度的乘积，称为溶度积 $K_{sp}(AgCl)$。只要溶液中两种离子浓度乘积大于其溶度积，便有沉淀产生。反之，如果能降低饱和溶液中某种离子的浓度，使两种离子浓度乘积小于其浓度积，沉淀便会溶解。例如，在上述饱和溶液中加入 $NH_3 \cdot H_2O$，使 Ag^+转为 $Ag(NH_3)_2^+$，AgCl 沉淀便可溶解。根据类似的原理，往溶液中加入 I^-，它便与 Ag^+结合为溶解度更小的 AgI 沉淀。溶液中 Ag^+浓度减小了，对于 AgCl 来说已成为不饱和溶液，而对于 AgI 来说，只要加入足够量的 I^-，便是过饱和溶液。结果，一方面 AgCl 不断溶解；另一方面不断有 AgI 沉淀产生，最后 AgCl 沉淀可全部转化为 AgI 沉淀。

实验七　氧化还原反应与电化学

一、操作详解及注意事项

序号	操　作	原理或注意事项
0	**实验前准备：** 试管、试管架、50mL 烧杯、药匙等。	1. 预习电极电势与氧化还原反应方向的关系，以及介质和反应物浓度对氧化还原反应的影响；化学电池的电动势，氧化态或还原态浓度变化对电极电势的影响；电解反应的原理。 2. 报告格式和注意事项见“基础元素化学”部分，按照性质实验报告的“三栏式”书写。

续表

序号	操　作	原理或注意事项
1	**电极电势与氧化还原反应的关系：** (1)比较锌、铅、铜在电位序中的位置。 ①在$Pb(NO_3)_2$和$CuSO_4$溶液中各放入一片锌片，放置片刻，观察锌片表面有何变化。 ②用铅粒代替锌片，分别与$ZnSO_4$和$CuSO_4$溶液反应，观察铅粒表面有何变化。 ③写出反应式，说明电子转移方向，并确定锌、铜、铅在电位序中的相对位置。	1. 观察锌片表面的变化，同时注意溶液颜色的变化。 2. 锌片和铅粒表面要擦净，否则有致密的氧化膜阻碍反应进行。 3. 根据结果明确氧化还原反应进行的方向，比较氧化剂和还原剂的强弱，进而判断电极电势的高低，从而确定它们在电位序中的相对位置。
	(2)将KI溶液加入到$FeCl_3$溶液中，摇匀后加入CCl_4，充分振荡，观察CCl_4液层的颜色有何变化。	如果CCl_4层有特征颜色的物质生成，则表明发生了反应。
	(3)用KBr溶液代替KI溶液进行同样的实验，观察CCl_4层的颜色。	根据CCl_4层的颜色是否发生变化，判断反应能否发生。
	(4)仿照上面的实验，分别用碘水和溴水同$FeSO_4$溶液作用，观察CCl_4层的颜色，判断反应是否进行。写出有关的化学反应式。	根据实验结果，定性地比较Br_2—Br^-、I_2—I^-、Fe^{3+}—Fe^{2+}三个电对的电极电势的相对高低，并指出哪个电对的氧化态是最强的氧化剂，哪个电对的还原态是最强的还原剂。
	(5)氯水对溴、碘离子混合溶液的氧化顺序。在KBr溶液和KI溶液混合液中加入CCl_4，逐滴加入氯水，边加边振荡试管，并仔细观察CCl_4层先后出现不同颜色的变化。	1. 注意KBr和KI溶液的相对用量，否则会对实验产生误导或失败。 2. 滴加氯水应逐滴加入，观察反应过程中出现的系列现象，如果加的过多或过快，可能会观察不到中间的现象。 3. 根据上面的实验结果和比较得出的各个电对的电极电势的相对大小，说明电极电势的高低与氧化还原方向的关系。
2	**酸度对氧化还原反应的影响：** (1)酸度对氧化还原反应速度的影响。 在两个各盛有KBr溶液的试管中，分别加入H_2SO_4溶液和HAc溶液，然后向两个试管中各加入2滴$KMnO_4$溶液。 (2)酸度对氧化还原反应方向的影响。 KI溶液与KIO_3溶液混合，观察有无反应。加入H_2SO_4溶液，观察现象；再加入NaOH，又有何变化？	1. 观察并比较两个试管中的紫色溶液褪色的快慢，注意$KMnO_4$不可加的过量或过快。 2. 查出相关电对的电极电势进行比较，说明酸度对氧化还原反应方向的影响。
3	**浓度对氧化还原反应的影响：** (1)向两个分别盛有$2mol \cdot L^{-1}$ H_2SO_4和浓H_2SO_4的试管加入一片擦去表面氧化膜的铜片，稍加热，观察所发生的现象。	通过现象解释浓度对氧化还原反应的影响。
	(2)取两支干燥的试管各加入少量MnO_2，在通风橱中分别加入1mL $2mol \cdot L^{-1}$HCl和浓HCl，用湿润的淀粉碘化钾试检验有无气体产生，并加以解释。	1. 试纸需提前润湿。 2. 结合现象，通过能斯特方程计算，判断反应能否发生。

续表

序号	操　作	原理或注意事项
4	**浓度对电极电势的影响：** (1)在烧杯中加入 $CuSO_4$，在另一个烧杯中加入 $ZnSO_4$溶液，然后在 $CuSO_4$溶液内放一铜片，在 $ZnSO_4$溶液内放一锌片，组成两个电极。用一个盐桥将它们连接起来，通过导线将铜电极接入酸度计的正极，把锌电极通过导线插入酸度计的负极插孔，测定其电势差。	1. 测定原电池的电动势。 2. 铜电极和锌电极应打磨去除表面的氧化层，导线应接触良好。
	(2)取下盛 $CuSO_4$溶液的烧杯，在其中加浓氨水，搅拌至生成的沉淀完全溶解，形成了深蓝色的溶液，然后测量电势差，观察有何变化。	试解释这种变化是怎样引起的。
	(3)再向 $ZnSO_4$溶液中加浓氨水至生成的沉淀完全溶解，然后测量电势差，其值又有何变化，试解释上面的实验结果。	根据电势差的变化，结合能斯特方程式，解释浓度对电极电势的影响。
5	**测定下列浓差电池的电动势：** $Zn \mid ZnSO_4(0.1mol \cdot L^{-1}) \parallel ZnSO_4(1mol \cdot L^{-1}) \mid Zn$ $Cu \mid CuSO_4(0.1mol \cdot L^{-1}) \parallel CuSO_4(1mol \cdot L^{-1}) \mid Cu$ 运用能斯特方程式计算上面浓差电池的电动势，并与实验值比较。	测定浓差电池的电动势，并与通过能斯特方程式计算的值作比较是否吻合。
6	**电解：** (1)向一只小烧杯中加入 $ZnSO_4$溶液，插入锌片；向另一只小烧杯中加入 $CuSO_4$溶液，插入铜片，通过导线连接好装置。 (2)把两根分别连接锌片和铜片的铜线的另一端插入装有 Na_2SO_4溶液的小烧杯中，滴入几滴酚酞，观察连接锌片的那根铜丝周围的 Na_2SO_4溶液有何变化？试加以解释。	左边两个烧杯组成原电池，右边的烧杯为电解池，通过观察到的现象，解释发生了什么反应，说明原电池与电解池在电极反应上的本质区别。

二、课堂提问

(1) 原电池的正极同电解池的阳极以及原电池的负极同电解池的阴极，其电极上的反应本质是否相同？

(2) 怎样判断氧化剂和还原剂的强弱及氧化还原反应进行的方向？

(3) 电解硫酸钠水溶液时，为什么在阴极上得不到金属钠？用石墨作电极和以铜作电极，在阳极上的反应是否相同？为什么？

三、参考资料

1. 氧化还原反应

氧化还原过程也就是电子的转移过程，氧化剂在反应中得到了电子，还原剂失去了电子，这种得、失电子能力的大小或者说氧化、还原能力的强弱，可用它们的氧化态/还原态(例如 Fe^{3+}/Fe^{2+}，I_2/I^-，Cu^{2+}/Cu)所组成电对的电极电势的相对高低来衡量。一个电对的电极电势(以还原电势为准)代数值愈大，其氧化态的氧化能力愈强，其还原态的还原能力愈弱；反之亦然。所以根据其电极电势($\varphi^{\ominus}$)的大小，即可判断一个氧化还原反应的进行方向。例如：$\varphi^{\ominus}_{I_2/I^-}=+0.535V$，$\varphi^{\ominus}_{Fe^{3+}/Fe^{2+}}=+0.771V$，$\varphi^{\ominus}_{Br_2/Br^-}=+1.08V$，所以在下列两反应中：

$$2Fe^{3+}+2I^- = I_2+2Fe^{2+} \quad (1)$$

$$2Fe^{3+}+2Br^- = Br_2+2Fe^{2+} \quad (2)$$

式(1)应向右进行，式(2)应向左进行，也就是说 Fe^{3+} 可以氧化 I^- 而不能氧化 Br^-。反过来说，Br_2 可以氧化 Fe^{2+}，而 I_2 则不能。总之氧化态的氧化能力 $Br_2>Fe^{3+}>I_2$，还原态的还原能力 $I^->Fe^{2+}>Br^-$。

浓度与电极电势的关系(25℃)可用能斯特方程式表示：

例如，以 Fe^{3+}/Fe^{2+} 电对为例：

$$\varphi=\varphi^{\ominus}+\frac{0.059}{n}\lg\frac{[\text{氧化态}]}{[\text{还原态}]}$$

$$\varphi=\varphi^{\ominus}_{Fe^{3+}/Fe^{2+}}+\frac{0.059}{1}\lg\frac{[Fe^{3+}]}{[Fe^{2+}]}$$

这样，Fe^{3+} 或 Fe^{2+} 浓度的变化都会改变其电极电势 φ 数值。特别是有沉淀剂(包括 OH^-)或络合剂的存在，能够大大减少溶液中某一离子浓度的时候，甚至可以改变反应的方向。

有些反应特别是含氧酸根离子参加的氧化还原反应中，经常有 H^+ 参加，这样介质的酸度也对 φ 值产生影响。例如对于半电池反应：

$$MnO_4^-+8H^++5e \rightleftharpoons Mn^{2+}+4H_2O$$

$$\varphi=\varphi^{\ominus}_{MnO_4^-/Mn^{2+}}+\frac{0.059}{5}\lg\frac{[MnO_4^-][H^+]^8}{[Mn^{2+}]}$$

$[H^+]$ 增大可使 MnO_4^- 的氧化性增强。

单独的电极电势是无法测量的，只能从实验中测量两个电对组成的原电池的电动势。因为在一定条件下一个原电池的电动势 E 为正、负电极的电极电势之差：

$$E=\varphi_+-\varphi_-$$

所以先规定在一个标准大气压下，25℃和 $\alpha_{H^+}=1$ 的条件下 $\varphi^{\ominus}_{H^+/H_2}$ 为零，然后测定一系列原电池(包括氢电极或其他参比电极)的电动势，从而直接或间接测出一系列电对的相对电极电势 $\varphi°$。准确的电动势是用对消法在电位差计上测量，因为在本实验中只是为了进行比较，只需知道其相对数值，所以在 pH 计上进行测量。

2. 电解

电流通过电解质溶液，在电极上引起的化学变化叫电解。电解时电极电势的高低、离子浓度的大小、电极材料等因素都可以影响两极上的电解产物。在本实验中电解 Na_2SO_4 溶液时以铜作电极，其电极反应如下：

阴极：$2H_2O+2e = H_2\uparrow+2OH^-$

阳极：$Cu-2e = Cu^{2+}$

实验八　银氨配离子配位数的测定

一、操作详解及注意事项

序号	操　作	原理或注意事项
0	**实验前准备**： 250mL 锥形瓶、50mL 滴定管、25mL 量筒、烧杯等。	课前预习沉淀和配位平衡相关知识。
	在硝酸银溶液中加入过量的氨水，即生成稳定的银氨配离子$[Ag(NH_3)_n]^+$，再向溶液中加入溴化钾溶液，直到刚出现的溴化银沉淀不消失为止，这时混合溶液中同时存在着如下平衡： $Ag^+ + nNH_3 \rightleftharpoons [Ag(NH_3)_n]^+$ $\frac{[Ag(NH_3)_n^+]}{[Ag^+][NH3]^n}=K_{\text{稳}}$　(1) $AgBr(s) \rightleftharpoons Ag^+ + Br^-$ $[Ag^+][Br^-]=K_{sp}$　(2) 式(1)×式(2)得： $\frac{[Ag(NH_3)_n^+][Br^-]}{[NH_3]^n}=K_{\text{稳}} \cdot K_{sp}=K$　(3) 整理式(3)得： $[Br^-]=\frac{K \cdot [NH_3]^n}{[Ag(NH_3)_n^+]}$　(4)	1. 基于两大平衡：配位平衡(1)和沉淀与溶解平衡(2)。 2. 二者分别有各自的平衡常数。 3. 两个平衡共存于一个体系中，有共平衡常数(K)。
1	$[Br^-]$、$[NH_3]$和$[Ag(NH_3)_n^+]$皆是平衡时的浓度($mol \cdot L^{-1}$)，它们可以近似地计算如下： 设最初取用的$AgNO_3$溶液的体积为V_{Ag^+}，浓度为$[Ag^+]_0$，加入的氨水(过量)和滴定时所需溴化钾溶液的体积分别为V_{NH_3}和V_{Br^-}，其浓度分别为$[NH_3]_0$和$[Br^-]_0$，混合溶液的总体积为$V_{\text{总}}$，则平衡时体系各组分的浓度近似为： $[Br^-]=[Br^-]_0 \times \frac{V_{Br^-}}{V_{\text{总}}}$　(5) $[Ag(NH_3)_n^+]=[Ag^+]_0 \times \frac{V_{Ag^+}}{V_{\text{总}}}$　(6) $[NH_3]=[NH_3]_0 \times \frac{V_{NH_3}}{V_{\text{总}}}$　(7) 将式(5)(6)(7)代入式(4)整理后得： $V_{Br^-} = V_{NH_3}^n \cdot K \cdot (\frac{[NH_3]_0}{V_{\text{总}}})^n / \frac{[Br^-]_0}{V_{\text{总}}} \cdot \frac{[Ag^+]_0 \cdot V_{Ag^+}}{V_{\text{总}}}$　(8)	1. 公式(5)~式(7)作近似计算，忽略了参与反应的各物种的浓度→相比之下它们的量都非常小，可以忽略不计。 2. 将式(5)~式(7)代入式(4)整理后得式(8)。
	本实验是采用改变氨水的体积，在各组分起始浓度和$V_{\text{总}}$、V_{Ag^+}在实验过程均保持不变的情况下进行的。所以式(8)可写成： $V_{Br^-} = V_{NH_3}^n \cdot K'$　(9) 式(9)两边取对数得方程式： $\lg V_{Br^-} = n\lg V_{NH_3} + \lg K'$　(10) 以$\lg V_{Br^-}$为纵坐标，$lg\ V_{NH_3}$为横坐标作图，直线的斜率即为$[Ag(NH_3)_n]^+$的配位数 n。	1. 保持$V_{\text{总}}$不变，将式(8)中K后面的部分设成K'。 2. 作图，通过直线方程的斜率得到配位数 n。

续表

序号	操作	原理或注意事项
2	(1)按照表 8-1 中各编号所列数量依次加入 $AgNO_3$溶液、$NH_3 \cdot H_2O$ 和蒸馏水于各编号锥形瓶中，在不断缓慢摇荡下从滴定管中逐滴加入 KBr 溶液，直到溶液开始出现的浑浊不再消失为止(沉淀为何物?)，记下所用 KBr 溶液的总体积。 (2)从编号 2 开始，当滴定接近终点时，还要补加适量的蒸馏水，继续滴至终点，使溶液的总体积都与编号 1 的体积基本相同。	1. 滴定管的使用注意事项参见实验二“酸碱滴定练习”。 2. 刚刚出现浑浊即为滴定终点，每次滴定终点混浊程度的判断标准应一致！必要时，可与空白样品做对比。
3	(1)根据有关数据(表 8-1)作图，求出$[Ag(NH_3)_n]^+$配离子的配位数 n。 (2)查出必要数据求出 $K_稳$值。	1. 电脑作图：采用 Excel 或 Origin 等软件对数据进行处理，作出图像，为直线添加趋势线，给出回归方程、R^2值，并对图像字体、字号、图像背景等项目进行调整，使图像美观，从而求出$[Ag(NH_3)_n]^+$配离子的配位数 n，Origin 软件作图可参考实验二十八“吸光光度法测定水和废水中的总磷”。 2. 查出溶度积常数 K_{sp}，利用相关数据，求得配位稳定常数 $K_稳$值。

表 8-1　银氨配离子配位数的测定

编号	V_{Ag^+}/mL	V_{NH_3}/mL	V_{H_2O}/mL	V_{Br^-}/mL	V'_{H_2O}/mL	$V_总$/mL	$\lg V_{NH_3}$	$\lg V_{Br^-}$
1	20.0	40.0	40.0		0.0			
2	20.0	35.0	45.0					
3	20.0	30.0	50.0					
4	20.0	25.0	55.0					
5	20.0	20.0	60.0					
6	20.0	15.0	65.0					
7	20.0	10.0	70.0					

二、课堂提问

(1) 在计算平衡浓度$[Br^-]$、$[Ag(NH_3)_n]^+$和$[NH_3]$，为什么可以忽略生成的 AgBr 沉淀时所消耗 Br^-和 Ag^+的浓度，同时也可以忽略$[Ag(NH_3)_n]^+$电离出来的 Ag^+的浓度以及生成$[Ag(NH_3)_n]^+$时所消耗的 NH_3的浓度?

(2) 如何通过溶度积常数 K_{sp}和相关数据求得配位稳定常数 $K_稳$值?

(3) 本实验中是用 Br^-测定配位数 n，能否用 Cl^-或 I^-代替?(提示：通过溶度积常数和配位稳定常数加以说明)。

三、参考资料

1. 配位平衡

配位平衡(coordination equilibrium)是指在一定温度下，溶液中配合物与配离子之间存在着配位和解离的平衡。配离子的平衡常数用 K_f 表示，表示稳定常数。配离子的形成是分级进行的，故有 K_1、K_2……等逐级稳定常数，将配离子的逐级稳定常数渐次相乘，便得到配离子的累积稳定常数 β。

配位平衡是化学平衡之一，改变平衡条件，平衡就会移动。影响配位平衡移动的因素有：溶液酸度的影响、沉淀平衡的影响、氧化还原平衡的影响、其他配位平衡的影响等。

配合物的稳定常数可用于比较配合物的稳定性、判断反应的方向和限度、计算配离子溶液中有关离子的浓度、判断难溶电解质的生成和溶解等。

2. 沉淀平衡

沉淀溶解平衡(sedimentation equilibrium)是指在一定温度下，难溶电解质晶体与溶解在溶液中的离子之间存在溶解和结晶的平衡，称作多项离子平衡，也称为沉淀溶解平衡。

一定温度下，难溶电解质 $A_mB_n(s)$ 难溶于水，但在水溶液中仍有部分 A^{n+} 和 B^{m-} 离开固体表面溶解进入溶液，同时进入溶液中的 A^{n+} 和 B^{m-} 又会在固体表面沉淀下来，当这两个过程速率相等时，A^{n+} 和 B^{m-} 的沉淀与 A_mB_n 固体的溶解达到平衡状态，称之为沉淀生成与溶解平衡状态。

A_mB_n 固体在水中的沉淀溶解平衡可表示为：

$$A_mB_n(s) \rightleftharpoons mA^{n+}(aq)+nB^{m-}(aq)$$

难溶电解质在水中建立起来的沉淀溶解平衡和化学平衡、电离平衡等一样，符合平衡的基本特征，满足平衡的变化基本规律。

沉淀平衡具有以下特征，“逆”“等”“动”“定”“变”：

(1)“逆”：其过程为可逆过程；

(2)“等”：沉淀平衡过程的沉淀生成和溶解速率相等；

(3)“动”：平衡为动态平衡；

(4)“定”：离子浓度一定；

(5)“变”：改变温度、浓度等条件，沉淀溶解平衡会发生移动直到建立一个新的沉淀溶解平衡。

沉淀平衡的影响因素：

同离子效应是指在沉淀反应中由于难溶物质具有共同离子的电解质存在，使难溶物质的溶解度降低的现象。为了减少难溶物质的溶解损失，在沉淀时一般根据情况需要加入过量的沉淀剂，洗涤沉淀剂时也应选择合适的洗涤剂。

酸效应主要是指沉淀反应中，除强酸形成的沉淀外，溶液酸度对沉淀溶解度的影响。这种效应可用于难溶物质的溶解或防止难溶物质的生成；对于要得到难溶物质的反应，就应注意控制溶液的酸度，以减少溶解损失。

沉淀平衡应用——判断沉淀的溶解与生成。

利用溶度积 K_{sp} 可判断沉淀的生成、溶解情况以及沉淀溶解平衡移动方向。

(1) 当 $Q_c>K_{sp}$ 时是过饱和溶液，反应向生成沉淀方向进行，直至达到沉淀溶解平衡状态(饱和为止)；

(2) 当 $Q_c=K_{sp}$ 时是饱和溶液，达到沉淀溶解平衡状态；

(3) 当 $Q_c<K_{sp}$ 时是不饱和溶液，反应向沉淀溶解的方向进行，直至达到沉淀溶解平衡状态(饱和为止)。

以上规则称为溶度积规则。沉淀的生成和溶解是两个相反的过程，它们相互转化的条件是离子浓度的大小，控制离子浓度的大小，可以使反应向所需要的方向转化。

3. 文献资料

刘纯，王丽君，石莉萍．银氨配离子配位数和稳定常数测定实验的改进．沈阳教育学院学报，2000，2(4)：112-113.

此参考文献中原理部分同本实验相同，基于两大平衡——配位和沉淀平衡，二者分别有各自的平衡常数，两个平衡共存于一个体系中，有共平衡常数。

在硝酸银水溶液中加入过量的氨水，即生成稳定的银氨配离子$[Ag(NH_3)_n]^+$，再往溶液中加入溴化钾溶液，直到刚出现的溴化银沉淀不消失为止，这时混合溶液中同时存在着如下平衡：

$$Ag^+ + nNH_3 \rightleftharpoons [Ag(NH_3)_n]^+$$

$$\frac{[Ag(NH_3)_n^+]}{[Ag^+][NH_3]^n} = K \tag{1}$$

$$AgBr(s) \rightleftharpoons Ag^+ + Br^-$$

$$[Ag^+][Br^-] = K_{sp} \tag{2}$$

式(1)×式(2)得：

$$\frac{[Ag(NH_3)_n^+][Br^-]}{[NH_3]^n} = K_{稳} \cdot K_{sp} = K \tag{3}$$

整理(3)式得：

$$[Ag(NH_3)_n{}^+][Br^-] = K[NH_3]^n \tag{4}$$

$[Br^-]$、$[NH_3]$和$[Ag(NH_3)_n^+]$皆是平衡时的浓度($mol \cdot L^{-1}$)，它们可以近似地计算如下：

设最初取用的$AgNO_3$溶液的体积为V_{Ag^+}，浓度为$[Ag^+]_0$，加入的氨水(过量)和滴定时所需溴化钾溶液的体积分别为V_{NH_3}和V_{Br^-}，其浓度分别为$[NH_3]_0$和$[Br^-]_0$，混合溶液的总体积为$V_{总}$，则平衡时体系各组分的浓度近似为：

$$[Br^-] = [Br^-]_0 \times \frac{V_{Br^-}}{V_{总}} \tag{5}$$

$$[Ag(NH_3)_n^+] = [Ag^+]_0 \times \frac{V_{Ag^+}}{V_{总}} \tag{6}$$

$$[NH_3] = [NH_3]_0 \times \frac{V_{NH_3}}{V_{总}} \tag{7}$$

两边同时取对数：

$$\lg([Ag(NH_3)_n{}^+][Br^-]) = n\lg[NH_3] + \lg K \tag{8}$$

以$\lg[NH_3]$为横轴，$\lg([Ag(NH_3)_n{}^+][Br^-])$为纵轴，作直线，即可求得$n$和$K$。

式(4)中各物种的浓度仍然按照式(5)～式(7)进行近似计算，此时每组实验总体积均不相同，需分别求取总体积，

$$V_{总} = V_{Ag^+} + V_{H_2O} + V_{NH_3^+} + V_{Br^-}$$

然后将计算后得到的浓度分别代入上式即可。

本实验从编号(2)开始，当滴定接近终点时，还要补加适量的蒸馏水，继续滴至终点，使溶液的总体积都与编号(1)的体积基本相同。什么时候加水？如果已经浑浊，加水后浑浊

会不会消失？加水过量怎么办？此时就会产生疑惑，从这个角度讲，为了简化计算量而人为控制终点溶液的总体积不变，无论是讲授指导还是实际操作都很牵强，这种设置不严谨。而将式(3)作上述处理就可避开加水的问题，使实验设置更加合理。

数据处理时注意($[Ag(NH_3)_n^+][Br^-]$)是两个物种浓度的乘积，然后取对数，在计算时注意运算规则。

实验九　碘酸铜溶度积的测定

一、操作详解及注意事项

序号	操　　作	原理或注意事项
0	(1)**需准备的仪器**：100mL 烧杯、50mL 容量瓶、25mL 移液管等。 (2)**需配制的溶液**：$CuSO_4$溶液(0.100mol·L^{-1})。 (3)**准备 50mL 烧杯一个、在烘箱烘干备用**(常压过滤用)；两人一组。	1. 课前查找相关物质的溶解度。 2. 预习分光光度计的结构、工作原理，使用方法、工作曲线的绘制部分应重点掌握。 3. 根据每组的实验进度，可以选做“吸收曲线的绘制及最大吸收波长的选择”(参见实验二十六“邻二氮菲吸光光度法测定铁”，波长：540～680nm)。
1	**$CuSO_4$溶液(0.100mol·L^{-1})配制**： 用小烧杯准确称取 0.80～0.82g 基准 $CuSO_4$，溶解后定容于 50mL 容量瓶中。	1. 准确称取→直接法、差减法均可； 2. 差减法称量，称量结束应将剩余药品回收。
2	**$Cu(IO_3)_2$固体的制备**： (1)用 2g $CuSO_4·5H_2O$ 和 3.4g KIO_3与适量水反应制得 $Cu(IO_3)_2$沉淀，不断搅拌，静置，沉降后，陈化 15min 以上，以利于粒子长大、纯净，便于过滤。	复分解反应：$CuSO_4+2KIO_3 = Cu(IO_3)_2\downarrow+K_2SO_4$ 1. $CuSO_4·5H_2O$ 和 3.4gKIO_3要分别溶解后(**课前查好三种物质的溶解度，计算好溶剂的用量，并打出余量**)，可加热加速溶解，再将两溶液混合均匀；**哪种试剂过量？** 2. “适量水”→如何决定水量？→根据溶解度。 如 20℃：2.0g $CuSO_4·5H_2O$→6.3g H_2O(加 10mL)；3.4g KIO_3→32g H_2O(加 50mL)，注意：慢加快搅！ 3. **两溶液混合均匀后，要煮沸几分钟，使反应完全彻底，生成大颗粒沉淀，颜色发白(关键步骤)，否则，生成的沉淀呈絮状、悬浮→产生“包裹”“夹带”→过滤不净→溶液浑浊、颜色发蓝(正常的颜色应是很淡的颜色，为什么？电离出的 Cu^{2+}是微量的)。** 4. 必须陈化！关键步骤！
3	(2)陈化后，倾析法弃去上层清液，用蒸馏水洗涤沉淀至无 SO_4^{2-}为止。 小贴士：取少量上层清液于试管中，滴加少量 $BaCl_2$溶液，若无白色沉淀生成，则无 SO_4^{2-}；若出现沉淀，应继续洗涤→**洗涤沉淀要彻底！→洗涤沉淀的目的？→为了洗 SO_4^{2-} 还是洗 Cu^{2+}？**	1. 什么是倾析法？倾析法是将沉淀上部的溶液倾入另一容器中而使沉淀与溶液分离。为什么用倾析法？沉淀相对密度较大或晶体颗粒较大、静止沉降快，倾析法简便高效。倾析法**尽量用“小烧杯”**，为什么？ 2. 倾析法洗涤的原则：“少量多次”→2～3 次、约 10mL/次。 3. 倾析时应用**玻璃棒引流；整个过程尽量平稳，避免手晃、抖动**；倾倒的也不要太干净，因为底部溶液中多少会有固体，造成产率下降；若控制不好也可以用干净的吸管吸。

续表

序号	操　作	原理或注意事项
4	**$Cu(IO_3)_2$饱和溶液的配制：** 将上述制得的$Cu(IO_3)_2$固体配制成80mL饱和溶液，用干的双层滤纸将饱和溶液过滤，滤液收集于一个干燥的烧杯中。	1. 可加热促进溶解：80℃水浴加热20min，再充分冷却至室温，为什么？ 2. **采用常压过滤，接收可用50mL烧杯**；减压过滤也可，但应注意防止穿滤！须用干净、干燥的吸滤瓶→有水会产生什么后果？ 3. 过滤时，切勿用蒸馏水润湿滤纸！为什么？应选用什么溶剂润湿？
5	**工作曲线的绘制：** （1）分别吸取0.40mL、0.80mL、1.20mL、1.60mL和2.00mL 0.100mol·L^{-1} $CuSO_4$溶液于5个50mL容量瓶中，各加入浓$NH_3·H_2O$ 2mL，摇匀，用蒸馏水稀释至刻度，再摇匀。 （2）以蒸馏水作为参比溶液，选用2cm比色皿，选择入射波长为610nm，用分光光度计分别测定各编号溶液的吸光度。 （3）以吸光度A为纵坐标，相应的Cu^{2+}浓度为横坐标，绘制工作曲线。 小贴士：工作曲线要求计算机作图（Excel或Origin均可），给出回归方程及R^2值，注意图表格式要美观大方、字体、坐标数值尺寸大小适中；Origin软件作图可参考实验二十八"吸光光度法测定水和废水中的总磷"。	反应方程式： $Cu(IO_3)_2$(饱和)$+4NH_3·H_2O$(过量)$══Cu[(NH_3)_4]^{2+}+2IO_3^-+4H_2O$ 1. 容量瓶应贴好标签，以防弄混。 2. 加$NH_3·H_2O$操作，**用不用非常精确？加$NH_3·H_2O$要求必须在通风橱内操作！禁止烧杯盛装原装$NH_3·H_2O$回实验台操作！禁止将氨水从原瓶移到烧杯中操作！** 3. 使用比色皿时应注意： （1）比色皿应拿毛面； （2）需要润洗； （3）装液体积以1/2～2/3为宜，不可超过3/4→以防液体洒到样品室内； （4）推拉杆不要过快、过猛，开关样品室要轻； （5）比色皿在测试前和使用后都要用镜头纸擦拭干净； （6）值日生最后要检查光度计样品室是否干净，如有残液需要擦拭干净。
6	**饱和溶液中Cu^{2+}浓度的测定：** （1）移取25.00mL过滤后的$Cu(IO_3)_2$饱和溶液于50mL容量瓶中，加入原装$NH_3·H_2O$ 2mL，摇匀，用蒸馏水稀释至刻度，再摇匀。 （2）按上述测定工作曲线相同条件测定溶液的吸光度，再根据工作曲线求出饱和溶液的$c(Cu^{2+})$。	1. 室温是多少？ 2. 饱和溶液中可否带入沉淀？ 3. 计算时应注意待测液浓度的稀释倍数。

二、课堂提问

（1）分光光度法的定义是什么？
（2）分光光度法、比色分析的理论基础是什么？其物理意义是什么？
（3）本次实验的基本原理？
（4）分光光度计的使用注意事项？
（5）溶度积和溶解度的关系？
（6）$Cu(IO_3)_2$固体的制备中洗涤沉淀的目的？
（7）测定中，绘制标准工作曲线的目的是什么？
（8）本实验选择610nm作为测定待测液的吸收波长，其依据是什么？
（9）$[Cu^{2+}]$与$[Cu(NH_3)_4]^{2+}$浓度相等吗？为什么不直接测定$[Cu^{2+}]$的浓度？

(10) 为什么制备碘酸铜沉淀时洗涤沉淀至无 SO_4^{2-}? SO_4^{2-}影响测定吗?

(11) 除了用比色法测定外，还有哪些方法可测定 $Cu(IO_3)_2$的溶度积?

三、参考资料

1. 朗伯比尔定律

朗伯-比尔定律(Lambert-Beer law)：用一定波长的光照射溶液，溶液的吸光度是待测物质浓度和液层厚度的函数。该定律是分光光度法的基本定律，描述物质对某一特定波长光吸收的强弱与吸光物质的浓度及其液层厚度间的关系。

朗伯-比尔定律又称比尔定律、比耳定律、朗伯-比耳定律、布格-朗伯-比尔定律，是光吸收的基本定律，适用于所有的电磁辐射和所有的吸光物质，包括气体、固体、液体、分子、原子和离子。朗伯-比尔定律是吸光光度法、比色分析法和光电比色法的定量基础。光被吸收的量正比于光程中产生光吸收的分子数目。

朗伯-比尔定律数学表达式：

$$A=\lg(1/T)=-\lg(T)=Kbc$$

式中：A 为吸光度；T 为透射比(透光度)，是出射光强度(I)比入射光强度(I_0)；K 为摩尔吸收系数，它与吸光物质的性质及入射光的波长 λ 有关。c 为吸光物质的浓度；b 为吸收层厚度(b 也常用 L 替换，含义一致)。

1) 物理意义

当一束平行单色光垂直通过某一均匀非散射的吸光物质(一定浓度的有色溶液)时，其吸光度 A 与吸光物质的浓度 c 及吸收层厚度 b 成正比，而透光度 T 与 c、b 成反相关。

2) 适用范围

(1) 入射光为平行单色光且垂直照射。

(2) 吸光物质为均匀非散射体系。

(3) 吸光质点之间无相互作用。

(4) 辐射与物质之间的作用仅限于光吸收，无荧光和光化学现象发生。

3) 影响因素

(1) 单色光的影响。严格讲，朗伯-比耳定律只适用于单色光，但用各种方法所得到的入射光实际上都是复合光。由于物质对不同波长的光的吸收程度不同，所以会引起对朗伯-比耳定律的偏离。减免方法：尽量缩短入射光的波长范围。

(2) 化学因素的影响。严格讲，朗伯-比耳定律要求吸光质点间无相互作用。但实际工作中存在相互作用，并且吸光物质浓度越大，相互作用也越大，偏离朗伯-比耳定律的程度也越严重，所以吸光分析应在稀溶液中进行。

2. 分光光度法

分光光度法(spectrophotometry)是通过测定被测物质在特定波长处或一定波长范围内光的吸收度，对该物质进行定性和定量分析的方法。它具有灵敏度高、操作简便、快速等优点，是化学实验中最常用的实验方法。许多物质的测定都采用分光光度法。在分光光度计中，将不同波长的光连续地照射到一定浓度的样品溶液时，便可得到与不同波长相对应的吸收强度。

采用分光光度法测定物质含量时，要经过称样、溶解、显色及吸光度测量等操作步骤。其中显色反应受到多种因素的影响，如溶液的酸度、显色剂的用量、有色溶液的稳定性、温度、溶剂、干扰物质、加入试剂的顺序等，这些条件都是通过实验来确定的。严格地控制反应条件是提高反应选择性和灵敏性的有效办法。除了要控制好显色体系条件外，还须考虑实验的测试条件，包括光程和波长的选择等。光程由选择的比色皿厚度决定，波长可由吸收曲线确定。

3. 标准曲线

标准曲线(standard curve)，是指通过测定一系列已知组分的标准物质的某种理化性质，从而得到该性质的数值所组成的曲线。标准曲线是标准物质的物理/化学属性与仪器响应之间的函数关系。用分光光度法测定物质的含量，一般采用标准曲线法，即配制一系列浓度由大到小的与被测组分相同的标准溶液，在相同实验条件下依次测量各标准溶液的吸光度(A)，一定浓度范围内，各标准溶液浓度与其所对应的吸光度呈直线关系。以溶液的浓度为横坐标，相应的吸光度为纵坐标，在坐标纸(也可以在计算机)上绘制标准曲线，被测组分的浓度应包含在标准曲线直线范围内。在分析化学实验中，常用标准曲线法进行定量分析，通常情况下的标准工作曲线是一条直线。样品分析的所有操作条件应与绘制标准曲线时相同，根据被测样品的吸光度值从标准曲线上查出或计算出相应的浓度值，便可得到被测物质的含量。通常应以试剂空白溶液为参比溶液，调节分光光度计的吸光度为零。

1）坐标

标准曲线的横坐标(X)表示可以精确测量的变量(如标准溶液的浓度)，称为普通变量。纵坐标(Y)表示仪器的响应值(也称测量值，如吸光度、电极电位等)，称为随机变量。当X取值为X_1，X_2，…，X_n时，仪器测得的Y值分别为Y_1，Y_2，…，Y_n。将这些测量点X_i、Y_i描绘在坐标系中，用直尺绘出一条表示X与Y之间线性关系的直线，这就是常用的标准曲线法。用作绘制标准曲线的标准物质，它的含量范围应包括试祥中被测物质的含量，标准曲线不能任意延长。用作绘制标准曲线的绘图纸的横坐标和纵坐标的标度以及实验点的大小均不能过大或过小，应能近似地反映测量的精度。作图时要选择合适的坐标，使直线的斜率约等于1，坐标的分度值要等距标示。

2）点分布

从不确定度理论推算样本的不确定度时，有两个重要的结论：

(1) 标准曲线的重心点处，所查出来的样品不确定度最小；

(2) 标准的点数越多，样品的不确定度越小。

基于这两个结论的标准曲线的作法应该是：在样品浓度的附近尽量多布标准点。点作多作少，点分布如何，影响的是标准曲线所查出来的样品的理化属性的不确定度。好的测量应该是不确定度小的测量，这在判断样品的结果是否超标或符合限值的时候至关重要。绘制标准曲线一般需要5个点，至少有3个点在一条直线上。

3）点校正

对于分析成本高的测试，单点校正是不得已的选择。但单点校正要丢失很多的信息量，这个信息量就是不确定度。

4）评价

一般认为标准曲线用相关系数来评价好坏，其实最科学的方法是检验直线方程剩余残差的随机性，统计学上采用F值检验。

4. 溶度积

沉淀在溶液中达到沉淀溶解平衡状态时，各离子浓度保持不变(或一定)，其离子浓度幂的乘积为一个常数，这个常数称之为溶度积常数，简称溶度积(solubility product)，用 K_{sp} 来表示。

事实证明，任何难溶的电解质在水中总是或多或少地溶解，绝对不溶解的物质是不存在的。通常把在100g水中的溶解度小于0.01g的物质称为难溶物。难溶电解质在水中溶解的部分是完全离解的，即溶解多少，就离解多少。

难溶电解质尽管难溶，但还是有一部分阴阳离子进入溶液，同时进入溶液的阴阳离子又会在固体表面沉积下来。当这两个过程的速率相等时，难溶电解质的溶解就达到平衡状态，固体的量不再减少。这样的平衡状态叫溶解平衡，其平衡常数叫溶度积常数(即沉淀平衡常数)，简称溶度积。溶度积的大小反映了物质的溶解能力。它会受温度的变化以及其他电解质的溶解影响而改变，所以通常给出的数值为某一单一电解质在特定温度下测定的。

K_{sp}的计算：

对于物质

$$A_mB_n(s) \rightleftharpoons mA^{n+} + nB^{m-}$$

$$K_{sp} = [A^{n+}]^m \cdot [B^{m-}]^n$$

它可由实验测得，亦可由一些化学热力学公式理论上推测。溶度积(K_{sp})和溶解度(S)都可用来衡量某难溶物质的溶解能力，它们之间可以互相换算。

若一电解质分子在溶解后生成 m 个阳离子，n 个阴离子，则

$$S = [K_{sp} \times (m^{-m}) \times (n^{-n})]^{1/(m+n)}$$

对于同种类型的化合物，随 K_{sp} 增大，S 增大；对于不同种类型的化合物，不能根据 K_{sp} 来比较 S 的大小，应根据实际情况进行计算。几种类型的难溶物质溶度积、溶解度比较见表9-1。

表9-1　几种类型的难溶物质溶度积、溶解度比较

物质类型	难溶物质	溶度积 $K_{sp}^{\ominus}$	溶解度/$mol \cdot L^{-1}$	换算公式
AB	AgCl	1.77×10^{-10}	1.33×10^{-5}	$K_{sp} = S^2$
	$BaSO_4$	1.08×10^{-10}	1.04×10^{-5}	$K_{sp} = S^2$
AB_2	CaF_2	3.45×10^{-11}	2.05×10^{-4}	$K_{sp} = 4S^3$
A_2B	Ag_2CrO_4	1.12×10^{-12}	6.54×10^{-5}	$K_{sp} = 4S^3$

5. 五水硫酸铜

五水硫酸铜($CuSO_4 \cdot 5H_2O$)也被称作硫酸铜晶体，为了与"无水硫酸铜"区别，通常读作"五水合硫酸铜"，分子量为250。俗称蓝矾、胆矾或铜矾。可催吐、祛腐、解毒，具有治风痰壅塞、喉痹、癫痫、牙疳、口疮、烂弦风眼、痔疮、肿毒的功效，但有一定的副作用。

英文名：copper(Ⅱ) sulfate pentahydrate

别称：蓝矾、胆矾

分子量：250

熔点：110℃

沸点：330℃

水溶性：极易溶于水

密度：2.284g/cm^3

外观：蓝色块状或粉末状晶体

应用：金属冶炼、化工、药用、气体干燥剂等

五水硫酸铜在常温常压下很稳定，不潮解，在干燥空气中会逐渐风化，加热至45℃时失去二分子结晶水，110℃时失去四分子结晶水，称作一水硫酸铜，200℃时失去全部结晶水而成无水物。也可在浓硫酸的作用下失去五个结晶水。无水物也易吸水转变为水合硫酸铜。吸水后反应生成五水硫酸铜(蓝色)，常利用这一特性来检验某些液态有机物中是否含有微量水分(如对酒精是否含水进行鉴定，在待鉴定酒精中加入少许无水硫酸铜，如白色无水硫酸铜变蓝色，则说明酒精中含有水)。五水硫酸铜和无水硫酸铜应注意区分。

将无水硫酸铜加热至650℃高温，可分解为黑色氧化铜、二氧化硫及氧气(或三氧化硫)。

胆矾是天然的含水硫酸铜，是分布很广的一种硫酸盐矿物。它是铜的硫化物被氧分解后形成的次生矿物。

6. 碘酸钾

化学式是KIO_3，它是一种无色或白色结晶粉末，无色单斜结晶，一酸合物$KIO_3 \cdot HIO_3$和二酸合物$KIO_3 \cdot 2HIO_3$均为无色单斜晶体；无臭；能溶于水和碘化钾水溶液、稀硫酸，不溶于乙醇和液氨中。

在水中溶解度：0℃时4.74g，100℃时32.3g。

英文名：potassium iodate

别名：金碘

分子量：214.001

碘酸钾为固体，有毒，无色或白色单斜结晶体或粉末状。无臭无味。相对密度3.93(32℃)，熔点560℃，温度在熔点附近时，开始部分分解为碘化钾和氧气。溶于水、碘化钾水溶液、稀硫酸、乙二胺和乙醇胺；微溶于液体二氧化碳，不溶于醇和氨水。碘酸钾相对活泼，与碘酸、氢氟酸、五氧化二碘、氯化钾等作用，可形成酸式碘酸盐、加成化合物和复盐；与硫酸盐、硒酸盐、碲酸盐、钼酸盐、钨酸盐、铬酸盐、硼酸盐等反应，可形成碘酸铬合物。在酸性溶液中，它是一种较强的氧化剂。常温下独立存在相对稳定，但与红炽木炭接触，有爆燃现象；与可燃物质混合，再加以撞击，即发生爆炸。在碱性介质中，能被更强的氧化剂氯气和次氯酸氧化为高碘酸钾。

7. 活度

在电解质溶液中，离子相互作用使得离子通常不能完全发挥其作用。离子实际发挥作用的浓度称为有效浓度，或称为活度(activity)，显然，活度的数值通常比其对应的浓度数值要小些。

离子活度是指电解质溶液中参与电化学反应的离子的有效浓度。离子活度(α)和浓度(c)之间存在定量的关系，其表达式为：$\alpha_i = \gamma_i c_i$式中：α_i为第i种离子的活度；γ_i为i种离子的活度系数；c_i为i种离子的浓度。γ_i通常小于1，在溶液无限稀时离子间相互作用趋于零，此时活度系数趋于1，活度等于溶液的实际浓度。不同种类离子选择电极的问世，为选择性测定离子活度提供了方便。根据能斯特方程，离子活度与电极电位成正比，因此可对溶液建立起电极电位与活度的关系曲线，此时，测定了电位，即可确定离子活度。测量仪器为电位差计或专用的离子活度计。

8. 反应物$CuSO_4 \cdot 5H_2O$的用量

本实验利用碘酸钾和硫酸铜反应制备碘酸铜。据文献报道，碘酸铜的制备中，加入过量

的 $CuSO_4$，利用同离子效应，可使沉淀反应充分。但 $CuSO_4$加入的量也非越多越好，因为同离子效应和盐效应同时存在，当盐效应占主导地位时，反而使沉淀不完全。在制备过程中，通常加入过量 20%左右的沉淀剂。

而根据实验结果，加入过量 5%～20%的 $CuSO_4$反应得到的产物质量与按化学计量比反应的产物质量相比，其产物质量的增量并不大（<10%），对后续饱和溶液的配制没有影响，因此，本实验选择按化学计量比反应制备碘酸铜即可。

9. 饱和溶液的配制

常温下，$Cu(IO_3)_2$在水中达到沉淀溶解平衡需要 2～3 天的时间，因为课上时间有限，如果要在短时间内得到饱和溶液，可采取如下方法：在 80℃水浴中加热 20min，待彻底冷却至室温后，即得到饱和溶液。

饱和溶液中必须有未溶解的 $Cu(IO_3)_2$固体，否则溶液为未饱和溶液，尚未达到沉淀溶解平衡，导致测得的结果偏低。取饱和溶液进行测定的操作中，不能带入沉淀，为什么？$Cu(IO_3)_2$固体会和氨水反应，生成 $Cu[(NH_3)_4]^{2+}$，导致测定结果偏高。

第四章　基础元素化学

元素性质实验是无机及分析化学实验的重要组成部分，在实验教学中占有十分重要的地位。学生通过实验，可以从感性上直观地认识元素及其化合物，较为系统地掌握元素及无机化合物的重要性质，理解化合物性质的递变性和反应的规律性，了解某些特征反应在具体化合物的鉴定或分析中的应用。

一、学习应注意的问题

1. 对性质实验应有正确的认识

性质实验通常是在试管内进行，常常被认为不需要技巧，只需简单地照方抓药即可，既花时间又单调乏味，靠死记硬背记住书本上的反应现象和产物，即使不做实验也能写出实验报告。然而试剂的纯度、浓度、用量、加料的顺序、速度和技巧等都会对实验现象和结果产生影响，直接关系到实验的成败。因此，应对性质实验有正确的认识，特别是要牢记老师强调的操作技巧和注意事项，这样，实验时才能保证良好的实验效果。

2. 正确观察和描述实验现象

1）溶液颜色的变化

实验过程中要仔细观察溶液颜色变化的过程以及变化的速度，并注意各种试剂的相对用量。一般来说，颜色深的试剂用量宜少，以便使之反应完全，否则干扰对反应产物颜色的观察。

2）沉淀的生成或溶解

观察反应过程中是否有沉淀生成，若有，则注意观察沉淀的颜色、形状、颗粒大小和沉淀量的多少；沉淀溶解时，注意观察沉淀溶解的速度及所伴随的其他现象，如溶液的颜色、是否有气体产生等。

3）气体的产生

当反应中有气体生成时，注意所产生气体的颜色和气味，必要时用适当的方法检查气体的某些性质以确定产生的是何种气体，如用醋酸铅试纸检查 H_2S 气体等。

4）其他实验现象

如放热、燃烧等实验中，要注意正确、完整地观察和描述实验现象并及时记录下来。观察不认真，往往会错过一些瞬间即逝的实验现象。

3. 正确分析、解释实验现象

根据实验中所观察到的实验现象，写出相应的化学反应方程式，并运用所学过的知识，从理论上给予合理的解释，必要时，查出相应的参数进行佐证。如酸碱性查 K_a 或 K_b 值，配合物稳定性查 $K_{稳}$ 值，氧化还原查 $\varphi^{\ominus}$ 值，沉淀查 K_{sp} 等。

4. 注意总结元素及其化合物性质的变化规律

元素及其化合物的性质实验内容多而杂，各部分之间的联系不易掌握。一般来说，可从溶解性、热稳定性、氧化物或氢氧化物的酸碱性、氧化还原性、生成配合物的能力以及重要化合物的颜色等方面对元素及其化合物的性质、规律加以总结。由于该部分实验内容都是按周期表中元素分族或分区安排的，总结时应特别强调元素和化合物性质在同一族元素中的变化规律。例如：对于卤族元素及化合物，着重总结卤素单质、卤素离子和卤素含氧酸的氧化还原性的变化规律；对于碱土金属的一些难溶盐，着重总结盐类溶解性的变化规律以及碱金属重要微溶盐的生成条件和典型的鉴定反应；铁系元素（Fe、Co 和 Ni）主要总结不同氧化态的变化规律和生成配合物的能力；ds 区元素则主要总结它们的氢氧化物（或氧化物）的酸碱性、热稳定性以及生成配合物的情况等。通过总结和讨论，在感性认识的基础上，不仅对元素及其化合物性质有更透彻的理解，同时对无机化学基本理论知识也有更理性的认识。

二、实验要求

（1）报告格式采用性质实验报告格式——“三栏式”，三项一一对应。

实验内容	实验现象	结论及解释
符合化学实验规范，采用文字与图表、符号、化学式、分子式以及表达式等相结合的形式，表明所做的内容即可	现象记录全面、详略得当。主要记录看到的现象、闻到的气味、听到的声音等	应有相应的文字解释，有关的反应方程式，必要的相关参数，不能只是简单概括地说明

（2）每个实验台试剂架上摆放一套单独的试剂瓶，不可串架取用药品。

（3）药品随用随取，取用完毕及时放回原位，不可始终放在自己面前，与人方便，与己方便。

（4）产生有毒、有害气体的实验必须在通风橱内进行。

（5）使用试纸时，需用镊子夹取试纸，放在点滴板上，用玻璃棒蘸取溶液测试。

（6）用试纸检测气体，试纸需事先润湿。

（7）试剂瓶的滴管要用中指和无名指夹取，不要只用拇指和食指，滴加时，滴管要保持垂直于容器正上方，避免倾斜，切忌倒立，不可伸入容器内部，不可触碰到容器壁，以免造成污染。

（8）注意两种溶液反应的相对用量，小体积溶液的移取，可采用体积估量中估算溶液滴数的办法加入。

（9）准备废物缸、废液缸，做到固液分离，废液应回收到废液桶中。

（10）离心机使用时注意平衡配重；档位不要开得过高，2~3 档即可；严禁用手试图阻止正在旋转的离心机停下。

实验十　卤素及硫化合物

一、操作详解及注意事项

序号	操　　作	原理或注意事项
0	**实验前准备**：离心试管、试管等。	预习卤素单质的氧化性和卤素离子的还原性；氯气、次氯酸盐和氯酸盐的氧化性；硫的各种价态化合物的氧化还原性以及其他性质；重金属硫化物的难溶性。

续表

序号	操作	原理或注意事项
1	**卤素单质的氧化性：** **卤素的置换次序：** (1)在一支小试管中加入3滴0.1mol·L^{-1} KBr溶液，5滴CCl_4，再滴加氯水，边加边振荡。观察CCl_4层的颜色变化。 (2)在一支小试管中加3滴0.1mol·L^{-1} KI溶液，5滴CCl_4，再滴加氯水，边加边振荡，观察CCl_4层的颜色变化。 (3)在一支试管中加3滴0.1mol·L^{-1} KI溶液，5滴CCl_4，再滴加溴水，边加边振荡，观察CCl_4层的颜色。	1. 边加边振荡，注意反应过程中的颜色变化，并详细记录现象。 2. 查出相关电对的电极电势，并根据实验结果，比较卤素单质氧化性的相对强弱，写出有关的反应式。
	碘的氧化性： 取二支试管，各加碘水数滴，然后分别滴加0.1mol·L^{-1} $Na_2S_2O_3$和硫化氢水，观察现象。写出反应式。	查出相关电对的电极电势，并根据实验结果，验证I_2是否具有氧化性。
2	**卤素离子的还原性：** (1)向盛有少量(黄豆大小，下同)KI固体的试管中加入0.5mL(约10滴，下同)浓硫酸，观察反应产物的颜色和状态。把湿的醋酸铅试纸放在试管口以检验气体产物。 (2)向KBr固体加0.5mL浓硫酸，观察反应产物的颜色和状态。用湿的KI-淀粉试纸检验气体产物。 (3)向盛有少量NaCl固体的试管(用试管夹夹住)中加入0.5mL浓硫酸，观察反应产物的颜色和状态。把湿的KI-淀粉试纸放在试管口，检验气体产物。 (4)向盛有少量NaCl和MnO_2固体混合物的试管中加入1mL浓H_2SO_4，稍稍加热，观察现象。从气体的颜色和气味来判断反应产物。	1. 应注意浓硫酸既有酸性又有氧化性，因此，产物不仅有卤化氢，还可能有卤素单质。 2. 试纸需事先润湿，并深入试管口内。 3. 反应方程式： $8KI+9H_2SO_4 = 8KHSO_4+H_2S\uparrow+4I_2+4H_2O$ $H_2S+Pb(Ac)_2 = PbS\downarrow+2HAc$ $2KBr+3H_2SO_4 = 2KHSO_4+SO_2\uparrow+Br_2+2H_2O$ $Br_2+2KI = I_2+KBr$ 4. 通过实验产物，说明碘、溴、氯离子的还原性的相对强弱。
3	**卤素含氧酸盐的氧化性：** **次氯酸钠的氧化性：** (1) 与浓盐酸溶液反应：取NaClO溶液约0.5mL加入浓盐酸溶液约0.5mL，写出反应式。 (2) 与$MnSO_4$溶液的反应： 取NaClO溶液约1mL，加入4~5滴0.1mol·L^{-1} $MnSO_4$溶液，观察棕色MnO_2沉淀的生成。写出反应式。 (3)与KI溶液的反应： 取约0.5mL0.1mol·L^{-1} KI溶液，慢慢滴加NaClO溶液，观察I_2的生成。写出反应式。 (4)取约1mL品红溶液，慢慢滴加NaClO溶液，观察品红溶液颜色变化。	1. 与浓盐酸反应时，观察氯气的产生。 2. KI试纸需事先润湿，并深入试管口内。 3. 根据产物验证卤素含氧酸盐的氧化性。 4. 与品红溶液的反应，考察的是次氯酸钠的漂白性。

续表

序号	操　作	原理或注意事项
3	**氯酸钾的氧化性：** (1)与浓盐酸溶液的反应：取少量 $KClO_3$ 晶体，加入约1mL浓盐酸溶液，观察产生的气体的颜色。 (2)与KI溶液分别在酸性和中性介质中的反应：取少量 $KClO_3$ 晶体，加入约1mL水使之溶解，再加入几滴0.1mol·L^{-1} KI溶液和0.5mL CCl_4，摇动试管，观察水溶液层和 CCl_4 层颜色有何变化。再加入1m L3mol·L^{-1} H_2SO_4，摇动试管，再观察有何变化。写出反应式。	1. 反应式： $8KClO_3+24HCl = 9Cl_2+8KCl+6ClO_2$(黄)$+12H_2O$ 2. 通过气体颜色判断是什么产物。 3. 介质酸性的大小决定反应是否发生，在中性介质中 $KClO_3$ 不能氧化KI，强酸性介质中 $KClO_3$ 的氧化能力显著增强，可将KI氧化而生成 I_2。
	碘酸钾的氧化性： 在试管中放入0.5mL 0.1mol·L^{-1} KIO_3 溶液，加几滴3mol·L^{-1} H_2SO_4 和几滴可溶性淀粉溶液，再滴加0.1mol·L^{-1} $NaHSO_3$ 溶液，边加边摇荡，观察深蓝色出现。	1. 反应式： $2IO_3^-+5HSO_3^- = I_2+5SO_4^{2-}+3H^++H_2O$ 2. 验证碘酸钾的氧化性。 3. 深蓝色物质是什么？
4	**卤化氢的制备与性质：** (1)氟化氢的制备与性质：在一块涂有石蜡的玻璃片上，用小刀刻下字迹。在铅皿或塑料瓶盖上放入约1g固体 CaF_2，加入几滴水调成糊状后，滴入1~2mL浓硫酸，立即用刻有字迹的玻璃片覆盖。2~3h后，用水冲洗玻璃片并刮去玻璃片上的石蜡，可清晰地看到玻璃片上的字迹。解释现象，写出反应式。 (2)分别试验少量固体NaCl、KBr、KI与浓 H_3PO_4 的反应，适当微热，观察现象，并与操作2中"卤素离子的还原性"作比较，写出反应式。	1. 了解HF的性质和用途。 2. **HF具有强腐蚀性**，实验过程中应注意防护！ 3. 字迹的刻痕应有一定的宽度和深度，以保证HF与玻璃能够充分接触。 4. 验证浓 H_3PO_4 和浓 H_2SO_4 分别与卤素负离子反应所得产物的区别。
5	**硫化氢和硫化物：** **(1)硫化氢水溶液的酸性：**用pH试纸检验硫化氢水的酸碱性。写出硫化氢在水溶液中的电离式。	1. 了解 H_2S 的弱酸性。 2. 硫化氢是什么气味？检验应在通风橱内进行！
	(2)硫化氢的还原性：在二支试管中，分别滴入3~4滴0.1mol·L^{-1} $KMnO_4$ 和 $K_2Cr_2O_7$ 溶液，用5滴2mol·L^{-1} H_2SO_4 酸化，分别滴加硫化氢水，观察溶液颜色的变化和白色硫的析出。写出反应式。	1. 验证硫化氢的还原性。 2. $KMnO_4$ 和 $K_2Cr_2O_7$ 溶液不可加多，否则影响实验效果。
	(3)难溶硫化物的生成和溶解： ①向四支分别盛有0.5mL $ZnSO_4$、$CdSO_4$、$CuSO_4$ 和 $Hg(NO_3)_2$ 溶液的离心试管中，各加入1mL硫化氢水溶液，观察产生沉淀的颜色。写出反应式。分别将沉淀离心分离，弃去溶液。	1. **离心机的使用要注意配重平衡！** 2. 生成各种不同颜色的沉淀，如沉淀量过多，可弃去部分沉淀，加入各种酸溶解时，应用玻璃棒充分搅拌。

续表

序号	操　作	原理或注意事项
	②向 ZnS 沉淀中加入 1mL $1mol\cdot L^{-1}$ HCl，沉淀是否溶解？再加 1mL $2mol\cdot L^{-1}$ $NH_3\cdot H_2O$，以中和 HCl，观察 ZnS 沉淀能否重新产生。写出反应式。	3. 验证 ZnS 溶解的难易程度。
	③向 CdS 沉淀中加入 1mL $1mol\cdot L^{-1}$ HCl，沉淀是否溶解？如不溶解，离心分离，弃去溶液。再向沉淀中加入 1mL $6mol\cdot L^{-1}$ HCl，再观察沉淀能否溶解。写出反应式。	4. CdS 在不同浓度的 HCl 中溶解情况。
5	④向此 CuS 沉淀中加入 $6mol\cdot L^{-1}$ HCl，沉淀是否溶解？如不溶解，离心分离，弃去溶液。再向沉淀中加入 $6mol\cdot L^{-1}$ HNO_3，并在水浴中加热，再观察沉淀能否溶解。写出反应式。	5. CuS 在不同种类的酸中的溶解情况。
	⑤用蒸馏水把 HgS 沉淀洗净，离心；吸去清液，加入 0.5mL 浓 HNO_3，沉淀是否溶解？如不溶解，再加入 3 倍于浓 HNO_3 体积的浓盐酸，并搅拌，观察有何变化？ 比较 4 种金属硫化物与酸反应的情况，并加以解释。	6. HgS 在王水中溶解情况。 7. 观察 4 种金属硫化物与酸反应的情况，根据实验结果，查出沉淀的溶度积常数，比较沉淀在酸溶液中的稳定性大小，并加以解释。 8. HgS 溶解的反应式为： $3HgS+2NO_3^-+12Cl^-+8H^+ = 3HgCl_4^{2-}+3S\downarrow+2NO+4H_2O$
6	**二氧化硫的性质：** **(1)二氧化硫的氧化性：**向盛有 2mL H_2S 水溶液的试管中通入 SO_2 气体(或加入 SO_2 水溶液)，溶液便出现混浊，有硫沉淀下来。写出反应式。 **(2)二氧化硫的还原性：**在试管中加入 3~5 滴 $0.1mol\cdot L^{-1}$ $KMnO_4$ 溶液和 1mL 稀硫酸，通入 SO_2 气体(或加入 SO_2 水溶液)，观察紫红色的消失。 **(3)二氧化硫的漂白作用：**向品红溶液中滴加 SO_2 水溶液，观察现象。	1. 验证二氧化硫的氧化还原两性。 2. $KMnO_4$ 溶液不可加多，否则影响实验效果，其反应式为： $2MnO_4^-+2SO_2+2H_2O = 2Mn^{2+}+5SO_4^{2-}+4H^+$ 3. 了解二氧化硫的漂白作用。
7	**硫代硫酸钠的性质：** **(1)硫代硫酸钠的还原性：** ①在盛有 0.5mL $Na_2S_2O_3$ 溶液的试管中滴加碘水。观察现象。写出反应式。 ②向 0.5mL $Na_2S_2O_3$ 溶液中加入数滴氯水，试检验反应中生成的 SO_4^{2-}(注意：不要放置太久才检查 SO_4^{2-}，否则有少量 $Na_2S_2O_3$ 被分解而析出硫从而使溶液变浑浊，妨碍检查 SO_4^{2-})。 **(2)硫代硫酸的生成和分解：**在 $Na_2S_2O_3$ 溶液中加入 $1mol\cdot L^{-1}$ HCl 溶液，观察现象。	1. 验证硫代硫酸钠的还原性，了解碘量法的应用。 2. 硫代硫酸和氯水的反应式： $S_2O_3^{2-}+4Cl_2+5H_2O = 2SO_4^{2-}+10H^++8Cl^-$ 3. 硫代硫酸是反应过程中生成的中间产物，不稳定，生成后逐渐分解；硫代硫酸钠和盐酸的反应式为： $S_2O_3^{2-}+2H^+ = S\downarrow+SO_2+H_2O$

续表

序号	操作	原理或注意事项
7	**(3)硫代硫酸钠的配位反应**：取5滴0.1mol·L^{-1} $AgNO_3$溶液于试管中，逐滴加入0.1mol·L^{-1} $Na_2S_2O_3$溶液，边滴边振荡，直至生成的沉淀完全溶解。解释所见现象。	4. 反应过程中会出现一系列的现象和产物，取决于所加试剂的快慢和时间。
8	**过二硫酸钾的氧化性**： (1)将$MnSO_4$加H_2SO_4溶液酸化：将5mL 1mol·L^{-1} H_2SO_4、5mL蒸馏水和2～3滴0.002mol·$L^{-1}$$MnSO_4$溶液混合均匀，然后分成两份： ①在第一份中加1滴0.1mol·$L^{-1}$$AgNO_3$溶液和少量$K_2S_2O_8$固体，水浴加热。观察溶液的颜色有何变化。 ②在另一份中只加少量$K_2S_2O_8$固体，水浴加热。观察溶液的颜色有何变化。比较实验①、②的反应情况有何不同。 (2)往盛有0.5mL 0.1mol·L^{-1} KI溶液和0.5mL 1mol·$L^{-1}$$H_2SO_4$的试管中加入少量$K_2S_2O_8$固体，观察溶液颜色的变化。写出反应式。	1. 过二硫酸钾是强氧化剂，在酸性介质中可将Mn^{2+}氧化成MnO_4^-，但反应速度较慢。加入催化剂(如Ag^+)，则反应速度大大加快。反应式为： $2Mn^{2+}+5S_2O_8^{2-}+8H_2O \xlongequal{} 2MnO_4^-+10SO_4^{2-}+16H^+$ 2. 通过现象可以看出两者反应速度的不同，判断$AgNO_3$所起的作用是什么。 3. 通过溶液颜色的变化，验证过二硫酸钾的氧化性和碘化钾的还原性，必要时可加四氯化碳萃取生成物，效果会更明显。
9	鉴别实验(作业)： 现有五种溶液，Na_2S、$NaHSO_3$、Na_2SO_4、$Na_2S_2O_3$、$K_2S_2O_8$，试设法通过实验鉴别。	根据以上学过的知识，自行设计实验方案，并加以鉴别。

二、课堂提问

(1) 在进行卤素离子的还原性实验时应注意哪些安全问题？怎样闻气体？

(2) 如何区别次氯酸钠溶液和氯酸钾溶液？本实验中哪些实验可以比较次氯酸钠和氯酸钾氧化性的强弱？

(3) 在进行KIO_3的氧化性实验时，如果先加入$NaHSO_3$溶液和其他溶液，再加入KIO_3溶液，实验现象有何不同？为什么？

(4) 在有硫化氢产生的实验操作中，应注意哪些安全措施？

(5) 如何区别Na_2SO_3和Na_2SO_4，Na_2SO_3和$Na_2S_2O_3$，$K_2S_2O_8$和K_2SO_4？

(6) 滴管的使用方法及注意事项是什么？

三、参考资料

1. 滴管

滴管分胖肚滴管和常用滴管。由橡胶头和尖嘴玻璃管构成。

用途：吸取或加少量试剂，以及吸取上层清液，分离出沉淀。

使用方法：

(1) 使用滴管时，用中指和无名指夹住管颈(不要只用拇指和食指)，用拇指和食指捏紧橡胶头，赶出滴管中的空气(不能在管尖伸入溶液后挤出空气)，然后把滴管伸入试剂瓶中，放开手指，试剂即被吸入管内。

(2) 取液后的滴管应保持橡胶头在容器正上方，避免倾斜，切忌平放或倒置，防止溶液倒流而腐蚀橡胶头或污染溶液。除吸取溶液外，管尖不能接触其他器物，以免被沾污；不可一管二用。

(3) 滴加液体时，应将滴管悬空在烧杯上方，不要接触烧杯壁，以免沾污滴管或造成试剂的污染。

(4) 不要把滴管放在实验台或其他地方，以免沾污滴管。

(5) 普通滴管用完需要清洗，以备再用；而专用滴管不可清洗，需专管专用，用毕放回原试剂瓶即可。

(6) 严禁用未经清洗的滴管再吸取其他的试剂(滴瓶上的滴管不要用水冲洗)。

2. 卤素

卤族元素指周期系ⅦA族元素。包括氟(F)、氯(Cl)、溴(Br)、碘(I)、砹(At)，简称卤素。它们在自然界均以典型的盐类存在，是成盐元素。

卤素位于元素周期表最右方，是典型的非金属元素，最外层电子数相同，均为7个电子，电子构型均为ns^2np^5，它们获取一个电子以达到稳定结构的趋势极强烈，所以化学性质很活泼。由于电子层数不同，原子半径不同，从F~I原子半径依次增大，因此，原子核对最外层的电子的吸引能力依次减弱，从外界获得电子的能力依次减弱，单质的氧化性减弱。

卤素的单质都是双原子分子，它们的物理性质的改变都是很有规律的，随着分子量的增大，卤素分子间的色散力逐渐增强，颜色变深，它们的熔点、沸点、密度、原子体积也依次增大。卤素都具有氧化性，氟单质的氧化性最强，卤素和金属元素构成大量的无机盐。此外，卤素在有机合成等领域也发挥着重要的作用，经常作为决定有机化合物化学性质的官能团存在。

3. 卤素的相似性

卤素的化学性质都很相似，它们的最外电子层上都有7个电子，有获得一个电子形成稳定的八隅体结构的卤离子的倾向。因此，卤素都具有氧化性，原子半径越小，氧化性越强，其中氟单质的氧化性最强。

除F外，卤素的氧化态为+1、+3、+5、+7，与典型的金属形成离子化合物，其他卤化物则为共价化合物。卤素与氢结合成卤化氢，溶于水生成氢卤酸。

$$2F_2(g)+2H_2O(l)=\!=\!=4HF(aq)+O_2(g)$$

$$X_2(g)+H_2O(l)\rightleftharpoons HX(aq)+HXO(aq)\quad X=Cl、Br、I$$

由两种不同的卤素形成的化合物叫作互卤化物，如ClF_3(三氟化氯)、ICl(氯碘化合物)。其中，显电正性的一种元素呈现正氧化态，氧化态为奇数，这是由于卤素的价电子数是奇数，周围以奇数个其他卤原子与之成键比较稳定(如IF_7)。互卤化物都能水解。

卤素还能形成多种价态的含氧酸，如HClO、$HClO_2$、$HClO_3$、$HClO_4$。卤素单质都很稳定，除了I_2以外，卤素分子在高温时都很难分解。卤素及其化合物的用途非常广泛。例如，我们每天都要食用的食盐，主要就是由氯元素与钠元素组成的氯化物，并且还含有少量的$MgCl_2$。

4. 卤素的递变性

1）卤素单质

（1）物理递变性：从 F_2 到 I_2，颜色由浅变深；状态由气态、液态到固态；熔点、沸点逐渐升高；密度逐渐增大；溶解性逐渐减小。卤素性质的变化规律见表 10-1。

表 10-1　卤素性质的变化规律

元素符号	F	Cl	Br	I
双原子分子	F_2	Cl_2	Br_2	I_2
价电子构型	$2s^22p^5$	$3s^23p^5$	$4s^24p^5$	$5s^25p^5$
共价半径/pm	64	99	114	133
电负性	3. 98	3. 16	2. 96	2. 66
电离能/kJ · mol^{-1}	1687	1257	1146	1015
室温下聚集态	g	g	l	s
分子间作用力	大	中	中	小
沸点/℃	-188	-34. 5	59	183
熔点/℃	-220	-101	-7. 3	113
颜色	浅黄	黄绿	红棕	紫黑

（2）化学性质：卤素是很活泼的非金属元素，卤素单质具有很强的氧化性，能与大多数元素直接化合。氧化性从氟到碘依次降低，碘单质氧化性比较弱，三价铁离子可以把碘离子氧化为碘。

单质的氧化性：$F_2>Cl_2>Br_2>I_2$，阴离子还原性：$F^-<Cl^-<Br^-<I^-$

卤离子的鉴别

加入 HNO_3 酸化的硝酸银溶液：

氯离子：得白色沉淀 $Ag^+(aq)+Cl^-(aq) \longrightarrow AgCl(s)$

溴离子：得淡黄色沉淀 $Ag^+(aq)+Br^-(aq) \longrightarrow AgBr(s)$

碘离子：得黄色沉淀 $Ag^+(aq)+I^-(aq) \longrightarrow AgI(s)$

卤素单质在碱中容易歧化，方程式为：

$$3X_2(g)+6OH^-(aq) = 5X^-(aq)+XO_3^-(aq)+3H_2O(l)$$

但在酸性条件下，其逆反应(归中)很容易进行：

$$5X^-(aq)+XO_3^-(aq)+6H^+(aq) = 3X_2(g)+3H_2O(l)$$

这一反应是制取溴和碘单质流程中的最后一步。

卤素与水反应分为两类：

氧化反应：$2F_2+2H_2O = 4HF+O_2$　　(1)

歧化反应：$X_2+H_2O = HX+HClO$　　X=Cl、Br　　(2)

可见，反应进行的激烈程度 $F_2>Cl_2>Br_2>I_2$，氟只发生第一类反应，碘不发生第二类反应。

通常所用的氯水、溴水、碘水主要成分是单质。卤素在碱性条件下发生两类歧化反应：

$$X_2+2OH^- \longrightarrow X^-+XO^-+H_2O$$

$$3X_2+6OH^- \longrightarrow 5X^-+XO_3^-+3H_2O$$

不同元素单质发生歧化反应的条件及主要产物见表 10-2。

表 10-2　不同元素单质发生歧化反应的条件及主要产物

卤素单质	常温	加热	低温	酸性
Cl_2	ClO^-	ClO_3^-	ClO^-	pH>4
Br_2	BrO_3^-	BrO_3^-	BrO^-(0℃)	pH>6
I_2	IO_3^-	IO_3^-	IO_3^-	pH>9

2）卤化氢

卤素的氢化物称为卤化氢，为共价化合物；而其水溶液称为氢卤酸，因为它们在水中都以离子形式存在，且都是酸。氢氟酸一般看成是弱酸，$pK_a = 3.20$。氢氯酸(即盐酸)、氢溴酸、氢碘酸都是化学中典型的强酸，酸性从 HCl 到 HI 依次增强。卤化氢生成条件与稳定性比较见表 10-3。

表 10-3　卤化氢生成的条件与稳定性比较

卤素单质	条件	特殊现象	产物稳定性	化学方程式
F_2	暗处	剧烈化合并发生爆炸	很稳定	$H_2(g)+F_2(g) = 2HF(g)$
Cl_2	光照或点燃	—	较稳定	$H_2(g)+Cl_2(g) = 2HCl(g)$
Br_2	加热	—	稳定性差	$H_2(g)+Br_2(g) = 2HBr(g)$
I_2	不断加热	缓慢反应	不稳定	$H_2(g)+I_2(g) = 2HI(g)$

(1) 氢化物沸点有所不同：HF>HI>HBr>HCl，原因是 HF 有氢键沸点最高，其他随分子量变大分子间作用力增大，沸点升高。

(2) 反应的剧烈程度：随着核电荷数的增加，卤素单质与 H_2 反应变化逐渐减弱，$F_2 > Cl_2 > Br_2 > I_2$。

(3) 生成 HX 的稳定性：与氢反应的条件不同，生成的气体氢化物的稳定性不同，HF>HCl>HBr>HI。

(4) 无氧酸的酸性不同：HI>HBr>HCl>HF。

3）含氧酸及其盐

卤素可以显示多种价态，正价态一般都体现在它们的含氧酸根中：卤素的含氧酸均有氧化性，同一种元素中，次卤酸的氧化性最强。

卤素的含氧酸多数只存在于溶液中，而少数盐是以固态存在的，如碘酸盐和高碘酸盐。HXO(X=F、Cl、Br)、HIO_3 和 HXO_4(X=Cl、Br、I)分子在气相中十分稳定，可用质谱和其他方法研究。卤素形成的含氧酸见表 10-4。

表 10-4　卤素形成的含氧酸

	氟的含氧酸	氯的含氧酸	溴的含氧酸	碘的含氧酸
HXO	HFO	HClO	HBrO	HIO
HXO_2		$HClO_2$	$HBrO_2$	HIO_2
HXO_3		$HClO_3$	$HBrO_3$	HIO_3
HXO_4		$HClO_4$	$HBrO_4$	HIO_4
其他				$H_7I_5O_{14}$
其他				H_5IO_6

卤素的氧化物都是酸酐，如偶氧化态氧化物——二氧化氯(ClO_2)是混酐。

5. 氧、硫及其化合物

氧和硫是周期表ⅥA族元素，又称为氧族元素，价电子层(ns^2np^4)，是电负性比较大的元素。

1) 过氧化氢

过氧化氢(hydrogen peroxide)俗称双氧水，分子式H_2O_2，无色透明液体，可任意比例与水混溶，具有弱酸性。纯过氧化氢是淡蓝色的黏稠液体，是一种强氧化剂，在一般情况下会缓慢分解成水和氧气，但分解速度极其慢。加快其反应速度的办法是加入催化剂，如二氧化锰等或用短波射线照射。

(1) 酸性。过氧化氢具有酸性，是一种极弱的酸：

$$H_2O_2 = H^+ + HO_2^- \quad K_a = 1.5\times10^{-12}$$

过氧化氢能与某些碱中和，生成过氧化物和水。例如$Ba(OH)_2$与H_2O_2反应生成过氧化钡：

$$Ba(OH)_2 + H_2O_2 = BaO_2 + 2H_2O$$

过氧化物中负离子是过氧离子O_2^{2-}。

(2) 氧化还原性。氧的常见氧化值是-2。H_2O_2分子中O的氧化值为-1，因此，既有氧化性又有还原性。

在酸性介质中：

$$H_2O_2 + 2H^+ + 2e = 2H_2O \qquad \varphi^\ominus = 1.77\ V$$

$$O_2 + 2H^+ + 2e = H_2O_2 \qquad \varphi^\ominus = 0.68V$$

碱性介质中：

$$HO_2^- + H_2O + 2e = 3OH^- \qquad \varphi^\ominus = 0.88V$$

$$O_2 + H_2O + 2e = HO_2^- + OH^- \qquad \varphi^\ominus = -0.076V$$

可见，H_2O_2在酸性介质中是一种强氧化剂，它可以与S^{2-}、I^-、Fe^{2+}等多种还原剂反应：

$$PbS + 4H_2O_2 = PbSO_4\downarrow + 4H_2O$$

$$H_2O_2 + 2I^- + 2H^+ = I_2 + 2H_2O$$

$$H_2O_2 + 2Fe^{2+} + 2H^+ = 2Fe^{3+} + 2H_2O$$

只有遇到$KMnO_4$等强氧化剂时，H_2O_2才被氧化释放O_2：

$$5H_2O_2 + 2MnO_4^- + 6H^+ = 2Mn^{2+} + 5O_2\uparrow + 8H_2O$$

$$H_2O_2 + Cl_2 = 2HCl + O_2$$

在酸性介质中H_2O_2与$K_2Cr_2O_7$反应生成CrO_5，CrO_5溶于乙醚呈现特征蓝色。

$$Cr_2O_7^{2-} + 4H_2O_2 + 2H^+ = 2CrO_5 + 5H_2O$$

CrO_5不稳定易分解放出O_2，据此可鉴定Cr(Ⅵ)离子。

由上述反应可以看出，过氧化氢是不造成二次污染的绿色氧化剂。

在碱性介质中，H_2O_2可以使Mn^{2+}转化为MnO_2，CrO_2^-转化为CrO_4^{2-}。

(3) 不稳定性。过氧化氢具有不稳定性，在低温、低浓度时尚稳定，受热、光照、高浓度及有少量重金属离子如Fe^{2+}、Co^{2+}、Ni^{2+}、Mn^{2+}、Cu^{2+}、Ag^+、Cr^{3+}等存在时都会加快H_2O_2的分解。因此，过氧化氢应储存在棕色瓶中，置于阴凉处。

$$2H_2O_2 = 2H_2O + O_2$$

(4) 用途。过氧化氢广泛用于医学、食品、军事和工业等方面。医药工业用作消毒剂、杀菌剂；印染工业用作棉织物的漂白剂；高浓度的过氧化氢可用作火箭动力助燃剂。

2) 硫化氢

硫化氢(H_2S)为无色而有腐蛋臭味的气体，极毒，分子构型呈 V 形，水溶液称为氢硫酸。

硫化氢有较强的还原能力。硫化氢溶液在空气中放置，由于 H_2S 被氧化成游离的硫而使溶液浑浊。

$$2H_2S+O_2 = 2H_2O+2S\downarrow$$

卤素也能氧化 H_2S，生成游离的硫，例如：

$$H_2S+Br_2 = 2HBr+S\downarrow$$

氯气还能把 H_2S 氧化成 H_2SO_4：

$$H_2S+4Cl_2+4H_2O = H_2SO_4+8HCl$$

氢硫酸能生成两类盐：正盐即硫化物(如 Na_2S)，酸式盐即硫氢化物($NaHS$)。

3) 硫化物

S 的常见氧化值是-2、0、+4、+6。硫化物中的 S^{2-} 的氧化值是-2，它是较强的还原剂，可被氧化剂 $KMnO_4$、K_2CrO_4、I_2 及 Fe^{3+} 等氧化生成 S 或 ${SO_4}^{2-}$。

碱金属和氨的硫化物是易溶的，而其余大多数硫化物难溶于水，并且有特征颜色。

绝大多数金属硫化物难溶于水，有些还难溶于酸。按照水中溶解度可将金属硫化物分为三类：

(1) 溶于水的硫化物：碱金属和碱土金属硫化物(K_2S、Na_2S、MgS、CaS、SrS、BaS)、$(NH_4)_2S$。

(2) 不溶于水而溶于稀酸的硫化物：MnS、FeS、Fe_2S_3、CoS、NiS、ZnS(溶度积介于 $10^{-15}\sim10^{-25}$ 之间)。

(3) 不溶于水也不溶于稀酸的硫化物：CuS、Cu_2S、Ag_2S、CdS、HgS、Hg_2S、SnS、SnS_2、PbS 等。

其中，Al_2S_3 和 Cr_2S_3 在水中发生完全水解，析出 $Al(OH)_3$ 和 $Cr(OH)_3$ 沉淀，并放出 H_2S 气体，所以在水溶液中实际得到的是它们的氢氧化物而不是硫化物。

$$Al_2S_3+6H_2O = 2Al(OH)_3\downarrow+3H_2S\uparrow$$

$$Cr_3S_2+6H_2O = 2Cr(OH)_3\downarrow+3H_2S\uparrow$$

因此，Al_2S_3 和 Cr_2S_3 只能用干法制备。

根据在酸中溶解情况，可将难溶于水的硫化物可以分成 4 类。

(1) 易溶于稀 HCl 的；

(2) 难溶于稀 HCl，易溶于浓 HCl 的；

(3) 难溶于稀 HCl 和浓 HCl，易溶于 HNO_3 的；

(4) 仅溶于王水的。

$$ZnS+2HCl = ZnCl_2+H_2S\uparrow$$

$$CdS+2HCl = CdCl_2+H_2S\uparrow$$

$$3CuS+8HNO_3(浓) = 3Cu(NO_3)_3+2NO\uparrow+3S\downarrow+4H_2O$$

$$3HgS+2HNO_3+12HCl = 3H_2[HgCl_4]+2NO\uparrow+3S\downarrow+4H_2O$$

王水：3 份浓 HCl 与 1 份浓 HNO_3 的混合液。

硫化物的鉴定。检验S^{2-}常见的方法有3种：S^{2-}与稀酸反应生成H_2S气体，具有特有的腐蛋臭味；能使$Pb(Ac)_2$试纸变黑生成PbS；在碱性条件下，与亚硝酸铁氰化钠$Na_2[Fe(CN)_5NO]$作用生成紫红色配合物：

$$S^{2-}+[Fe(CN)_5NO]^{2-}=[Fe(CN)_5NOS]^{4-}$$

利用此特征反应检出S^{2-}。

4）二氧化硫

二氧化硫(SO_2)是具有刺激性气味的气体，易溶于水生成亚硫酸，中强酸。

在SO_2和H_2SO_3中，硫的氧化态是+4，是硫的中间氧化值，因此，既有氧化性又有还原性，但以还原性为主。

标准电极电势如下：

$$H_2SO_3+4H^++4e = S\downarrow+3H_2O \qquad \varphi^{\ominus}=0.45V$$

$$SO_4^{2-}+4H^++2e = H_2SO_3+H_2O \qquad \varphi^{\ominus}=0.20V$$

在SO_2和H_2SO_3中，S的氧化值为+4，SO_3^{2-}与I_2、$Cr_2O_7^{2-}$、MnO_4^-反应显示还原性。

$$3SO_3^{2-}+Cr_2O_7^{2-}+8H^+=2Cr^{3+}+3SO_4^{2-}+4H_2O$$

$$SO_3^{2-}+I_2+H_2O=SO_4^{2-}+2I^-+2H^+$$

亚硫酸很不稳定，在水溶液中存在下列平衡：

$$SO_2+H_2O \rightleftharpoons H^++HSO_3^- \rightleftharpoons 2H^++SO_3^{2-}$$

一旦遇酸，平衡就向左移动，使H_2SO_3分解。

SO_2和H_2SO_3的氧化性较弱，与H_2S等强还原剂反应才能显示氧化性：

$$H_2SO_3+2H_2S=3S\downarrow+3H_2O$$

此反应中SO_2仍是氧化剂。但是SO_2和H_2SO_3主要作为还原剂应用在化工生产上。

H_2SO_3可以还原碘，反应如下：

$$H_2SO_3+I_2+H_2O=H_2SO_4+2HI$$

SO_3^{2-}鉴别：SO_3^{2-}与$Na_2[Fe(CN)_5NO]$反应，生成红色化合物，用$NH_3 \cdot H_2O$调节溶液呈中性，加入饱和的$ZnSO_4$溶液，使红色化合物的颜色显著加深，此方法用于鉴别SO_3^{2-}(鉴别SO_3^{2-}必须先除去S^{2-})。

亚硫酸是二元酸，能形成正盐和酸式盐，例如，亚硫酸钠(Na_2SO_3)和亚硫酸氢钠($NaHSO_3$)。

5）硫代硫酸钠

硫代硫酸钠，又名海波(来源于其别名 sodium hyposulfite)。它是常见的硫代硫酸盐，无色透明的单斜晶体，无臭，味咸；在干燥空气中有风化性，在湿空气中有潮解性；水溶液显微弱的碱性。

硫代硫酸钠易溶于水，遇强酸反应产生硫和二氧化硫。硫代硫酸钠为氰化物的解毒剂。在硫氰酸酶参与下，能与体内游离的或与高铁血红蛋白结合的氰离子相结合，形成无毒的硫氰酸盐由尿排出而解氰化物中毒。

此外还能与多种金属离子结合，形成无毒的硫化物由尿排出，同时还具有脱敏作用。临床上用于氰化物及腈类中毒，砷、铋、碘、汞、铅等中毒治疗，以及治疗皮肤瘙痒症、慢性皮炎、慢性荨麻疹、药疹、疥疮、癣症等。

(1) 不稳定性。$Na_2S_2O_3$遇酸形成极不稳定的酸，在室温下立即分解生成SO_2和S。

$$H_2S_2O_3 = SO_2 + S\downarrow + H_2O$$

（2）还原性。$S_2O_3^{2-}$中两个S原子的平均氧化值为+2，是中等强度的还原剂。

与I_2反应被氧化生成$S_4O_6^{2-}$：

$$S_2O_3^{2-} + I_2 = S_4O_6^{2-} + 2I^-$$

此反应在滴定分析中用来定量测定碘。

$S_2O_3^{2-}$与过量Cl_2、Br_2等较强氧化剂反应，被氧化为SO_4^{2-}：

$$S_2O_3^{2-} + 4Br_2 = 2SO_4^{2-} + 8Br^-$$

（3）$S_2O_3^{2-}$的检验。当$S_2O_3^{2-}$与过量Ag^+反应，生成$Ag_2S_2O_3$白色沉淀，并水解，沉淀颜色逐步变成黄色、棕色以至黑色的Ag_2S沉淀。即：

$$2Ag^+ + S_2O_3^{2-} = Ag_2S_2O_3\downarrow$$

$$Ag_2S_2O_3 + H_2O = Ag_2S\downarrow(\text{黑}) + H_2SO_4$$

当溶液中不存在S^{2-}时，上述反应是检验$S_2O_3^{2-}$的一个有效方法。

除S^{2-}方法：在试液中加入过量的$PbCO_3$固体，使S^{2-}全部转化为黑色的PbS沉淀。

（4）硫代硫酸钠的制备、配合性。

见实验二十九“硫代硫酸钠的制备”参考资料。

6）过二硫酸钾

过二硫酸可以看作是过氧化氢的衍生物。过氧化氢结构式为H—O—O—H，H_2O_2分子中的两个氢原子被—SO_3H分步取代，分别得到的产物为过一硫酸H_2SO_5和过二硫酸$H_2S_2O_8$。

过二硫酸具有强氧化性(来自过氧键—O—O—)。它们作为氧化剂参与反应的过程中，过氧键断裂，这两个氧原子的氧化值由原来的-1变为-2，而硫的氧化值保持+6不变。

重要的过二硫酸盐有$K_2S_2O_8$和$(NH_4)_2S_2O_8$，它们也是强氧化剂，标准电极电势为：

$$S_2O_8^{2-} + 2e = 2SO_4^{2-} \qquad \varphi^{\ominus} = 2.01V$$

由此可见，过二硫酸盐是强氧化剂。

如过二硫酸钾与碘化钾反应，

$$S_2O_8^{2-} + 2I^- = 2SO_4^{2-} + I_2$$

又如过二硫酸钾在Ag+催化作用下，能将Mn^{2+}氧化成紫红色的MnO_4^-：

$$2Mn^{2+} + 5S_2O_8^{2-} + 8H_2O = 2MnO_4^- + 10SO_4^{2-} + 16H^+$$

实验十一　ⅢA、ⅣA、ⅤA族元素

一、操作详解及注意事项

序号	操　作	原理或注意事项
0	**实验前准备**：表面皿、试管、温度计、玻璃棒、烧杯、蒸发皿等。	1. 预习铵盐和磷酸盐的主要性质；硅酸形成凝胶的特性和难溶硅酸盐特性；硼酸、硼砂的重要性质和硼的化合物燃烧的特征焰色。 2. 预习金属氢氧化物酸碱性及其不同氧化态的氧化还原性；相关难溶盐的性质。 3. 锡、铅、锑、铋等化合物均有毒性，使用时必须格外注意，实验时切勿让其进入口内或与伤口接触，实验完毕后要及时洗手，废液也要及时集中回收处理。

续表

序号	操　作	原理或注意事项
	(一)ⅢA、ⅣA、ⅤA族元素(非金属)	
1	**铵盐** **(1)铵离子的检验:** ①取几滴铵盐溶液置于一表面皿中心，在另一块表面皿中心粘附一小条湿润的酚酞试纸(或红色石蕊试纸)，然后在铵盐溶液中滴加 6mol · L^{-1} NaOH 溶液至呈碱性，混匀后即将粘有试纸的表面皿盖在盛有试液的表面皿上作成“气室”。将此气室放在水浴上微热，观察酚酞试纸变红。 ②取几滴铵盐(如 NH_4Cl)溶液于小试管中，加入 2 滴 2 mol · L^{-1} NaOH 溶液，然后再加 3 滴奈斯勒试剂($K_2[HgI_4]$ + KOH)，观察红棕色沉淀的生成。	1. 判断产生物质的酸碱性，生成的物质是什么? 2. 酚酞的变色范围? 3. 铵盐溶液中滴加 NaOH 溶液后，应迅速盖上表面皿，以免气体逸出。 4. 检验铵离子的特征反应，反应方程式为: $NH_4Cl+2K_2[HgI_4]+4KOH = \left[O\genfrac{}{}{0pt}{}{\diagup Hg \diagdown}{\diagdown Hg \diagup}NH_2\right]I\downarrow+$ $KCl+7KI+3H_2O$
2	**(2)铵盐的性质:** **①在水中溶解的热效应。**在试管中加入 2mL 水，用温度计测量水的温度。然后加入 2g 固体 NH_4NO_3，用小玻棒轻轻地搅动溶液，再插入温度计，注意观察溶液温度的变化，并加以解释。	1. 判断铵盐溶解时放热还是吸热. 2. 温度计的使用：测量时应使球泡悬于溶液中，不可靠在容器壁上或插到容器底部，**不可将温度计当玻璃棒使用!** 刚测过高温的温度计不可立即测低温或用自来水冲洗，以免温度计炸裂；温度计读数须估读。
3	**②氯化铵热分解。**在一支试管中间部位放入约 1g 固体 NH_4Cl，并用干的玻棒将其压紧，在试管口贴一小条湿润的石蕊试纸，将试管固定在铁架上。 在放有 NH_4Cl 的部位微微加热，观察试纸逐渐变蓝色。继续加热，试纸又由蓝色逐渐变红色。试解释所观察到的现象。	1. 药品距离试管管口或管底不可过近，以免影响实验效果。 2. 根据气体扩散定律解释试纸颜色变化的原因。
4	**硝酸的氧化性:** (1)分别向两支盛有少量铜屑的试管中加入 1mL 浓 HNO_3 和 1mol · L^{-1} HNO_3，适当微热，观察现象。 (2)向锌片中加入 1mL 1mol · L^{-1} HNO_3，放置片刻，取出少量溶液，检验有无 NH_{4+}。 (3)NO_3^- 的鉴定 向盛有 5 滴 0.5mol · L^{-1} $NaNO_3$溶液的试管中加入少量 $FeSO_4 \cdot 7H_2O$ 晶体，振荡使其溶解混匀，然后倾斜试管，沿管壁慢慢滴入 1~2mL 浓 H_2SO_4。	1. 浓、稀硝酸与铜反应的产物有何区别?分别是什么? 2. 验证活泼金属与稀硝酸反应的产物，比较与(1)反应有何不同。 3. 硝酸根鉴定的特征反应。由于浓 H_2SO_4 密度大，沉到试管底部，溶液分层，两层交界处有一棕色环，示有 NO_3^- 存在。反应方程式: $NO_3^-+3Fe^{2+}+4H^+ = NO+3Fe^{3+}+2H_2O$ $Fe^{2+}+NO = [Fe(NO)]^{2+}$
5	**亚硝酸的生成和性质:** **(1)亚硝酸的生成和分解:** 将盛有约 1mL 饱和 $NaNO_2$溶液的试管置于冰水中冷却，然后加入约 1mL 3mol · L^{-1} H_2SO_4溶液，混合均匀，观察有浅蓝色亚硝酸溶液的生成。将试管自冰水中取出并放置一段时间，观察亚硝酸在室温下的迅速分解。	通过溶液颜色的变化验证亚硝酸的不稳定性，亚硝酸在低温下能暂时稳定存在，受热后分解加快; $2HNO_2 \underset{冷}{\overset{热}{\rightleftharpoons}} H_2O+N_2O_3 \underset{冷}{\overset{热}{\rightleftharpoons}} H_2O+NO+NO_2$

续表

序号	操　作	原理或注意事项
6	**(2)亚硝酸的氧化性**：取 0.5mL 0.1mol・L^{-1} KI 溶液于小试管中，加入几滴 1mol・L^{-1} H_2SO_4 使其酸化，然后逐滴加入 0.1mol・L^{-1} $NaNO_2$ 溶液，观察 I_2 的生成。写出反应式。	验证亚硝酸的氧化性，此时 NO_2^- 被还原为 NO。
7	**(3)亚硝酸的还原性**：取 0.5mL 0.1mol・L^{-1} $KMnO_4$ 溶液于小试管中，加入几滴 1mol・L^{-1} H_2SO_4 使其酸化，然后逐滴加入 0.1mol・L^{-1} $NaNO_2$，观察现象，写出反应式。	验证亚硝酸的还原性，$KMnO_4$ 溶液用量不可过多，否则影响实验效果。
8	**磷酸盐的性质**： (1)用 pH 试纸分别试验 0.1 mol・L^{-1} Na_3PO_4、Na_2HPO_4 和 NaH_2PO_4 溶液的酸碱性。然后分别取此三种溶液各 10 滴于三支试管中，各加入 10 滴 $AgNO_3$ 溶液，观察黄色磷酸银沉淀的生成。再分别用 pH 试纸检查它们的酸碱性，前后对比各有何变化，试加以解释。	检查溶液反应前后的酸碱性变化，通过观察沉淀的外观判断三种酸碱性条件下是否均生成磷酸银沉淀。
9	(2)分别取 0.1 mol・L^{-1} Na_3PO_4、Na_2HPO_4 和 NaH_2PO_4 溶液于试管中，各加入 0.1 mol・L^{-1} $CaCl_2$ 溶液，观察有无沉淀产生？加入氨水后，各有何变化？再分别加入 2mol・L^{-1} HCl 后，又有何变化？	比较三种磷酸钙的溶解性的变化；除碱金属和铵盐外，其他金属离子只有与 $H_2PO_4^-$ 生成的盐是可溶的，其余均不溶。
10	(3)PO_3^-、PO_4^{3-} 和 $P_2O_7^{4-}$ 的区别和鉴定： ①在 $NaPO_3$、Na_3PO_4 和 $Na_4P_2O_7$ 溶液中，加入等摩尔的 $AgNO_3$ 溶液，观察现象。 ②在 $NaPO_3$、Na_3PO_4 和 $Na_4P_2O_7$ 溶液中，各加入 2 mol・L^{-1} HAc 和鸡蛋蛋白的水溶液，观察现象。 根据实验结果，说明如何区别和鉴定 PO_3^-、PO_4^{3-} 和 $P_2O_7^{4-}$。	通过对蛋白的絮凝作用，结合操作 8 的结果，区分并鉴别三种磷酸根。
11	(4)PO_4^{3-} 的鉴定：取 PO_4^{3-} 试液 5 滴于一试管中，加 8 滴浓 HNO_3 和 10 滴 $(NH_4)_2MoO_4$ 溶液，微热，用玻璃棒摩擦管壁，观察沉淀的生成及颜色(现象不明显时可加少量 NH_4NO_3 固体以增加反应的灵敏性)。	此反应是鉴定磷酸根的特征反应。磷酸和钼酸作用生成黄色磷钼杂多酸络合物——磷钼黄，然后用还原剂抗坏血酸等还原磷钼杂多酸络合物分子中的部分配位钼原子，生成磷钼蓝络合物。此法在分析化学中，用于测定磷的含量。反应方程式： $PO_4^{3-}+3NH_4^++12MoO_4^{2-}+24H^+ = (NH_4)_3P(Mo_3O_{10})_4+12H_2O$

续表

序号	操　作	原理或注意事项
12	**碳酸盐和硅酸盐的水解：** (1)检测0.1mol·L^{-1} Na_2CO_3溶液和$NaHCO_3$溶液的pH值。 (2)在$CuSO_4$溶液中加入Na_2CO_3溶液，观察沉淀的颜色和气体的产生。 (3)检验水玻璃溶液的pH值。先用pH试纸检验20%水玻璃(硅酸钠)溶液的酸碱性，然后取1mL溶液与2mL饱和NH_4Cl溶液混合，有何气体产生？用湿的pH试纸放在试管口，检查气体的酸碱性。	1. 得到的Na_2CO_3溶液和$NaHCO_3$溶液pH值与理论值比较。 2. 了解双水解作用，Cu^{2+}的水解和$CO_3{}^{2-}$的水解互相促进，反应方程式： $2Cu^{2+}+2CO_3^{2-}+H_2O = Cu_2(OH)_2CO_3\downarrow+CO_2\uparrow$ 3. 了解水玻璃的酸碱性强弱，反应方程式： $SiO_3^{2-}+2NH_4^+ = H_2SiO_3\downarrow+NH_3\uparrow$
13	**硅酸凝胶的生成：** **(1)水玻璃溶液与CO_2的反应：**向盛有2mL 20%水玻璃溶液中通入CO_2气体，静置片刻，观察硅酸凝胶的生成。写出反应式。 **(2)水玻璃溶液与盐酸的反应：**取2mL 20%水玻璃溶液，逐滴加入6 mol·L^{-1} HCl，边加边振荡，观察现象。若不生成凝胶，可微微加热。写出反应式。	1. 比较硅酸、碳酸、盐酸的酸性强弱。 2. 了解硅酸的特性。 3. 滴加的盐酸应适量，否则将不能形成凝胶。
14	**难溶性硅酸盐的生成——水中花园：** 在一只100mL烧杯中加入约三分之二体积的20%水玻璃，然后把固体$CaCl_2$、$FeCl_3$、$FeSO_4\cdot 7H_2O$、$CoCl_2$、$NiSO_4$、$CuSO_4$、$ZnSO_4$和$MnSO_4$各一小粒投入烧杯内，并记住它们的位置，放置1~2h后，观察到什么现象？	1. 了解难溶性硅酸盐的生长机理——半透膜机理。 半透膜是一种对不同粒子的通过具有选择性的薄膜。通过金属盐与硅酸钠反应，生成不同颜色的金属硅酸盐胶体，在固体、液体的接触面形成半透膜，由于渗透压的关系，水不断渗入膜内，胀破半透膜使盐又与硅酸钠接触，生成新的胶状金属硅酸盐。反复渗透，硅酸盐生成芽状或树枝状，从而产生水中花园的现象。 2. 注意：不要把不同的固体混在一起。 3. 实验完毕，倒出水玻璃(回收)并随即洗净烧杯。
15	**硼酸的制备和性质：** **(1)硼酸的溶解性和酸性：** ①在一支试管中，取硼酸晶体约0.5g，加入2mL水，搅拌，观察晶体的溶解情况。将试管放在水浴中加热，再观察晶体的溶解情况。然后取出试管，冷至室温，取其中的硼酸溶液，用pH试纸测其pH值并作记录。然后向硼酸溶液中加入几滴甘油，再测其pH值，酸性有何变化？ ②也可用一条pH试纸，一端滴一滴甘油，另一端滴一滴硼酸溶液，观察两者扩散后的交界处颜色的变化。	1. 了解硼酸的溶解性。 2. 了解硼酸的酸性强弱。 3. 硼酸是一个很弱的酸，甘油的加入使硼酸的酸性得到强化，酸性增强。 $\begin{array}{l}CH_2OH\\ \vert\\ CHOH\\ \vert\\ CH_2OH\end{array} + \begin{array}{l}HO\\ \quad B-OH\\ HO\end{array} = \left[\begin{array}{l}CH_2-O\quad\ OH\\ \vert\qquad\quad\ \diagdown\ \diagup\\ CHOH\qquad B\\ \vert\qquad\quad\ \diagup\ \diagdown\\ CH_2-O\quad\ OH\end{array}\right]^- + H^+ + H_2O$

续表

序号	操　　作	原理或注意事项
16	**(2)硼酸三乙酯的燃烧**：取少量硼酸晶体放在蒸发皿中，加少许乙醇和几滴浓 H_2SO_4，混匀后点燃，观察硼酸三乙酯蒸气燃烧时产生的特征绿色火焰。	1. 蒸发皿需垫上铁圈或石棉网。 2. 硼酸燃烧时产生绿色火焰，可用来鉴定硼的化合物。硼酸和乙醇形成硼酸三乙酯的反应方程式为： $3C_2H_5OH + H_3BO_3 = B(OC_2H_5)_3 + 3H_2O$
17	**硼砂溶液的酸碱性**： 用 pH 试纸试验饱和硼砂溶液的酸碱性。	了解硼砂溶液的酸碱性并解释。
	(二)ⅢA、ⅣA、ⅤA 族元素(金属)	
1	**氢氧化物的性质**： (1)向少量 $0.1mol \cdot L^{-1}$ $Pb(NO_3)_2$ 溶液中滴加 $2mol \cdot L^{-1}$ NaOH 溶液，观察现象，分别试验生成的沉淀与 $2mol \cdot L^{-1}$ HNO_3 及 NaOH 的反应，写出反应式。	1. 生成沉淀量不可过多，否则影响后续实验效果。 2. 根据沉淀与酸和碱的反应情况判断其酸碱性。
2	(2)向少量 $0.1mol \cdot L^{-1}$ $SnCl_2$ 溶液中滴加 $2mol \cdot L^{-1}$ NaOH 溶液，观察现象，离心分离后试验沉淀与 $2mol \cdot L^{-1}$ HCl 及 NaOH 的反应，写出反应式。	1. 生成沉淀量不可过多，否则影响后续实验效果。 2. 根据沉淀与酸和碱的反应情况判断其酸碱性。
3	(3)向 $0.1mol \cdot L^{-1}$ $SbCl_3$ 溶液中滴加 $2mol \cdot L^{-1}$ NaOH 溶液，观察现象，离心分离后分别试验沉淀与 $6mol \cdot L^{-1}$ HCl 和 $2mol \cdot L^{-1}$ NaOH 的作用，写出反应式。	1. 生成沉淀量不可过多，否则影响后续实验效果。 2. 根据沉淀与酸和碱的反应情况判断其酸碱性。
4	(4)向少量 $0.1mol \cdot L^{-1}$ $Bi(NO_3)_3$ 的溶液中滴加 $2mol \cdot L^{-1}$ NaOH 溶液，观察现象。离心分离后分别试验与沉淀与 $2mol \cdot L^{-1}$ HCl 溶液和 40%(质量) NaOH 的作用，写出反应式。	1. 生成沉淀量不可过多，否则影响后续实验效果。 2. 根据沉淀与酸和碱的反应情况判断其酸碱性。 3. 根据实验结果总结 Sn、Pb、Sb、Bi 的氢氧化物的性质及其酸碱性的强弱。
5	**金属离子的氧化还原性**： **(1)Sn(Ⅱ)的还原性**： ①向 $0.1mol \cdot L^{-1}$ $FeCl_3$ 溶液中滴加 $SnCl_2$ 溶液，观察现象，写出反应式。试用 KSCN 溶液检验溶液中是否还存在 Fe^{3+}。 ②向 $0.1mol \cdot L^{-1}$ $HgCl_2$ 溶液中滴加 $0.1mol \cdot L^{-1}$ $SnCl_2$ 溶液，观察现象，写出反应式。 ③向自制的 Na_2SnO_2 溶液中滴加 $0.1mol \cdot L^{-1}$ $Bi(NO_3)_3$ 两滴，观察现象，写出反应式。	1. $FeCl_3$ 溶液的取用应适量，不可过多，$SnCl_2$ 溶液相对过量，否则会产生误判。 2. 向 $HgCl_2$ 溶液中慢慢滴加 $SnCl_2$ 时，应边滴加边振荡，仔细观察反应过程中的颜色变化。 3. 比较 Sn、Fe、Hg、Bi 化合物的氧化还原性的强弱。
	(2)Pb(Ⅳ)的氧化性： ①在试管中放入少量的 $PbO_2(s)$，然后滴加浓盐酸溶液，观察现象，写出反应式。 ②在有少量 $PbO_2(s)$ 的试管中加入 $3mol \cdot L^{-1}$ H_2SO_4 酸化溶液，再加入 1 滴 $0.1\ mol \cdot L^{-1}$ $MnSO_4$ 溶液，于水浴中加热，观察现象，写出反应式。	1. PbO_2 的取用应适量，不可过多，否则影响实验效果。 2. 对比 Pb(Ⅳ)与 Cl_2、Pb(Ⅳ)与 MnO_4^- 氧化性的强弱。

序号	操　作	原理或注意事项
5	**(3) Sb(Ⅲ)、Bi(Ⅲ)的还原性：** ①向试管中加入 0.1mol·L^{-1} $SbCl_3$溶液，再加入饱和的$NaHCO_3$溶液至溶液呈弱酸性，滴加碘水，观察现象，写出反应式。 ②取少量 0.1mol·L^{-1} $Bi(NO_3)_3$溶液，滴加 6mol·L^{-1} NaOH 溶液至白色沉淀生成后，加入氯水（或溴水），加热，观察沉淀颜色有何变化？离心，弃去清液，往沉淀中加入 6mol·L^{-1} HCl，有何现象？用淀粉-KI 试纸检验所生成的气体产物，写出反应式。	1. 注意观察碘水颜色变化，为何需加入饱和的$NaHCO_3$溶液？ 2. $Bi(NO_3)_3$溶液中加入$NaHCO_3$溶液后再加入氯水，会有什么现象？为什么？ 3. 淀粉-KI 试纸需要提前润湿。 4. 通过实验说明 Sb(Ⅲ)、Bi(Ⅲ)的还原性的强弱。
	(4) Bi(Ⅴ)的氧化性： ①在试管中加入少量的 $NaBiO_3$(s)及少量的水，以稀酸酸化溶液，再加入少量 KI 溶液及四氯化碳，观察现象，写出反应式。 ②在试管中加入 2 滴 0.1mol·L^{-1} $MnSO_4$溶液，用 2mol·L^{-1} H_2SO_4酸化后再加入少量$NaBiO_3$(s)，观察现象，写出反应式。	1. 以稀酸酸化溶液时，应用什么酸酸化？为什么？ 2. $NaBiO_3$(s)的取用应适量，不可过多，重点观察四氯化碳层颜色的变化。 3. 验证 Bi(Ⅴ)的氧化性。
6	**盐类水解特征：** **(1) $SnCl_2$水解：** 取 $SnCl_2$(s)用蒸馏水溶解，溶解时有什么现象？溶液的酸碱性如何？向溶液中滴加浓盐酸后又有什么变化？再稀释后又有什么变化？ **(2) $SbCl_3$、$Bi(NO_3)_3$、$Pb(NO_3)_2$的水解：** 用少量 $SbCl_3$(s)、$Bi(NO_3)_3$(s)、$Pb(NO_3)_2$(s)，重复以上实验，观察其现象有何异同。	1. 了解金属离子的水解特性，根据实验现象说明实验室配制此类试剂的方法。 2. 试剂的取用应适量，否则会影响水解平衡的移动。 3. 比较 $SnCl_2$、$SbCl_3$、$Bi(NO_3)_3$、$Pb(NO_3)_2$的水解效应
7	**难溶盐：** **(1) 卤化物：** 在少量水中加入数滴 0.1mol·L^{-1} $Pb(NO_3)_3$溶液，再滴加几滴 2mol·L^{-1} HCl 溶液，有什么现象？加热后又有什么变化？再把溶液冷却又有什么现象？试解释。	验证$PbCl_2$在水中的溶解性。
	在少量 0.1mol·L^{-1} $Pb(NO_3)_2$溶液中滴加浓盐酸，有何现象？取少量白色沉淀，继续滴加浓盐酸，又有何现象？用水稀释后又有什么变化？写出反应式。	1. 验证$PbCl_2$在浓盐酸中的溶解情况。 2. 反应方程式： $Pb^{2+} + 2Cl^- \xlongequal{} PbCl_2\downarrow$ $PbCl_2 + 2Cl^-$(过量)$\xlongequal{} PbCl_4^{2-}$
	取数滴 0.1mol·L^{-1} $Pb(NO_3)_2$溶液，用少量水稀释后再加入 1~2 滴 0.1mol·L^{-1} KI 溶液，观察现象，试验沉淀在热水中的溶解情况。	验证PbI_2在水中的溶解性。
	(2) 铅的含氧酸盐： **铬酸盐：** ①在少量 $Pb(NO_3)_2$溶液中滴加 K_2CrO_4溶液，观察现象，试验生成的沉淀在 6mol·L^{-1} HNO_3、6mol·L^{-1} NaOH、6 mol·L^{-1} HAc 及饱和 NaAc 溶液中的溶解情况，写出反应式。 ②再用 $BaCl_2$溶液代替 $Pb(NO_3)_2$溶液，重复以上的实验，观察现象有何异同？写出反应式。	1. 生成难溶盐。 2. 比较铬酸铅在不同介质中的溶解情况。 3. 铬酸钡与铬酸铅的溶解性对比，查出两种化合物的 K_{sp}。

续表

序号	操　作	原理或注意事项
	硫酸盐： ①观察由 $Pb(NO_3)_2$溶液与 $1mol \cdot L^{-1}$ H_2SO_4溶液反应生成沉淀的颜色和形态，再分别试验沉淀在 $2mol \cdot L^{-1}$ NaOH 溶液中及饱和 NaAc 溶液中的反应，写出反应式。 ②再用 $BaCl_2$溶液代替 $Pb(NO_3)_2$溶液重复以上实验，观察现象，写出反应式。	1. 比较硫酸铅在不同介质中的溶解情况。 2. 硫酸钡与硫酸铅的溶解性对比，查出两种化合物的 K_{sp}。 3. 通过以上实验总结 Ba^{2+}与 Pb^{2+}的分离方法。
	(3)硫化物： **SnS 的生成和性质：** 在 1mL $SnCl_2$溶液中，加入几滴饱和硫化氢水，观察棕色 SnS 沉淀生成。离心分离，用蒸馏水洗涤沉淀，分别试验沉淀与 $1mol \cdot L^{-1}$ Na_2S 和多硫化铵(或多硫化钠)溶液的作用。如沉淀溶解，再用稀 HCl 酸化，观察有何变化。	1. 注意离心机的使用，配重平衡。 2. 试验沉淀与 Na_2S 和多硫化铵(或多硫化钠)溶液的作用时，沉淀量不宜过多，否则影响实验效果。
8	**SnS_2的生成和性质：** 在 $SnCl_4$溶液中加入几滴饱和硫化氢水，观察黄色 SnS_2沉淀生成。离心分离，洗涤沉淀，试验沉淀物与 $1mol \cdot L^{-1}$ Na_2S 溶液的作用。如沉淀溶解，再用稀盐酸酸化，观察有何变化。	1. 注意离心机的使用，配重平衡。 2. 反应式方程式： $SnS_2+S^{2-} \longrightarrow SnS_3^{2-}\downarrow$ $SnS_3^{2-}+2H^+ \longrightarrow SnS_2\downarrow+H_2S$
	PbS 的生成和性质： 在 $Pb(NO_3)_2$溶液中加入几滴饱和硫化氢水，观察黑色 PbS 生成。分别试验沉淀物与 $1\ mol \cdot L^{-1}$ Na_2S 和多硫化铵溶液的作用。	根据实验结果，比较 SnS 与 SnS_2以及 SnS 与 PbS 性质上的差异。
	Sb_2S_3的生成和性质： ①向 $SbCl_3$溶液中加硫化氢水，观察现象，写出反应式。 ②离心分离，用蒸馏水洗涤沉淀，试验沉淀与 $1mol \cdot L^{-1}$ Na_2S 溶液的作用。	试验沉淀与 Na_2S 溶液的作用时，沉淀量不宜过多，否则影响实验效果。
	Bi_2S_3的生成和性质： ①在 $Bi(NO_3)_3$溶液中加入饱和硫化氢水溶液，观察现象，写出反应式。 ②离心分离，弃去溶液，洗涤沉淀 2~3 次，试验沉淀物与 Na_2S 溶液的作用，观察沉淀是否溶解？	1. 试验沉淀与 Na_2S 溶液的作用时，沉淀量不宜过多，否则影响实验效果。 2. 根据实验结果，比较 Sb_2S_3与 Bi_2S_3在性质上的差异。
9	**小设计：** (1)设计分析铅丹(Pb_3O_4)组成的实验方法。 (2)怎样分离鉴定 $SbCl_3$与 $Bi(NO_3)_3$混合液？	根据所学知识，设计实验方案。

二、课堂提问

(1) 实验室内为什么磨砂口玻璃器皿可以用来储存酸液，而不能用来储存碱液？
(2) 如何区别碳酸钠、硅酸钠和硼酸钠？
(3) 实验室中如何配制 $SnCl_2$溶液、$SbCl_3$溶液、$Bi(NO_3)_3$溶液？
(4) 为什么在试验 PbO_2与 KI 的反应中，不用 HNO_3，而用 H_2SO_4酸化溶液？

(5) 使用砷、锑、铋、铅化合物应注意什么安全问题?

三、参考资料

1. 氮族

氮族(Ⅴ族)：N、P、As、Sb、Bi；ns^2np^3；氧化态为+5，+4，+3，+2，+1，0，-3。

氮主要以单质形态存在空气中，除土壤中含有一些铵盐、硝酸盐外，氮很少以无机化合物形式存在于自然界。氮普遍存在于有机体中，它是组成动植物蛋白质的重要元素。

常见的五种氧化物：

+1 价：N_2O，无色气体，有毒，俗称“笑气”。

+2 价：NO，易与空气中氧生成 NO_2。

+3 价：N_2O_3，蓝色液体，不稳定，易歧化为 NO 和 NO_2。

+4 价：NO_2，红棕色气体，低温下聚合成 N_2O_4。

+5 价：N_2O_5，白色固体，强氧化剂，溶于水生成 HNO_3。

常见的两种含氧酸：HNO_2、HNO_3。

HNO_2：弱酸(比 HAc 略强)，极不稳定(浓度稍大或温度稍高即分解)，只能存在于很稀的溶液中，溶液浓缩或加热时，就分解为 NO 和 NO_2。

$$2HNO_2 \longequal H_2O + N_2O_3(\text{蓝色}) \longequal H_2O + NO + NO_2(\text{棕色})$$

$NaNO_2$：白色固体，稳定性高，具有一定氧化性，防腐剂。HNO_2实际只存在水溶液，易发生歧化反应：

$$3HNO_2 \longrightarrow HNO_3 + 2NO + H_2O$$

亚硝酸盐大多数是稳定的，大多数易溶于水。亚硝酸盐一般有毒，致癌物质。

例如：$2NaNO_2+2KI+2H_2SO_4 \longequal 2NO + I_2 + Na_2SO_4 + K_2SO_4 + 2H_2O$

另一方面，与强氧化剂作用时，也能表现出还原性，本身被氧化成硝酸盐。如：

$2KMnO_4 + 5NaNO_2 + 3H_2SO_4 \longequal 2MnSO_4 + 5NaNO_3 + Na_2SO_4 + 3H_2O$

HNO_3：强酸，易挥发，强氧化性(浓、稀均具氧化性)，硝化性。

HNO_3的不稳定性，也是强氧化剂的一种表现。

$$4HNO_3 \longrightarrow 4NO_2 + O_2 + H_2O$$

王水：浓 HNO_3 : 浓 HCl = 1 : 3($HNO_3+2HCl \longequal Cl_2+NOCl$)

$$3Cu + 8HNO_3(\text{稀}) \longequal 3Cu(NO_3)_2 + 2NO + 4H_2O$$

$$Cu + 4HNO_3(\text{浓}) \longequal Cu(NO_3)_2 + 2NO_2 + 2H_2O$$

极稀 HNO_3为氧化剂，还原产物为 NH_4^+。

Fe、Al、Cr 等金属溶于稀 HNO_3，不溶于浓 HNO_3(生成氧化物保护膜)。

2. 磷及其化合物

磷的氧化态为+5、+3、-3。在自然界中总是以磷酸盐的形式出现的。磷是生物体不可缺少的元素之一。在植物中磷主要含于种子的蛋白质中，在动物体中，则含于脑、血液和神经组织的蛋白质中，骨骼中也含有磷。单质磷的三种同素异形体：白磷、红磷、黑磷。

白磷：分子式 P_4，性质活泼(既可氧化也可还原)，剧毒(致死量 0.1g)。

红磷和黑磷比白磷稳定。白磷用于制磷酸；红磷用于制农药、火柴以及烟幕弹。

磷的两种氧化物：P_4O_6(三氧化二磷)、P_4O_{10}(五氧化二磷)。

P_4O_{10}或 PCl_5与水作用均可生成 H_3PO_4；H_3PO_4失水生成偏磷酸，聚合生成焦磷酸。

PH_3：磷化氢，简称膦，无色气体，剧毒，大蒜味。

一些金属磷化物与水或酸作用可生成 PH_3：

$$Ca_3P+6H_2O = 2PH_3+3Ca(OH)_2\downarrow$$

$$Zn_3P_2+6H^+ = 2PH_3+3Zn^{2+}$$

磷化锌(Zn_3P_2)是一种农药(杀虫剂、杀鼠剂)，与酸作用生成磷化氢，这就是人、畜服磷化锌后中毒的原因。

$$Zn_3P_2+6HCl = 3ZnCl_2+2PH_3$$

磷酸：无色透明，有吸湿性，易溶于水。磷酸稳定，不易分解。高沸点、中强酸，具有酸的通性，无氧化性。

磷酸受强热时脱水，依次生成焦磷酸、三磷酸和多聚的偏磷酸。三磷酸是链状结构，多聚的偏磷酸是环状结构。

$$2H_3PO_4 \xlongequal{473\sim573K} H_4P_2O_7+H_2O$$

$$3H_3PO_4 \xlongequal{573K\text{ 以上}} H_5P_3O_{10}+2H_2O$$

$$4H_3PO_4 \xlongequal{\text{高温}} (HPO_3)_4+4H_2O$$

正磷酸与 NaOH 生成 Na_3PO_4、Na_2HPO_4、NaH_2PO_4 三种钠盐；

$$Na_2HPO_4 \xrightarrow{\triangle,\text{ 脱水}} Na_2H_2PO_7\text{(焦磷酸钠或二聚磷酸钠)}$$

氮族元素随着原子序数的增加，电子层数逐渐增加，原子核对外层电子的引力逐渐减弱，非金属性逐渐减弱(得电子能力减弱)，金属性逐渐增强(失电子能力增强)。

3. 碳

碳族(Ⅳ族)元素：C、Si、Ge、Sn、Pb；ns^2np^2；氧化态：+4，+2。游离态的碳以金刚石和石墨两种单质形式存在。碳元素的单质为原子晶体，石墨为层状晶体。空气中的 CO_2、地壳中各种碳酸盐、煤、石油里都含有大量的碳，脂肪、糖类、蛋白质及其他有机物都是含碳的化合物。碳同素异形体为金刚石、石墨和碳 60；碳有多种单质：石墨(烯)、金刚石、C_{60}、碳纳米管及活性炭。碳可以跟浓 H_2SO_4、HNO_3 反应，被氧化为 CO_2；不与 HCl 作用。

CO：可燃性、还原性、加合性(与低氧化态的金属形成金属羰基化合物)和毒性。

CO_2：气体用于碳酸饮料；即固体“干冰”，-78℃升华。

碳酸盐：加热时正离子电负性越小越不易分解，其中铵盐最易分解。而碳酸氢盐在较低温度下就会分解，热稳定性差。碳酸盐的碱金属溶液呈碱性；碳酸氢盐水溶液呈弱碱性。

4. 硅

硅(Si)：氧化态为+4。硅以化合物存在于 SiO_2 和硅酸盐中。Si 低温下不活泼，不与水、空气、酸反应，但与强氧化剂、强碱能作用。硅不与 HCI、H_2SO_4、HNO_3 作用，只与氢氟酸反应。硅是亲氧元素，是元素有机高分子、玻璃的有效成分，能够构成多数的岩石。硅酸盐结构众多、种类繁多，有岛状的橄榄石、层状的云母、环状的蒙脱石、架状的方钠石、链状的辉石单链等。许多硅酸盐矿物如石棉、云母、滑石、高岭石、蒙脱石、沸石等是重要的非金属矿物原料和材料。工业材料水泥、水玻璃(硅酸钠)、分子筛(多孔性笼状结构)、硅胶的主要成分均为硅酸盐。

硅在地壳中丰度排第二位(仅次于氧)，占地壳总量的 25%。硅的化学性质：不活泼，与水、空气、酸均不反应，但可溶于强碱。

$$Si+2NaOH+H_2O = Na_2SiO_3+2H_2\uparrow$$

SiO_2：俗称石英砂，原子晶体。加热至1600℃熔化后再冷却，变为石英玻璃。石英玻璃耐温度剧变，不炸裂，不吸收紫外线，化学性质与单质硅相似。

$$SiO_2+2NaOH \xlongequal{} Na_2SiO_3+H_2O$$

硅的含氧酸：H_2SiO_3(硅酸)。

硅酸难溶于水，水中呈胶体溶液，脱水干燥得白色固体(硅胶)，吸湿性强，可作干燥剂。

5. 硼族

硼族(Ⅲ族B)：氧化态为+3。

H_3BO_3为一元弱酸，缺电子。

$$B(OH)_3+2H_2O \longrightarrow [B(OH)_4]^-+H_3O^+$$

为六角形晶体。在冷水中溶解度小，在热水中易溶(用此法重结晶)。

硼酸盐：四硼酸钠(硼砂)$Na_2B_4O_7 \cdot 10H_2O$ 硼砂溶于水，水解使溶液呈碱性。

$$B_4O_7^{2-}+7H_2O \xlongequal{} 2H_3BO_3+2B(OH)_4^-$$

硼砂为缓冲溶液 pH=9，硼砂为弱酸强碱盐。

6. 锡、铅、锑、铋

锡、铅、锑、铋是P区元素中有代表性的金属元素，锡、铅是第ⅣA族元素，其价电子层结构分别为$5s^25p^2$和$6s^26p^2$，都能形成+2和+4氧化数的化合物。锑、铋是ⅤA族元素，其价电子层分别为$5s^25p^3$和$6s^26p^3$，都能形成+3和+5氧化数的化合物。从锡到铅和从锑到铋，由于“惰性电子对效应”的影响，其高氧化态化合物的稳定性减小，低氧化态化合物的稳定性增加。

1) Sn^{2+}、Pb^{2+}、Sb^{3+}、Bi^{3+}氢氧化物的酸碱性

Sn、Pb、Sb、Bi的低氧化态氢氧化物均是难溶于水的白色化合物。低氧化态的氢氧化物中$Sn(OH)_2$、$Pb(OH)_2$、$Sb(OH)_3$都显两性，只有$Bi(OH)_3$为碱性氢氧化物。它们既可以溶解在相应的酸中，也可以溶解在过量的NaOH溶液中。在过量的NaOH溶液中，发生如下的反应：

$$Sn(OH)_2+2NaOH \xlongequal{} Na_2[Sn(OH)_4]$$

$$Pb(OH)_2+2NaOH \xlongequal{} Na_2[Pb(OH)_4]$$

$$Sb(OH)_3+NaOH \xlongequal{} Na[Sb(OH)_4]$$

$$\begin{matrix} Al^{3+} \\ Sn^{2+} \\ Pb^{2+} \\ Sb^{3+} \\ Bi^{3+} \end{matrix} \xrightarrow[\text{适量}]{+OH^-} \begin{matrix} Al(OH)_3\downarrow(\text{白}) \\ Sn(OH)_2\downarrow(\text{白}) \\ Pb(OH)_2\downarrow(\text{白}) \\ Sb(OH)_3\downarrow(\text{白}) \\ Bi(OH)_3\downarrow(\text{白}) \end{matrix} \xrightarrow[\text{适量}]{+OH^-} \left.\begin{matrix} AlO_2^-+H_2O \\ SnO_2^{2-}+H_2O \\ PbO_2^{2-}+H_2O \\ SbO_3^{3-}+H_2O \end{matrix}\right\}\text{两性}$$

这些元素的氢氧化物的酸碱性的变化规律为：

碱性增强（↓）

$Sn(OH)_2$ (两性)	$Sn(OH)_4$ (两性)	$Sb(OH)_3$ (两性)	$HSb(OH)_6$ (两性，偏酸性)
$Pb(OH)_2$ (两性，偏碱性)	$Pb(OH)_4$ (两性，偏酸性)	$Bi(OH)_3$ (弱碱性)	$Bi_2O_3 \cdot H_2O$ (极不稳定)

碱性增强（↓）

酸性增强（→）　　酸性增强（→）

2）氧化还原性

氧化值的稳定性 $Sn^{4+}>Sn^{2+}$，而 $Pb^{2+}>Pb^{4+}$。Sn^{2+}化合物有明显的还原性，Sn^{2+}是常用的还原剂，即使是较弱的氧化剂如 Fe^{3+}、$HgCl_2$等也能被它还原。

$$Sn^{2+}+2Fe^{3+} = Sn^{4+}+2Fe^{2+}$$

$SnCl_2$可将 $HgCl_2$还原为 Hg_2Cl_2，并进一步还原为 Hg，出现灰黑色沉淀：

$$Sn^{2+}+2HgCl_2 = Sn^{4+}+Hg_2Cl_2\downarrow(\text{白色})+2Cl^-$$

$$Sn^{2+}+Hg_2Cl_2 = Sn^{4+}+2Hg\downarrow(\text{黑色})+2Cl^-$$

这个反应是 Sn^{2+}对 $HgCl_2$的分步还原反应，常用于鉴定溶液中的 Hg^{2+}或 Sn^{2+}。

在碱性介质中，$[Sn(OH)_4]^{2-}$（或 SnO_2^{2-}）的还原性更强，可将 Bi^{3+}还原成黑色的金属 Bi，用于鉴定 Bi^{3+}。

$$2Bi^{3+}+6OH^-+3[Sn(OH)_4]^{2-} = 2Bi\downarrow(\text{黑})+3[Sn(OH)_6]^{2-}$$

Pb(Ⅳ)具有很强的氧化性，PbO_2在酸性（浓 H_2SO_4）介质中能将 Mn^{2+}氧化成紫红色的 MnO_4^-，用于鉴定溶液中的 Mn^{2+}。

$$5PbO_2+2Mn^{2+}+4H^+ = 2MnO_4^-+5Pb^{2+}+2H_2O$$

Bi(Ⅴ)也呈强氧化性。在硝酸介质中，$NaBiO_3$也能将 Mn^{2+}氧化成紫红色的 MnO_4^-，用来鉴定溶液中 Mn^{2+}离子。

$$5NaBiO_3+2Mn^{2+}+14H^+ = 2MnO_4^-+5Bi^{3+}+5Na^++7H_2O$$

3）Sn^{2+}、Sb^{3+}、Bi^{3+}氯化物及其盐的水解性

相应低价态的盐除 Pb^{2+}水解不显著外，Sn^{2+}、Sb^{3+}、Bi^{3+}的盐都易于水解，其水解产物为碱式盐的沉淀。如：

$$SnCl_2+H_2O = Sn(OH)Cl\downarrow(\text{白})+HCl$$

$$SbCl_3+H_2O = SbOCl\downarrow(\text{白})+2HCl$$

$$BiCl_3+H_2O = BiOCl\downarrow(\text{白})+2HCl$$

因此在配制相应的溶液时，为了抑制其水解反应，必须加入相应的酸抑制碱式盐沉淀的生成。而对于 $SnCl_2$由于其水解反应是不可逆的，即生成的碱式盐沉淀不能溶解于相应的酸中，所以配制 $SnCl_2$溶液时应先将 $SnCl_2$溶解于少量浓 HCl 中，然后再加水稀释，而且还应加入少量的 Sn 粒，以防止溶液中的 Sn^{2+}被空气氧化。

锑、铋的盐类：主要是+3 价盐，这些盐在水溶液中都易水解，生成碱式盐：

$$Sb(NO_3)_3+H_2O = SbONO_3\downarrow(\text{白})+2HNO_3$$

$$SbCl_3+H_2O = SbOCl\downarrow(\text{白})+2HCl$$

$$Bi_2(SO_4)_3+2H_2O = (BiO)_2SO_4\downarrow(\text{白})+2H_2SO_4$$

因此，Sb^{3+}、Bi^{3+}盐溶液的配制：在相应的酸中进行，以防水解。

4）Pb^{2+}盐的溶解性

除了 $Pb(NO_3)_2$和 $Pb(Ac)_2$溶于水外，其他 Pb^{2+}盐均难溶于水，例如：$PbCl_2$虽然不溶于冷水，却可溶于热水，其溶解度随温度变化较大。这一点是 $PbCl_2$与其他难溶氯化物（如 AgCl）不同之处。在 Pb^{2+}的难溶盐中，$PbCrO_4$的溶解度较小，又有鲜明的颜色，故常用来鉴定 Pb^{2+}。

Pb^{2+}有多种难溶盐，且有特征的颜色，如，$PbCrO_4$（黄）、PbI_2（黄）、$PbSO_4$（白）、PbS（黑），可利用 Pb^{2+}生成难溶盐的反应（一般用 $PbCrO_4$）来鉴定 Pb^{2+}的存在。

铅及锡盐的颜色、溶度积和溶解性见表 11-1。

表 11-1　铅盐和锡盐的颜色、溶度积和溶解性

名　称	颜　色	溶 度 积	溶 解 性
$PbCl_2$	白色	1.6×10^{-5}	不溶于冷水，溶于热水和浓 HCl
PbI_2	黄色	7.1×10^{-9}	溶于热水
$PbCrO_4$	黄色	2.8×10^{-13}	溶于过量的碱
$PbSO_4$	白色	1.6×10^{-5}	不溶于水，溶于浓硫酸、NaAc
PbS	黑色	1.0×10^{-28}	不溶于稀酸、Na_2S，但溶于浓 HCl、HNO_3
$PbCO_3$	白色	3.3×10^{-14}	易溶于稀酸
SnS	棕色	1.0×10^{-25}	不溶于 Na_2S，但溶于中等强度 HCl、Na_2Sx
SnS_2	金黄色	2.0×10^{-27}	不溶于强酸性溶液，但溶于碱金属硫化物及浓酸中

5）Sn^{2+}、Sn^{4+}、Pb^{2+}、Sb^{3+}、Bi^{3+}硫化物的生成和性质

Sn^{2+}、Sn^{4+}、Pb^{2+}、Sb^{3+}、Bi^{3+}都能与适量的 Na_2S 作用（PbS_2不存在），生成不溶于稀盐酸的有色硫化物，见表 11-2。

表 11-2　锡、铅、锑和铋硫化物的颜色

SnS	SnS_2	PbS	Sb_2S_3	Bi_2S_3
暗棕	黄色	黑色	橙色	棕黑

这些硫化物的酸碱性变化规律与其氧化物的酸碱性变化规律相同。同族元素的硫化物（氧化数相同）从上而下酸性减弱，碱性增强，同种元素的硫化物、高氧化物的硫化物（如 SnS_2）的酸性比低氧化物数硫化物（如 SnS）的强。其中 SnS_2与可溶性硫化物，如 Na_2S 溶液作用生成相应的硫代酸盐而溶解。

$$SnS_2+S^{2-} = SnS_3{}^{2-}$$

在酸性介质中，硫代酸盐不稳定，发生分解，放出 H_2S 气体和析出相应的硫化物沉淀：

$$Na_2SnS_3+2HCl = SnS_2(s)+H_2S(g)+2NaCl$$

SnS、PbS 和 Bi_2S_3不溶于 Na_2S 溶液中。

SnS、SnS_2、PbS、Sb_2S_3、Bi_2S_3虽然都不溶于水和稀酸中，但是都可以溶解于浓酸中。

$$\left.\begin{matrix}Al^{3+}\\Sn^{2+}\\Sn^{4+}\\Pb^{2+}\\Sb^{3+}\\Bi^{3+}\end{matrix}\right.\xrightarrow[{[H^+]=0.3mol\cdot L^{-1}}]{+H_2S}\begin{matrix}SnS\downarrow 溶于 6mol\cdot L^{-1} 的热 HCl\\SnS_2\downarrow 溶于 6mol\cdot L^{-1} 的热 HCl\\PbS\downarrow 溶于稍浓的 HNO_3\\SbS_3\downarrow 溶于浓、热的 HCl\\Bi_2S_3\downarrow 溶于热的 HNO_3\end{matrix}$$

在硫化物的沉淀中，SnS_2，Sb_2S_3偏酸性。因此，它们可溶于过量的 NaOH、Na_2S 或 $(NH_4)_2S$ 溶液中以生成硫代酸盐。

$$\begin{matrix}SnS_2\\Sb_2S_3\end{matrix}\xrightarrow{+Na_2S}\begin{matrix}Na_2SnS_3\\Na_3SbS_3\end{matrix}$$

$$SnS_2 \xrightarrow{+NaOH} Na_2SnS_3+Na_2SnO_3+H_2O$$
$$Sb_2S_3 \xrightarrow{+NaOH} Na_2SbS_3+Na_3SbO_3+H_2O$$

据此性质，可使 SnS_2 和 Sb_2S_3 与 PbS 和 Bi_2S_3 等进行分离。硫代酸盐在酸性溶液中不稳定，一旦遇酸，则又将析出硫代物沉淀。

$$SnS_3^{2-} \xrightarrow{+H^+} SnS_2\downarrow+H_2S$$
$$SbS_3^{3-} \xrightarrow{+H^+} Sb_2S_3\downarrow+H_2S$$

有时，在 Na_2S 的溶液中 SnS 也能溶解，这是因为经放置 Na_2S 溶液中常常存在部分的 Na_2S_x，而 S_x^{2-} 具有氧化性，可将 SnS 氧化成 SnS_3^{2-} 而溶解，因此，欲分离 SnS 和 SnS_2，需要用新鲜配制的 Na_2S 溶液。另外，SnS 也能完全溶于 $(NH_4)_2S_x$ 溶液中以形成 SnS_3^{2-}。

实验十二　ds 区元素化合物的性质

一、操作详解及注意事项

序号	操　　作	原理或注意事项
0	**实验前准备**：试管、离心试管等。	1. 预习铜、银、锌、镉、汞的氧化物或氢氧化物的酸碱性；铜、银、锌、镉、汞的金属离子形成配合物的特征以及铜和汞的氧化态变化。 2. 了解重金属化学物的使用安全、污染。
1	**氢氧化物**： 分别向 $CuSO_4$、$AgNO_3$、$ZnSO_4$、$CdSO_4$、$Hg(NO_3)_2$ 溶液中滴加 $2mol\cdot L^{-1}$ NaOH，观察产生沉淀的颜色形态，并试验其在酸碱溶液中的溶解性。	1. 酸碱性是指与酸或碱的反应情况，从而判断其酸碱性，而非 pH 值。 2. 滴加的 NaOH 应适量，否则影响实验效果。
2	**配合物**： **(1)氨合物**： 分别向 $CuSO_4$、$AgNO_3$、$ZnSO_4$、$CdSO_4$、$HgCl_2$ 溶液中滴加 $2mol\cdot L^{-1}$ $NH_3\cdot H_2O$，观察沉淀的生成与溶解。写出有关的反应式。	加 $NH_3\cdot H_2O$ 时，应慢慢滴加，边加边振荡，不可过快，注意实验过程中间产物的变化。
	(2)银的配合物： **①银的配合物与沉淀物间的配位与沉淀平衡**： 利用 $AgNO_3$、NaCl、$NH_3\cdot H_2O$、KBr、$Na_2S_2O_3$、KI 和 Na_2S 等试剂，实验"Ag^+反应序"，比较 AgCl、AgBr 和 AgI 和 Ag_2S 溶解度的大小以及 Ag^+ 与 $NH_3\cdot H_2O$、$Na_2S_2O_3$ 生成的配合物稳定性的大小。记录有关现象，写出反应式。	1. 按此顺序加入各种试剂，实现配合物与沉淀物之间的转化，注意试剂的相对用量。 2. 查出各种沉淀的 K_{sp} 以及配合物的 $K_{稳}$。
	②银镜的制作： 向试管中加入少量 $AgNO_3$ 溶液，然后滴加 $2mol\cdot L^{-1}$ $NH_3\cdot H_2O$ 至生成沉淀刚好溶解为止。再向溶液中加入少量 10%(质量)的葡萄糖溶液，并在水浴上加热，观察现象，写出反应式，并加以解释。	1. 验证 $AgNO_3$ 的氧化性，了解银镜反应应用于制作暖水瓶和镜子等方面的应用。 2. 为什么制备成银氨溶液？ 3. 滴加 $NH_3\cdot H_2O$ 至沉淀刚好溶解，否则将导致实验失败。

续表

序号	操　作	原理或注意事项
2	**(3)汞的配合物：** ①向 $Hg(NO_3)_2$ 溶液中，观察沉淀的生成与溶解。然后向溶解后的溶液中加入 2mol·L^{-1} NaOH 溶液使呈碱性，再加入几滴铵盐溶液，观察现象。写出反应式。	1. 奈斯勒试剂的配制方法，此反应可用于检验 NH_4^+ 的存在。 2. KI 溶液应逐滴加入，观察中间产物的生成。
	②向 $Hg(NO_3)_2$ 溶液中逐滴加入 25%(质量) KSCN 溶液，观察沉淀的生成与溶解，写出反应式。把溶液分成两份，分别加入锌盐和钴盐，并用玻璃棒摩擦试管内壁，观察现象。	1. 此反应可用于定性检验 Zn^{2+} 和 Co^{2+}。 2. 反应方程式为 $Hg^{2+}+2SCN^- = Hg(SCN)_2\downarrow$(白色) $Hg(SCN)_2+2SCN^-$(过量)$=[Hg(SCN)_4]^{2-}$ $[Hg(SCN)_4]^{2-}+Zn^{2+} = Zn[Hg(SCN)_4]$(白色) $[Hg(SCN)_4]^{2-}+Co^{2+} = Co[Hg(SCN)_4]$(蓝色)
	(4)铜(Ⅱ)的配合物： ①取少量固体 $CuCl_2$，加入浓盐酸，加热溶解，再加水。 ②取少量固体 KBr，慢慢加入上述溶液中，振荡。	1. 铜(Ⅱ)配合物的生成和解离平衡。 2. 反应方程式： $CuCl_2+2Cl^- = [CuCl_4]^{2-}$ 3. 不同配体的铜配合物之间的转化。
3	**铜(Ⅰ)化合物：** **(1)碘化亚铜(Ⅰ)的形成：** 在 $CuSO_4$ 溶液中加入 KI 溶液，观察现象，用实验验证反应产物，写出反应式。	1. 加四氯化碳振荡，观察四氯化碳层的颜色。 2. 推断生成的产物，若有沉淀，离心分离。
	(2)氯化亚铜(Ⅰ)的形成和性质： 取少量固体 $CuCl_2$，加入 3~4mL 2mol·L^{-1} Na_2SO_3 溶液，振荡，观察现象，若有沉淀产生，取其少许分别试验沉淀与浓氨水和浓盐酸作用，观察现象，写出反应式。	1. 验证铜(Ⅰ)沉淀物和铜(Ⅰ)配合物的生成和转化。 2. 了解铜(Ⅰ)的稳定性。
	(3)氧化亚铜(Ⅰ)的形成和性质： 向 $CuSO_4$ 溶液中加入过量的 6mol·L^{-1} NaOH 溶液，使最初生成的沉淀完全溶解。然后再加入数滴 10%(质量)葡萄糖溶液，摇匀，微热，观察现象。若生成沉淀，离心分离，并用蒸馏水洗涤沉淀。向沉淀中加入 1mol·L^{-1} H_2SO_4 溶液，再观察现象，写出反应式。	1. 向 $CuSO_4$ 溶液中加入的 NaOH 溶液应适量。 2. 观察氧化亚铜的生成。 3. 铜(Ⅰ)离子不稳定，易发生歧化反应。
4	**汞(Ⅰ)和汞(Ⅱ)相互转化：** **(1) Hg^{2+} 转化为 Hg_2^{2+}：** ①向 $Hg(NO_3)_2$ 溶液中加入数滴 NaCl 溶液，观察现象。 ②向少量 $Hg(NO_3)_2$ 溶液中加入一滴汞，振荡试管，把清液转移至另一试管中(余下的汞要回收)。将溶液分成两份，向其中一份清液中加入 NaCl 溶液数滴，观察现象，并与上一试验对比，写出反应式。另一份供下一实验用。	1. 注意观察汞(Ⅱ)氯化物的生成。 2. 观察汞(Ⅰ)氯化物的生成，反应方程式： $Hg^{2+}+Hg = Hg_2^{2+}$ $Hg_2^{2+}+2Cl^- = Hg_2Cl_2\downarrow$(白色)

续表

序号	操　作	原理或注意事项
4	**(2)汞(Ⅰ)的歧化分解：** 在上一个实验制得的 $Hg_2(NO_3)_2$溶液中滴加 $2mol\cdot L^{-1}$KI 溶液，观察现象。	观察汞(Ⅰ)碘化物的生成。
5	**铜、银、锌、镉、汞离子的鉴定：** **(1)Cu^{2+}的鉴定：** 取 2 滴 $CuSO_4$溶液，加入 2 滴 $2mol\cdot L^{-1}$HAc 溶液和 2 滴 $0.1mol\cdot L^{-1}$ $K_4[Fe(CN)_6]$溶液，出现红棕色沉淀，在沉淀中加入 $6mol\cdot L^{-1}$氨水，沉淀溶解生成蓝色溶液，表示有 Cu^{2+}存在。	1. 反应方程式： $2Cu^{2+}+[Fe(CN)_6]^{4-}=Cu_2[Fe(CN)_6]$ 2. 沉淀溶解生成的蓝色溶液是什么化合物的颜色？
6	**(2)Ag^+的鉴定：** 在试管中加入 5 滴 $0.1mol\cdot L^{-1}$ $AgNO_3$溶液，滴加 $2mol\cdot L^{-1}$HCl 至沉淀完全，离心分离，将沉淀用蒸馏水洗涤两次，然后在沉淀中加入过量的 $6mol\cdot L^{-1}$氨水，待沉淀溶解后，加入 2 滴 $0.1mol\cdot L^{-1}$KI 溶液。	若有淡黄色 AgI 沉淀生成，表示 Ag^+存在。
7	**(3)Zn^{2+}的鉴定：** 在 2 滴 $0.1mol\cdot L^{-1}$ $ZnSO_4$溶液中，加入 5 滴 $6mol\cdot L^{-1}$ NaOH 溶液，再加入 6 滴二苯硫腙，振荡。	若水溶液呈粉红色，表示 Zn^{2+}存在。
8	**(4)Cd^{2+}的鉴定：** 在 5 滴 $0.1mol\cdot L^{-1}$ $CdSO_4$溶液中加入 5 滴 $0.1mol\cdot L^{-1}$ Na_2S 溶液。	若有黄色 CdS 沉淀生成，表示 Cd^{2+}存在。
9	**(5)Hg^{2+}的鉴定：** 在 2 滴 $0.1mol\cdot L^{-1}$ $HgCl_2$ 溶液中，滴加 $0.1mol\cdot L^{-1}$ $SnCl_2$溶液，片刻后若有白色沉淀 Hg_2Cl_2产生，继而转变为灰黑色的 Hg 沉淀，表示有 Hg^{2+}存在。写出反应方程式。	1. 若有白色沉淀 Hg_2Cl_2生成，继而转变成灰黑色的 Hg 沉淀，表示 Hg^{2+}存在。 2. 反应方程式： $2Hg^{2+}+Sn^{2+}+2Cl^-=Sn^{4+}+Hg_2Cl_2\downarrow$(白色) $Hg_2Cl_2+Sn^{2+}=2Hg+Sn^{4+}+2Cl^-$
10	**小设计：** (1)某试液中含有 Ag^+、Pb^{2+}、Zn^{2+}、Cu^{2+}，设计分离方案并检出。 (2)废定影液主要成分为$[Ag(S_2O_3)_2]^{3-}$，试设计一实验方案从这些废液中回收银(或以 $AgNO_3$形式回收)。	根据以上实验所学的知识，设计出合理的方案，并通过实验加以验证。

二、课堂提问

(1) 用两种不同的方法区别锌盐与铜盐、锌盐与镉盐、银盐与汞盐。

(2) 比较铜(Ⅰ)化合物和铜(Ⅱ)化合物的稳定性，说明铜(Ⅰ)和铜(Ⅱ)互相转化的条件。

(3) 银镜制作是利用银离子的什么性质？反应前为什么要把 Ag^+变成银氨配离子？

(4) 为什么在 $CuSO_4$溶液中加入 KI 即产生 CuI 沉淀，而加 KCl 则不出现 CuCl 沉淀，怎样才能得到 CuCl 沉淀？

(5) Cu^{2+}具有氧化性，S^{2-}具有强的还原性，若硫酸铜和硫化钠反应，能否生成硫化亚铜？

(6) 实验中，使用汞及其化合物时应注意哪些安全问题？

三、参考资料

1. 酸碱性

酸碱性(acidity and basicity)是物质在酸碱反应中呈现的特性，一般来说酸性物质可以使紫色石蕊试液变红，碱性物质可以使其变蓝。后来随着酸碱理论的发展，人们给出了更准确、完善的定义，逐渐触及酸碱性成因的本质。酸碱性的衡量标度有三种：水溶液的 pH 与 pOH，酸的 pK_a与碱的 pK_b，以及酸碱的化学硬度。酸碱性一般用 pH 试纸、石蕊试液、酚酞试液来检测。表 12-1 给出了 Cu、Ag、Zn、Cd、Hg 氢氧化物的酸碱性。

表 12-1 Cu、Ag、Zn、Cd、Hg 氢氧化物的酸碱性

物质	CuOH	$Cu(OH)_2$	AgOH	$Zn(OH)_2$	$Cd(OH)_2$	HgO
颜色	黄色	浅蓝	白	白	白	黄
酸碱性	中强酸	两性(以碱性为主)，易溶于酸和浓的强碱溶液	两性	两性	碱性	碱性
溶解性	难溶于水					

(1) Ag^+、Hg^{2+}、Hg_2^{2+}与适量 NaOH 反应时，产物是氧化物，这是由于它们的氢氧化物极不稳定，在常温下易脱水所致。这些氧化物及 $Cd(OH)_2$均显碱性。

(2) $Cu(OH)_2$(浅蓝色)也不稳定，加热至 90℃时脱水产生黑色 CuO。$Cu(OH)_2$呈较弱的两性(偏碱)，$Zn(OH)_2$属于典型的酸碱两性。

2. 配合性

Cu^{2+}、Cu^+、Ag^+、Zn^{2+}、Cd^{2+}、Hg^{2+}等离子都具有较强的接受配体的能力，能与多种配体(如 X^-，CN^-，$S_2O_3^{2-}$，SCN^-，NH_3等)形成配离子。

例：铜盐与过量 Cl^-能形成黄绿色$[CuCl_4]^{2-}$配离子。

$$Cu^{2+}+4Cl^- \rightleftharpoons [CuCl_4]^{2-}\text{(黄绿色)}$$

银盐与过量 $Na_2S_2O_3$溶液反应形成无色$[Ag(S_2O_3)_2]^{3-}$。

$$Ag^++2S_2O_3^{2-} \rightleftharpoons [Ag(S_2O_3)_2]^{3-}\text{(无色)}$$

有机物二苯硫腙(HDZ)(绿色)，在碱性条件下与 Zn^{2+}反应生成粉红色的$[Zn(DZ)_2]$，常用来鉴定 Zn^{2+}的存在。

$$Zn^{2+}+2HDZ \rightleftharpoons [Zn(DZ)_2]+2H^+\text{(碱性介质)}$$

再如 Hg^{2+}与过量 KSCN 溶液反应生成$[Hg(SCN)_4]^{2-}$配离子。

$$Hg^{2+}+2SCN^- \rightleftharpoons Hg(SCN)_2\downarrow\text{(白色)}$$

$$Hg(SCN)_2+2SCN^- \rightleftharpoons [Hg(SCN)_4]^{2-}$$

$[Hg(SCN)_4]^{2-}$与 Co^{2+}反应生成蓝紫色的 $Co[Hg(SCN)_4]$，可用作鉴定 Co^{2+}。

$[Hg(SCN)_4]^{2-}$与 Zn^{2+}反应生成白色的 $Zn[Hg(SCN)_4]$，可用来鉴定 Zn^{2+}的存在。

Cu^{2+}、Ag^{+}、Zn^{2+}、Cd^{2+}与过量的 $NH_3 \cdot H_2O$ 反应时，均生成氨的配离子。$Cu_2(OH)_2SO_4$、AgOH、Ag_2O 等难溶物均溶于 $NH_3 \cdot H_2O$ 形成配合物。Hg^{2+} 只有在大量 NH_4^+存在时，才与 $NH_3 \cdot H_2O$ 生成配离子。当 NH_4^+不存在时，则生成难溶盐沉淀。例：

$$HgCl_2+NH_3 \cdot H_2O = HgNH_2Cl\downarrow(白色)+NH_4Cl+H_2O$$

$$2Hg_2(NO_3)_2+4NH_3 \cdot H_2O = HgO \cdot HgNH_2NO_3\downarrow(白色)+Hg\downarrow+3NH_4NO_3+3H_2O$$

Cu^{2+}、Cu^{+}、Ag^{+}、Zn^{2+}、Cd^{2+}、Hg^{2+}与过量 KI 反应时，除 Zn^{2+} 以外，均与 I^- 形成配离子，但由于 Cu^{2+}的氧化性，产物 Cu(Ⅰ)的配离子为$[CuI_2]^-$。Hg_2^{2+}较稳定，而 Hg(Ⅰ)配离子易歧化，产物是$[HgI_4]^{2-}$配离子，它与 NaOH 的混合液称为奈斯勒试剂，与铵盐反应生成红棕色沉淀，可用于鉴定 NH_4^+。见表 12-2。

$$NH_4Cl+2K_2[HgI_4]+4KOH = \left[\begin{matrix} & Hg & \\ O & & NH_2 \\ & Hg & \end{matrix}\right]I\downarrow+KCl+7KI+3H_2O$$

表 12-2　Cu^{2+}、Cu^{+}、Ag^{+}、Zn^{2+}、Cd^{2+}、Hg^{2+}、Hg_2^{2+}与 $NH_3 \cdot H_2O$、KI 反应产物的颜色

反应物	Cu^{2+}	Cu^{+}	Ag^{+}	Zn^{2+}	Cd^{2+}	Hg^{2+}	Hg_2^{2+}
$NH_3 \cdot H_2O$	$Cu_2(OH)_2SO_4\downarrow$ 蓝色	—	$Ag_2O\downarrow$ 褐色	$Zn(OH)_2\downarrow$ 白色	$Cd(OH)_2\downarrow$ 白色	$HgO\downarrow$ 黄色	—
过量 $NH_3 \cdot H_2O$	$[Cu(NH_3)_4]^{2+}$ 深蓝	$[Cu(NH_3)_2]^{+}$① 无色	$[Ag(NH_3)_2]^{+}$ 无色	$[Zn(NH_3)_4]^{2+}$ 无色	$[Cd(NH_3)_4]^{2+}$ 无色	$HgNH_2Cl\downarrow$ 白色	$Hg(NH_2)Cl\downarrow+Hg\downarrow$ 白色+黑色
KI	$CuI\downarrow+I_2$ 白色	$CuI\downarrow$ 白色	$AgI\downarrow$ 黄色	—	$CdI_2\downarrow$ 黄绿色	$HgI_2\downarrow$ 橙红色	$Hg_2I_2\downarrow$ 黄绿色
过量 KI	$[CuI_2]^-$ 无色	$[CuI_2]^-$ 无色	$[AgI_2]^-$ 无色	—	$[CdI_4]^{2-}$ 无色	$[HgI_4]^{2-}$ 无色	$[HgI_4]^{2-}+Hg\downarrow$ 无色+黑色

注：①$[Cu(NH_3)_2]^+$不稳定，极易被氧化为$[Cu(NH_3)_4]^{2+}$。

3. 氧化性

Cu、Zn、Cd、Hg 常见氧化值为+2，Ag 为+1，Cu 与 Hg 的氧化值还有+1。但+1 氧化态亚汞化合物易发生歧化反应。电极电势图如下：

$$Cu^{2+}\xrightarrow{0.17}Cu^{+}\xrightarrow{0.52}Cu$$

$$Ag^{+}\xrightarrow{0.799}Ag$$

$$Zn^{2+}\xrightarrow{-0.76}Zn$$

$$Cd^{2+}\xrightarrow{-0.403}Cd$$

$$Hg^{2+}\xrightarrow{0.907}Hg^{+}\xrightarrow{0.792}Hg$$

（1）从标准电极电势值可知：Cu^{2+}、Ag^{+}、Hg^{2+}、Hg_2^{2+}和对应的化合物均具有氧化性，是中强氧化剂，而 Zn^{2+}、Cd^{2+}及其对应的化合物一般不显氧化性。

Cu^{2+}溶液中加入 KI 时，I^-被氧化为 I_2，Cu^{2+}被还原得到白色 CuI 沉淀，CuI 能溶于过量 KI 中形成配离子。

$$2Cu^{2+}+4I^- \longrightarrow 2CuI\downarrow(\text{白色})+I_2$$

（2）$\varphi^{\ominus}(Cu^{2+}/Cu^{+})<\varphi^{\ominus}(Cu^{+}/Cu)$，所以在水溶液中$Cu^+$极不稳定，易发生歧化反应：

$$2Cu^+ \longrightarrow Cu^{2+}+Cu \qquad K=1.48\times10^6$$

平衡常数很大，反应速度又快，所以可溶性的Cu^+化合物溶于水迅速发生歧化反应，即Cu^+的氧化还原稳定性差。根据平衡移动原理，只有形成难溶化合物或稳定的Cu^+配合物时，Cu^+才是稳定的。

（3）$\varphi^{\ominus}(Hg^{2+}/Hg_2^{2+})>\varphi^{\ominus}(Hg_2^{2+}/Hg)$，在溶液中$Hg_2^{2+}$不发生歧化反应，但$Hg^{2+}$可将Hg氧化为$Hg_2^{2+}$：

$$Hg^{2+}+Hg \longrightarrow Hg_2^{2+} \qquad K\approx70$$

从反应平衡常数看，平衡时Hg^{2+}基本上转变为Hg_2^{2+}。但根据平衡移动原理，如果促使上述体系中Hg^{2+}形成难溶性的物质或难电离的配合物，以降低溶液中的Hg^{2+}浓度，则平衡就能移向左方，导致Hg_2^{2+}发生歧化反应。

$CuCl_2$溶液中加入Cu屑，与浓HCl共煮得到棕黄色$[CuCl_2]^-$配离子。

$$CuCl_2+Cu(s)+2HCl(\text{浓}) \longrightarrow 2H[CuCl_2](\text{棕黄色})$$

生成的配离子$[CuCl_2]^-$不稳定，加水稀释时，可得到白色的CuCl沉淀。

碱性介质中，Cu^{2+}与葡萄糖共煮，Cu^{2+}被还原成Cu_2O红色沉淀。

$$2Cu^{2+}+4OH^-(\text{过量})+C_6H_{12}O_6 \longrightarrow Cu_2O\downarrow(\text{红})+2H_2O+C_6H_{12}O_7$$

$$\text{或} \ 2[Cu(OH)_4]^{2-}+C_6H_{12}O_6 \longrightarrow Cu_2O\downarrow(\text{红})+4OH^-+2H_2O+C_6H_{12}O_7$$

此反应称为“铜镜反应”，可用于定性鉴定糖尿病。

银盐溶液中加入过量$NH_3\cdot H_2O$，再与葡萄糖或甲醛反应，Ag^+被还原为金属银。

$$Ag^++2NH_3\cdot H_2O \longrightarrow [Ag(NH_3)_2]^++2H_2O$$

$$2[Ag(NH_3)_2]^++C_6H_{12}O_6+2OH^- \longrightarrow 2Ag\downarrow+C_6H_{12}O_7+4NH_3+H_2O$$

$$\text{或}[Ag(NH_3)_2]^++HCHO+2OH^- \longrightarrow 2Ag\downarrow+HCOONH_4+3NH_3+H_2O$$

此反应称为“银镜反应”，用于制造镜子和保温瓶夹层上的镀银。

Hg^{2+}与少量Sn^{2+}反应，得到白色的Hg_2Cl_2沉淀，继续与Sn^{2+}反应，Hg_2Cl_2可以进一步被还原为黑色的Hg。

$$2HgCl_2+SnCl_2(\text{适量}) \longrightarrow Hg_2Cl_2\downarrow(\text{白})+SnCl_4$$

$$Hg_2Cl_2+SnCl_2(\text{过量}) \longrightarrow 2Hg\downarrow(\text{黑})+SnCl_4$$

此反应常用来鉴定Hg^{2+}或Sn^{2+}。

4. 离子鉴定

（1）Cu^{2+}：在中性或弱酸性(HAc)介质中，与亚铁氰化钾$K_4[Fe(CN)_6]$反应生成红褐色沉淀：

$$2Cu^{2+}+[Fe(CN)_6]^{4-} \longrightarrow Cu_2[Fe(CN)_6]\downarrow(\text{红褐色})$$

（2）Ag^+：在$AgNO_3$溶液中，加入Cl^-，形成AgCl白色沉淀，AgCl溶于$NH_3\cdot H_2O$生成无色$[Ag(NH_3)_2]^+$配离子，继续加HNO_3酸化，白色沉淀又析出，此法用于鉴定Ag^+的存在。

另外银盐与K_2CrO_7反应生成Ag_2CrO_4砖红色沉淀

$$2Ag^++CrO_4^{2-} \longrightarrow Ag_2CrO_4\downarrow(\text{砖红色})$$

（3）Zn^{2+}与二苯硫腙(打萨棕)生成红色配合物。

$$Zn^{2+}+2HDZ \rightleftharpoons [Zn(DZ)_2]+2H^+$$（碱性介质）

(4) Cd^{2+}：铬盐与 Na_2S 溶液反应生成黄色沉淀。

$$Cd^{2+}+S^{2-} = CdS\downarrow$$（黄色）

5. 汞

汞(mercury)元素在元素周期表第 80 位，俗称水银。还有“白澒、姹女、澒、神胶、元水、铅精、流珠、元珠、赤汞、砂汞、灵液、活宝、子明”等别称。元素符号 Hg，原子量：200.59，在化学元素周期表中位于第 6 周期、第ⅡB 族，是常温常压下唯一以液态存在的金属[从严格的意义上说，镓(符号 Ga，31 号元素)和铯(符号 Cs，55 号元素)在室温下(29.76℃和 28.44℃)也呈液态]。汞是银白色闪亮的重质液体，化学性质稳定，不溶于酸也不溶于碱。汞常温下即可蒸发，汞蒸气和汞的化合物多有剧毒(慢性)。汞使用的历史很悠久，用途很广泛。在中世纪炼金术中与硫黄、盐共称炼金术神圣三元素。

汞是自然生成的元素，见于空气、水和土壤中。汞是一种剧毒非必需元素，广泛存在于各类环境介质和食物链(尤其是鱼类)中，其踪迹遍布全球各个角落。

1）物理性质

常温、常压下唯一以液态存在的金属。熔点-38.87℃，沸点 356.6℃，密度 13.59g/cm^3。内聚力很强，在空气中稳定，常温下蒸发出汞蒸气，蒸气有剧毒。天然的汞是汞的七种同位素的混合物。汞微溶于水，在有空气存在时溶解度增大。汞在自然界中普遍存在，一般动物植物中都含有微量的汞，因此，我们的食物中，都有微量的汞存在，可以通过排泄、毛发等代谢。

2）化学性质

溶于硝酸和热浓硫酸，分别生成硝酸汞和硫酸汞，汞过量则出现亚汞盐。能溶解许多金属，形成合金，合金叫作汞齐。化合价为+1 和+2。与银类似，汞也可以与空气中的硫化氢反应。汞具有恒定的体积膨胀系数，其金属活跃性低于锌和镉，且不能从酸溶液中置换出氢。一般汞化合物的化合价是+1 或+2，+4 价的汞化合物只有四氟化汞，而+3 价的汞化合物不存在。

3）发现简史

汞在自然界中分布量极小，被认为是稀有金属，但是人们很早就发现了水银。天然的硫化汞又称为朱砂，由于具有鲜红的色泽，因而很早就被人们用作红色颜料。根据殷墟出土的甲骨文上涂有丹砂，可以证明中国在有史以前就使用了天然的硫化汞。

根据中国古文献记载：在秦始皇死以前，一些王侯在墓葬中也早已使用了灌输水银，例如齐桓公葬在今山东临淄县，其墓中倾水银为池。这就是说，中国在公元前 7 世纪或更早已经取得大量汞。

中国古代还把汞作为外科用药。1973 年长沙马王堆汉墓出土的帛书中的《五十二药方》，抄写年代在秦汉之际，是现已发掘的中国最古医方，可能处于战国时代。其中有四个药方就应用了水银。例如用水银、雄黄混合，治疗疥疮等。

东西方的炼金术士们都对水银发生了兴趣。西方的炼金术士们认为水银是一切金属的共同性——金属性的化身。他们所认为的金属性是一种组成一切金属的“元素”。

中国古代劳动人民把丹砂(也就是硫化汞)，在空气中煅烧得到汞。但是生成的汞容易挥发，不易收集，而且操作人员会发生汞中毒。中国劳动人民在实践中积累经验，改用密闭方式制汞，有的是密闭在竹筒中，有的是密闭的石榴罐中。

根据西方化学史的资料，曾在埃及古墓中发现一小管水银，据历史考证是公元前 16~前

15世纪的产物。但中国古代劳动人民首先制得了大量水银。

4）应用领域

（1）电子、电器产品；电解设备中电极、电池和催化剂；水银开关。

（2）温度计，尤其是在测量高温的温度计。

（3）气态汞可用于制造日光灯。

（4）用于金矿，可将金从其矿物中分解出来。

（5）气压计和扩散泵等仪器。

（6）用于制造液体镜面望远镜。利用旋转使液体形成抛物面形状，以此作为主镜进行天文观测的望远镜，价格为普通望远镜的三分之一。

（7）杀虫剂、防腐剂。

（8）牙医学，汞齐牙齿填补物

（9）汞化合物——汞溴红，是一种局部外用的消毒剂，用于微小切口和表面创伤；在某些国家仍被使用。

（10）化妆品，硫柳汞(thiomersal)广泛用于制造染眉毛膏。

5）制备方法

（1）在自然界中，汞多以化合物的形式存在，汞亲铜和硫，故汞大部分以硫化汞(朱砂)的形式分布。在古代人们就已经掌握了朱砂提汞的方法，即在空气中煅烧，收集蒸发的汞蒸气并冷凝即得金属汞。

（2）在空气流中加热辰砂，所得蒸气经冷凝可得汞。

（3）将辰砂在空气中焙烧或与生石灰共热得到汞。

6）泄漏的处理

广泛使用的体温计、血压计等造成了汞易污染室内等环境问题。在室内打碎汞温度计时，不要惊慌，可以立即把肉眼可见的碎汞珠用纸片托起来放进密封的水瓶里面，如果有细小的汞珠可以用纸片推到一起，汞会自动聚成小球，再收集。为了安全，在有一些简单化学品的情况下，可以使用硝酸擦拭汞污染的地面来完全消除汞污染。实验室不慎溅落的少量汞，可撒上多硫化钙、硫黄或漂白粉，充分作用后及时收集处理。为了完全去除汞污染，可以用碘蒸气熏蒸的方法熏蒸室内数次，直至碘化亚铜试纸不变色为止。实验证明，日常泄漏的汞可以用家庭常用的透明胶带粘起并收集，效果好于纸片，发生体温计、血压计汞泄漏可用此方法处理。

实验十三　d区元素化合物的性质

一、操作详解及注意事项

序号	操　　作	原理或注意事项
0	**实验前准备**：试管、离心试管等。	预习氢氧化物的酸碱性；可变价态化合物的氧化还原性；d区元素某些金属离子水解性；金属离子形成配合物前后对其性质的影响；某些配合物在鉴定金属离子中的应用。

续表

序号	操　　作	原理或注意事项
1	**氢氧化物的酸碱性：** 向 $Cr_2(SO_4)_3$、$MnSO_4$、$(NH_4)_2Fe(SO_4)_2$、$FeCl_3$、$CoCl_2$和$NiSO_4$溶液中滴加 2mol · L^{-1} NaOH 溶液，观察现象，并试验沉淀的酸碱性。写出反应式。	1. 酸碱性是指与酸或碱的反应情况，从而判断其酸碱性，而非 pH 值。 2. 滴加的 NaOH 应适量，否则影响实验效果。
2	**各种氧化态钒的化合物颜色及氧化还原性：** 取 3mL 饱和 NH_4VO_3 溶液，用 6mol · L^{-1} 盐酸酸化，制得 VO_2Cl 溶液，然后加入少量锌粉，放置片刻，仔细观察溶液颜色的变化。分别试验溶液和不同量的 $KMnO_4$ 溶液的反应，使 V^{2+} 氧化成 V^{3+}、VO^{2+}、VO_2^+，观察它们在溶液中的颜色，写出反应式。	1. NH_4VO_3溶液的还原产物被不同量的 $KMnO_4$ 氧化成不同价态的化合物，出现一系列的颜色变化。 2. $KMnO_4$溶液应逐滴加入，边滴加边振荡。
3	**铬的化合物：** **(1)铬(Ⅲ)的还原性和铬(Ⅵ)的氧化性：** ①在 0.1mol · L^{-1} $KCr(SO_4)_2$溶液中，加入过量 NaOH 使生成 CrO_2^-。然后加入少量 3% H_2O_2 溶液，水浴加热，观察黄色的 CrO_4^{2-} 生成。写出反应式。 ②取少量 0.1mol · L^{-1} $K_2Cr_2O_7$溶液，用稀酸酸化，然后加入几滴 3% H_2O_2溶液，观察现象。 ③在 0.1mol · L^{-1} $K_2Cr_2O_7$溶液中，滴加 0.5mol · L^{-1} $NaNO_2$溶液，观察有何变化。如无变化，再加入稀 H_2SO_4酸化，再观察有何变化。写出反应式。	1. 验证铬(Ⅲ)的还原性和铬(Ⅵ)的氧化性，查出有关电对的电极电势，加以佐证说明。 2. 查出有关电对的电极电势，说明以上两个实验的结果。 3. $K_2Cr_2O_7$溶液与 H_2O_2溶液反应方程式： $Cr_2O_7^{2-}+3H_2O_2+8H^+ = 2Cr^{3+}+3O_2\uparrow+7H_2O$ 4. $K_2Cr_2O_7$在中性介质中可能不反应，酸化后氧化性增强。
	(2)铬酸根和重铬酸根在水溶液中的平衡： 在 $K_2Cr_2O_7$溶液中加入稀碱溶液使呈碱性，观察颜色有何变化。再加稀酸至呈酸性，观察又有何变化。写出反应式。	了解铬酸根和重铬酸根在不同酸碱性水溶液中的相互转化。
	(3)重铬酸铵的热分解： ①在一支大试管中加入少量$(NH_4)_2Cr_2O_7$固体，加热分解，观察反应情况与产物颜色。 ②或将药品放在石棉网上，用酒精灯加热。	1. 验证重铬酸铵的热稳定性。 2. 反应方程式： $(NH_4)_2Cr_2O_7 = N_2\uparrow+4H_2O\uparrow+Cr_2O_3$ 3. 药品的取用量不要过多。
	(4)难溶性铬酸盐： ①分别试验 K_2CrO_4 溶液与 $AgNO_3$、$BaCl_2$、$Pb(NO_3)_2$溶液的反应。观察结果，写出反应式。 ②以 $K_2Cr_2O_7$溶液代替 K_2CrO_4溶液作同样的试验。并比较两个的实验结果。	1. 比较 K_2CrO_4和 $K_2Cr_2O_7$分别与 $AgNO_3$、$BaCl_2$、$Pb(NO_3)_2$反应的现象有何异同。 2. 查出各种不同颜色的难溶盐的 K_{sp}。
	(5)过氧化铬的生成和分解： 在少量 0.1mol · L^{-1} $K_2Cr_2O_7$ 溶液中，加稀 H_2SO_4酸化，再加少量乙醚，然后滴入 3% H_2O_2溶液，摇匀，观察由于生成的过氧化铬 CrO_5 溶于乙醚而呈蓝色。	1. 了解中间产物过氧化铬的不稳定性。 2. 反应方程式： $Cr_2O_7^{2-}+4H_2O_2+2H^+ = 2CrO_5+5H_2O$ $4CrO_5+12H^+ = 4Cr^{3+}+7O_2\uparrow+6H_2O$ 3. CrO_5不稳定，慢慢分解，乙醚层蓝色会逐渐褪去。

续表

序号	操　作	原理或注意事项
4	**锰的化合物：** **(1)锰(Ⅱ)化合物的性质：** **①氢氧化锰(Ⅱ)的生成和性质：**向四支试管中各加入0.1mol·L^{-1} $MnSO_4$溶液和2mol·L^{-1} NaOH溶液，制得$Mn(OH)_2$(注意产物的颜色)。然后将一支试管振荡，使沉淀与空气接触，观察沉淀颜色的变化。其余三支分别试验$Mn(OH)_2$与稀酸、稀碱溶液和饱和NH_4Cl溶液的反应，观察沉淀是否溶解。写出有关反应式。	1. 向$MnSO_4$溶液中加NaOH时，溶液需防氧，同时在制备过程中避免扰动，应将长滴管管尖浸入液面下缓慢释放，避免溶液被空气中的氧氧化。 2. 验证$Mn(OH)_2$的不稳定性。 3. 考察$Mn(OH)_2$在不同介质中的溶解情况。 4. 了解$Mn(OH)_2$的酸碱性。
	②硫化锰的生成：往$MnSO_4$溶液中加数滴H_2S水，观察有无沉淀产生。再逐滴加入2mol·L^{-1} $NH_3·H_2O$溶液，观察生成沉淀的颜色。若用Na_2S溶液代替H_2S水溶液，结果如何？	1. 考察MnS的稳定性。 2. 通过颜色变化判断生成物。 3. 比较$MnSO_4$分别与H_2S和Na_2S反应生成MnS的酸碱性，反应方程式： $Mn^{2+}+H_2S \underset{H^+}{\overset{OH^-}{\rightleftharpoons}} MnS\downarrow+H^+$
	③锰(Ⅱ)的还原性：在3mL 2mol·L^{-1} H_2SO_4中加入2滴0.01mol·L^{-1} $MnSO_4$溶液。再加入少量$NaBiO_3$固体，水浴中微热，观察紫红色的生成。写出反应式。 在6mol·L^{-1} NaOH和溴水的混合溶液中，加入0.1mol·L^{-1} $MnSO_4$溶液。观察棕黑色$MnO_2·nH_2O$的生成。写出反应式。	1. $NaBiO_3$固体加入量不可过多，否则影响颜色判断。 2. 比较$MnSO_4$在不同介质中的氧化产物有何异同。
	(2)锰(Ⅳ)的化合物的生成和性质： ①在少许MnO_2固体中加入2mL浓盐酸，观察深棕红色液体的生成。加热溶液，溶液颜色有何变化，有何气体产生？ ②向0.1mol·L^{-1} $KMnO_4$溶液中，加入0.1mol·L^{-1} $MnSO_4$溶液，观察棕黑色MnO_2水合物的生成。写出反应式。	1. MnO_2固体加入量不可过多，否则影响颜色判断。 2. 实验室制备氯气的反应，反应方程式： $MnO_2+4HCl = MnCl_4+2H_2O$ $MnCl_4 = MnCl_2+Cl_2\uparrow$ 3. 可利用淀粉-KI试纸检测生成的气体。 4. 根据生成物特征颜色判断产物。
	(3)锰(Ⅶ)的化合物： **①高锰酸钾的热分解：**取$KMnO_4$固体加热，观察反应现象，并用火柴余烬检验气体产物；继续加热至无气体放出；冷却后加入少量水，观察溶液的颜色。	1. 了解高锰酸钾的热稳定性，掌握分解产物的检验方法。 2. 反应方程式： $2KMnO_4 = MnO_2+K_2MnO_4+O_2\uparrow$ 3. K_2MnO_4只能在碱性条件下存在，酸性条件下即发生歧化反应： $3MnO_4^{2-}+4H^+ = 2MnO_4^-+MnO_2\downarrow+2H_2O$
	②高锰酸钾在不同介质中的氧化作用：分别取少量0.1mol·L^{-1} $KMnO_4$溶液，分别加入2mol·L^{-1} H_2SO_4、6mol·L^{-1} NaOH和蒸馏水，然后各加少量Na_2SO_3溶液，观察反应现象，比较它们的产物有何不同。写出离子反应式。	1. 高锰酸钾是氧化剂，但在不同酸性条件下氧化能力不同，其还原产物也不同。 2. 在酸性条件下氧化性最强，中性和弱碱性条件下也具有一定的氧化性。

续表

序号	操　作	原理或注意事项
5	**铁、钴、镍的化合物：** **(1)铁(Ⅱ)、钴(Ⅱ)和镍(Ⅱ)的还原性：** ①分别在$(NH_4)_2Fe(SO_4)_2$、$CoCl_2$、$NiSO_4$溶液中加入几滴溴水，观察现象，写出反应式。 ②分别在$(NH_4)_2Fe(SO_4)_2$、$CoCl_2$、$NiSO_4$溶液中加入6mol·L^{-1} NaOH，观察现象，将沉淀放置一段时间后观察有何变化？再将Co(Ⅱ)、Ni(Ⅱ)生成的沉淀各分成两份，分别加入3%(质量)H_2O_2和溴水，它们各有何变化？写出反应式。	1. 查出各电对的标准电极电势，定性判断反应能否发生。 2. 比较Fe(Ⅱ)、Co(Ⅱ)、Ni(Ⅱ)离子还原性的强弱。 3. $Fe(OH)_2$极易被氧化，其制备与$Mn(OH)_2$相似，溶液需防氧，同时在制备过程中避免扰动，应将长滴管管尖浸入液面下缓慢释放，避免溶液被空气中的氧氧化。 4. 比较$Fe(OH)_2$、$Co(OH)_2$、$Ni(OH)_2$还原性的强弱。
	(2)铁(Ⅲ)、钴(Ⅲ)和镍(Ⅲ)的氧化性： 制取$Fe(OH)_3$、CoO(OH)、NiO(OH)沉淀，分别加入浓盐酸，观察现象，检查反应物是否有氯气生成？写出反应式。	1. 查出各电对的标准电极电势。 2. 用淀粉-KI试纸检测氯气的生成。 3. 根据实验结果比较Fe(Ⅲ)、Co(Ⅲ)、Ni(Ⅲ)的氧化性差异。
6	**观察和熟悉下列水合离子颜色：** (1)水合阳离子：$Cr(H_2O)_6^{3+}$、$Mn(H_2O)_6^{2+}$、$Fe(H_2O)_6^{2+}$、$Co(H_2O)_6^{2+}$、$Ni(H_2O)_6^{2+}$。 (2)阴离子：CrO_4^{2-}、$Cr_2O_7^{2-}$、MnO_4^{2-}、MnO_4^-、VO_3^-。	观察各种离子的颜色，以表格形式写出实验结果。
	某些金属元素离子的颜色变化 **(1)Cr^{3+}的水合异构现象：** 取少量1mol·L^{-1} $Cr(NO_3)_3$溶液进行加热，观察加热前后溶液颜色的变化。 **(2)观察不同配体的Co(Ⅱ)配合物的颜色：** 向饱和KSCN溶液中滴加$CoCl_2$溶液至呈蓝紫色，将此溶液分装三支试管，在其中两支试管溶液中分别加入蒸馏水和丙酮，对比三支试管溶液颜色差异，并作解释。	1. Cr^{3+}内外界发生变化，溶液颜色随之变化，反应方程式： $[Cr(H_2O)_6](NO_3)_3 \underset{\text{冷}}{\overset{\text{热}}{\rightleftharpoons}} [Cr(H_2O)_5NO_3](NO_3)_2+H_2O$ 2. Co(Ⅱ)配合物配体发生变化，溶液颜色随之变化，反应方程式： $[CO(SCN)_4]^{2-}+6H_2O \underset{\text{丙酮}}{\overset{\text{水}}{\rightleftharpoons}} [Co(H_2O)_6]^{2+}+4SCN^-$
7	**某些金属离子配合物** **(1)氨合物** 分别向0.1mol·L^{-1} $Cr_2(SO_4)_3$、$MnSO_4$、$FeCl_3$、$(NH_4)_2Fe(SO_4)_2$、$CoCl_2$和$NiSO_4$盐溶液中滴加6mol·L^{-1} $NH_3·H_2O$，观察现象，写出反应式。并总结上述金属离子形成氨合物的能力。	1. 总结金属离子形成氨合物的能力。 2. 查出各氨合物的$K_{稳}$，并进行比较。
8	**(2)配合物的形成对氧化还原性的影响：** ①向KI和CCl_4混合溶液中加入$FeCl_3$溶液，观察现象。若上述试液在加入$FeCl_3$之前先加入少量固体NaF，观察现象有什么不同？作出解释并写出反应式。	①~④考察配合物的形成对氧化还原能力的影响。

续表

序号	操　作	原理或注意事项
8	②在 0.5mL 0.1mol·L^{-1} $FeCl_3$溶液中，滴加 0.1mol·L^{-1} KI 溶液，再加 2 滴淀粉，有何现象？ 用 0.1mol·L^{-1} $K_3[Fe(CN)_6]$溶液代替 $FeCl_3$ 溶液重复上述实验。	①~④考察配合物的形成对氧化还原能力的影响。
	③在室温下，分别对比 0.1mol·$L^{-1}$$(NH_4)_2Fe(SO_4)_2$溶液在有 EDTA 存在下与没有 EDTA 存在下和 $AgNO_3$溶液的反应，并给予解释。	①~④考察配合物的形成对氧化还原能力的影响。
	④向盛有 5 滴 0.1mol·L^{-1} $K_4[Fe(CN)_6]$溶液的试管中，加入 3 滴碘水，摇动试管后，再加入 2 滴 0.1mol·$L^{-1}$$(NH_4)_2Fe(SO_4)_2$溶液，有何现象发生？ 在碘水中加 2 滴淀粉，再逐滴加入 0.1mol·L^{-1} $(NH_4)_2Fe(SO_4)_2$溶液，有无变化？	1. ①~④考察配合物的形成对氧化还原能力的影响。 2. 查①~④各电对的电极电势。 3. 从配合物的生成对电极电势的影响来解释金属离子氧化还原能力的不同。
9	**(3)配合物稳定性与配位体的关系：** ①在 0.1mol·L^{-1} $Cr_2(SO_4)_3$溶液中加入少量固体 $Na_2C_2O_4$振荡，观察溶液颜色的变化，再逐滴加入 2mol·L^{-1} NaOH，观察有无沉淀生成？并作解释。写出反应式。	①~③验证不同配体配合物间稳定性大小的关系。
	②在盛有 1mL 0.5mol·L^{-1} $Fe(NO_3)_3$溶液试管中，加入少量 NaCl 固体，振荡，使之完全溶解，观察溶液颜色变化；随后加入 3 滴 0.1mol·L^{-1} KSCN 溶液，溶液变为什么颜色？接着加入几滴 10% NH_4F 溶液，观察溶液颜色是否褪去？最后向溶液中加入少量固体 $Na_2C_2O_4$，观察溶液颜色变化。	查出配离子的稳定常数并作解释。
	③在 0.1mol·L^{-1} $NiSO_4$溶液中加入过量 2mol·L^{-1} $NH_3·H_2O$，观察现象。然后逐滴加入 1%(m)乙二胺溶液，再观察现象。	①~④考察配合物的形成对氧化还原能力的影响。
10	**金属离子的水解作用：** **(1)铁(Ⅲ)盐的水解：** ①在试管中加入 1mL 0.1mol·L^{-1} $FeCl_3$溶液，再加入 1mL 蒸馏水，加热煮沸，观察现象，写出反应方程式。 ②在 0.1mol·L^{-1} $FeCl_3$溶液滴加 0.1mol·L^{-1} Na_2S 溶液，有何现象？	1. 水解是吸热反应，加热促进金属离子的水解。 2. 查出电对的电极电势，判断反应能否发生。

续表

序号	操　作	原理或注意事项
10	**(2)铬(Ⅲ)盐水解：** ①向 $0.1mol \cdot L^{-1}$ $Cr_2(SO_4)_3$ 溶液中滴加 $0.1mol \cdot L^{-1}$ Na_2CO_3 溶液，观察现象，写出反应式，并解释实验结果。 ②向 1mL $0.1mol \cdot L^{-1}$ $Cr_2(SO_4)_3$ 溶液中，滴加 $0.1mol \cdot L^{-1}$ Na_2S 溶液，有何现象？(可微热)怎样证明有 H_2S 逸出？	根据实验现象，判断有何物质生成？
11	**配合物应用——金属离子的鉴定：** **(1)铁(Ⅱ)的鉴定：** ①滕氏蓝的生成：向 0.5mL $0.1mol \cdot L^{-1}$ $FeSO_4$ 溶液中加入 2 滴 $0.1mol \cdot L^{-1}$ $K_3[Fe(CN)_6]$ 溶液，观察产物的颜色和状态。写出反应式。 ②向 0.5mL $0.1mol \cdot L^{-1}$ $FeSO_4$ 溶液中加入几滴邻菲罗啉溶液，即生成橘红色的配合物。	1. 掌握各种金属离子的鉴定方法及特征反应。 2. 反应方程式如下： $Fe^{2+} + 3$（邻菲罗啉，含 N、N）$=$ $[(\text{邻菲罗啉 N、N}\rightarrow Fe)_3]^{2+}$
12	**(2)Fe(Ⅲ)的鉴定：** ①普鲁士蓝的生成：往 0.5mL $0.1mol \cdot L^{-1}$ $FeCl_3$ 溶液中加入 2 滴 $0.1mol \cdot L^{-1}$ $K_4[Fe(CN)_6]$ 溶液，观察产物的颜色和状态。写出反应式。 ②向 0.5mL $0.1mol \cdot L^{-1}$ $FeCl_3$ 溶液中，滴加 $0.1mol \cdot L^{-1}$ KSCN 溶液，观察现象，写出反应方程式。	比较普鲁士蓝和滕氏蓝有何异同。
13	**(3)钴(Ⅱ)的鉴定：** 在 $CoCl_2$ 溶液中加入戊醇(或丙酮)后，再滴加 $1mol \cdot L^{-1}$ KSCN 溶液，观察水相和有机相的颜色变化，写出反应式。	应充分振荡试管，使生成的 $[Co(SCN)_4]^{2-}$ 溶于戊醇(或丙酮)而显色。
14	**(4)镍(Ⅱ)的鉴定：** 在 5 滴 $0.1mol \cdot L^{-1}$ $NiSO_4$ 溶液中加入 5 滴 $2mol \cdot L^{-1}$ $NH_3 \cdot H_2O$ 至呈弱碱性，再加入 1 滴 1%(质量)丁二酮肟溶液，观察现象。	反应方程式为： $Ni^{2+}+2\begin{matrix}CH_3-C=NOH\\ \vert \\ CH_3-C=NOH\end{matrix} \longrightarrow \begin{matrix} & O\cdots H\cdots O & \\ CH_3-C=N & & N=C-CH_3 \\ \vert & \searrow Ni \swarrow & \vert \\ CH_3-C=N & \nearrow \quad \nwarrow & N=C-CH_3 \\ & O\cdots H\cdots O & \end{matrix} +2H^+$
15	**(5)铬(Ⅲ)的鉴定：** $Cr_2(SO_4)_3$ 溶液中加入过量 $6mol \cdot L^{-1}$ NaOH，再加入 3%(质量)H_2O_2 溶液，观察现象。以稀 H_2SO_4 酸化，再加入少量乙醚(或戊醇)，继续滴加 3%(质量)H_2O_2 观察现象，写出反应式。	反应方程式为： $Cr^{3+}+3OH^- = Cr(OH)_3\downarrow$ $Cr(OH)_3+OH^-$(过量)$= Cr(OH)_4^-$(或 CrO_2^-) $CrO_2^-+H_2O_2+2OH^- = CrO_4^{2-}+2H_2O$ $CrO_4^{2-} \underset{OH^-}{\overset{H^+}{\rightleftharpoons}} Cr_2O_7^{2-}$ $Cr_2O_7^{2-}+4H_2O_2+2H^+ = 2CrO_5+5H_2O$ $4CrO_5+12H^+ = 4Cr^{3+}+7O_2\uparrow+6H_2O$

续表

序号	操作	原理或注意事项
16	**(6)钒(V)的鉴定：** 取少量 NH_4VO_3 溶液用盐酸酸化，再加入几滴3%(质量) H_2O_2 溶液，观察现象。	反应方程式： $NH_4VO_3+H_2O_2+4HCl \xlongequal{} [V(O_2)]Cl_3+NH_4Cl+3H_2O$
17	**小设计：** (1)试设计方案，把含有 Cr^{3+}、Al^{3+}、Mn^{2+} 的混合溶液分离检出。 (2)已知溶液中含有 Fe^{2+}、Co^{2+}、Ni^{2+} 三种离子，设计方案，分别检出。	根据所学知识，设计方案并实验。

二、课堂提问

(1) 为什么d区元素水合离子具有颜色？

(2) 如何把 Fe^{3+}、Al^{3+}、Cr^{3+} 从混合溶液中分离？

(3) 利用KI定量测定 Cu^{2+} 时，杂质 Fe^{3+} 的存在会产生干扰，如何排除干扰？

(4) 根据电对的电极电势，常温下 Fe^{2+} 难以将 Ag^+ 还原为单质银，如何利用配合物的性质，用 Fe^{2+} 回收银盐溶液中的银？

(5) 钒有几种常见价态？指出它们在水溶液中的状态和颜色。

(6) 怎样实现 Cr^{3+}—CrO_4^{2-}、MnO_2—Mn^{2+}、MnO_2—MnO_4^{2-}、MnO_2—MnO_4^-、MnO_4^{2-}—MnO_4^- 等价态之间互相转化？

三、参考资料

1. Cr重要化合物的性质

$Cr(OH)_3$(蓝绿色)是典型的两性氢氧化物，$Cr(OH)_3$ 与NaOH反应所得的绿色 $NaCrO_2$ 具有还原性，易被 H_2O_2 氧化生成黄色 Na_2CrO_4。

$$Cr(OH)_3+NaOH \xlongequal{} NaCrO_2+2H_2O$$

$$2NaCrO_2+3H_2O_2+2NaOH \xlongequal{} 2Na_2CrO_4+4H_2O$$

铬酸盐与重铬酸盐互相可以转化，水溶液中，铬酸根离子(黄色)与重铬酸根离子(橙色)达到平衡。加酸促进重铬酸根离子的生成，使溶液呈橙色；加碱则使平衡左移，溶液呈黄色。溶液中存在下列平衡关系：

$$2CrO_4^{2-}+2H^+ \rightleftharpoons Cr_2O_7^{2-}+H_2O$$

酸性溶液中，CrO_4^{2-} 与 H_2O_2 反应生成过氧化铬(CrO_5)。蓝色 CrO_5 在有机试剂乙醚中较稳定。

$$2CrO_4^{2-}+4H_2O_2+2H^+ \xlongequal{} 2CrO_5+5H_2O$$

利用上述一系列反应，可以鉴定 Cr^{3+}、CrO_4^{2-} 和 $Cr_2O_7^{2-}$。

$BaCrO_4$、Ag_2CrO_4、$PbCrO_4$ 的 K_{sp} 值分别为 1.17×10^{-10}、1.12×10^{-12}、1.8×10^{-14}，均为难溶盐。因 CrO_4^{2-} 与 $Cr_2O_7^{2-}$ 在溶液中存在平衡关系，又 Ba^{2+}，Ag^+，Pb^{2+} 重铬酸盐的溶解度比铬酸盐溶解度大，故向 $Cr_2O_7^{2-}$ 溶液中加入 Ba^{2+}、Ag^+、Pb^{2+} 时，根据平衡移动规则，可得到铬酸盐沉淀：

$$2Ba^{2+}+Cr_2O_7^{2-}+H_2O \longequal 2BaCrO_4\downarrow(柠橙黄色)+2H^+$$

$$4Ag^++Cr_2O_7^{2-}+H_2O \longequal 2Ag_2CrO_4\downarrow(砖红色)+2H^+$$

$$2Pb^{2+}+Cr_2O_7^{2-}+H_2O \longequal 2PbCrO_4\downarrow(铬黄色)+2H^+$$

这些难溶盐可以溶于强酸。

在酸性条件下，$Cr_2O_7^{2-}$具有强氧化性，可氧化乙醇，反应式如下：

$$2Cr_2O_7^{2-}(橙色)+3C_2H_5OH+16H^+ \longequal 4Cr^{3+}(绿色)+3CH_3COOH+11H_2O$$

根据颜色变化，可定性检查人呼出的气体和血液中是否含有酒精，从而判断是否酒后驾车或酒精中毒。

2. Mn 重要化合物的性质

周期表第ⅦB 族元素也叫锰族元素，包括锰(Mn)、锝(Te)、铼(Re)三种元素。价电子构型为：$(n-1)d^5ns^2$。

锰在地壳中的含量在过渡元素中占第三位，仅次于铁和钛。锰在自然界中主要以软锰矿$MnO_2\cdot xH_2O$的形式存在。

锰的单质：锰是白色金属，质硬而脆，外形与铁相似。纯锰用途不大，常以锰铁的形式来制造各种合金钢。

常温下，锰能缓慢地溶于水：

$$Mn+2H_2O \longrightarrow Mn(OH)_2\downarrow+H_2$$

锰能溶于稀酸并放出氢气。

在氧化剂存在下，锰能与熔融的碱作用生成锰酸盐：

$$2Mn+4KOH+3O_2 \longrightarrow 2K_2MnO_4+2H_2O$$

锰还能与氧、卤素等非金属作用，生成相应的化合物。

锰原子的价电子构型为$3d^54s^2$。锰的最高氧化值为+7。锰也能形成氧化值从+6 到−2 的化合物。锰的重要化合物有：高锰酸钾($KMnO_4$)紫黑色晶体，锰酸钾(K_2MnO_4)暗绿色晶体，二氧化锰(MnO_2)黑色粉末，硫酸锰($MnSO_4\cdot 7H_2O$)肉红色晶体，氯化锰($MnCl_2\cdot 4H_2O$)肉红色晶体。以软锰矿为原料，可以制备$KMnO_4$、Mn_3O_4、MnO 等。

$Mn(OH)_2$(白色)是中强碱，具有还原性，易被空气中O_2所氧化：

$$4Mn(OH)_2+O_2 \longequal 4MnO(OH)_2(褐色)+2H_2O$$

$MnO(OH)_2$不稳定，分解产生MnO_2和H_2O。

在酸性溶液中，二价Mn^{2+}很稳定，与强氧化剂(如$NaBiO_3$、PbO_2、$S_2O_8{}^{2-}$等)作用时，可生成紫红色MnO_4^-，此反应用来鉴定Mn^{2+}。

$$2Mn^{2+}+5NaBiO_3+14H^+ \longequal 2MnO_4^-+5Bi^{3+}+5Na^++7H_2O$$

MnO_4^{2-}能稳定存在于强碱溶液中，而在弱碱性或中性溶液易发生歧化反应：

$$3MnO_4^{2-}+2H_2O \longequal 2MnO_4^-+MnO_2\downarrow+4OH^-$$

K_2MnO_4可被强氧化剂(如Cl_2)氧化为$KMnO_4$。

MnO_4^-具强氧化性，它的还原产物与溶液的酸碱性有关。在酸性、中性或碱性介质中，分别被还原为Mn^{2+}、MnO_2和MnO_4^{2-}。

3. Fe、Co、Ni 重要化合物的性质

$Fe(OH)_2$(白色)和$Co(OH)_2$(粉色)除具有碱性外，均具有还原性，易被空气中O_2所氧化。

$$4Fe(OH)_2+O_2+2H_2O \xlongequal{} 4Fe(OH)_3$$

$$4Co(OH)_2+O_2+2H_2O \xlongequal{} 4Co(OH)_3$$

$Co(OH)_3$(褐色)和 $Ni(OH)_3$(黑色)具强氧化性，可将盐酸中的 Cl^- 氧化成 Cl_2。

$$2M(OH)_3+6HCl(浓) \xlongequal{} 2MCl_2+Cl_2+6H_2O \quad (M 为 Ni，Co)$$

铁系元素是很好的配合物的形成体，能形成多种配合物，常见的有氨的配合物，Fe^{2+}、Co^{2+}、Ni^{2+} 与 NH_3 能形成配离子，它们的稳定性依次递增。

在无水状态下，$FeCl_2$ 与液 NH_3 形成 $[Fe(NH_3)_6]Cl_2$，此配合物不稳定，遇水即分解：

$$[Fe(NH_3)_6]Cl_2+6H_2O \xlongequal{} Fe(OH)_3\downarrow+4NH_3 \cdot H_2O+2NH_4Cl$$

Co^{2+} 与过量氨水作用，生成 $[Co(NH_3)_6]^{2+}$ 配离子：

$$Co^{2+}+6NH_3 \cdot H_2O \xlongequal{} [Co(NH_3)_6]^{2+}+H_2O$$

$[Co(NH_3)_6]^{2+}$ 配离子不稳定，放置空气中立即被氧化成 $[Co(NH_3)_6]^{3+}$。

$$4[Co(NH_3)_6]^{2+}+O_2+2H_2O \xlongequal{} 4[Co(NH_3)_6]^{3+}+4OH^-$$

二价 Ni^{2+} 与过量氨水反应，生成浅蓝色 $[Ni(NH_3)_6]^{2+}$ 配离子。

$$Ni^{2+}+6NH_3 \cdot H_2O \xlongequal{} [Ni(NH_3)_6]^{2+}+6H_2O$$

铁系元素还有一些配合物，不仅很稳定，而且具有特殊颜色，根据这些特征，可用来鉴定铁系元素离子，如三价 Fe^{3+} 与黄血盐 $K_4[Fe(CN)_6]$ 溶液反应，生成深蓝色配合物沉淀：

$$Fe^{3+}+K^++[Fe(CN)_6]^{4-} \xlongequal{} K[Fe(CN)_6Fe]\downarrow(蓝色)$$

二价 Fe^{2+} 与赤血盐 $K_3[Fe(CN)_6]$ 溶液反应，生成深蓝色配合物沉淀：

$$Fe^{2+}+K^++[Fe(CN)_6]^{3-} \xlongequal{} K[Fe(CN)_6Fe]\downarrow(蓝色)$$

二价 Co^{2+} 与 SCN^- 作用，生成艳蓝色配离子：

$$Co^{2+}+4SCN^- \xlongequal{} [Co(SCN)_4]^{2-}(蓝色)$$

当溶液中混有少量 Fe^{3+} 时，Fe^{3+} 与 SCN^- 作用生成血红色配离子：

$$Fe^{3+}+nSCN^- \xlongequal{} [Fe(SCN)_n]^{(3-n)}(n=1\sim6)$$

少量 Fe^{3+} 的存在干扰 Co^{2+} 的检出，可采用加掩蔽剂 NH_4F(或 NaF)的方法，F^- 可与 Fe^{3+} 结合形成更稳定且无色的配离子 $[FeF_6]^{3-}$，将 Fe^{3+} 掩蔽起来，从而消除 Fe^{3+} 的干扰。

$$[Fe(SCN)_n]^{3-n}+6F^- \xlongequal{} [FeF_6]^{3-}+(3-n)SCN^-$$

Ni^{2+} 在氨性或 NaAc 溶液中，与丁二酮肟反应生成鲜红色螯合物沉淀。

利用铁系元素所形成化合物的特征颜色来鉴定 Fe^{3+}、Fe^{2+}、Co^{2+} 和 Ni^{2+}。

4. 钒的性质

钒(vanadium)：元素符号 V，银白色金属，在元素周期表中属ⅤB 族，原子序数 23，原子量 50.9414，体心立方晶体，常见化合价为+5、+4、+3、+2，此外还有：+1、0、−1、−3。

1）物理性质

钒是一种银灰色的金属。熔点 1890℃±10℃，常与铌、钽、钨、钼并称为难熔金属，属于高熔点稀有金属之列；沸点 3380℃。纯钒质坚硬，无磁性，具有延展性，但是若含有少量的杂质，尤其是氮、氧、氢等，能显著降低其可塑性。

2）化学性质

钒的性质和钽以及铌相似，英国化学家罗斯科研究了它的性质，确定它与钽和铌相似，这为它们三个在元素周期表中共建一个分族建立了基础。钒属于中等活泼的金属，化合价

+2、+3、+4 和+5。其中以 5 价态为最稳定，其次是 4 价。5 价钒的化合物具有氧化性能，低价钒则具有还原性。钒的价态越低还原性越强。电离能为 6.74eV，具有耐盐酸和硫酸的本领，并且在耐气、耐盐、耐水腐蚀的性能要比大多数不锈钢好。钒在空气中不被氧化，可溶于氢氟酸、硝酸和王水。

一般来源：以钒酸钾铀矿、褐铅矿、绿硫钒矿、石煤矿等。

3）钒的氧化物

钒能分别以二、三、四、五价与氧结合，形成四种氧化物：一氧化钒（VO），三氧化二钒（V_2O_3），二氧化钒（VO_2），五氧化二钒（V_2O_5）。钒的氧化物颜色如表 13-1 所示。

表 13-1　钒的氧化物颜色

氧化物	VO	V_2O_3	VO_2	V_2O_5
颜色	灰色	黑色	深蓝色	红黄

4）用途

（1）钒有金属“维生素”之称。最初的钒大多应用于钢铁，通过细化钢的组织和晶粒，提高晶粒粗化温度，从而起到增加钢的强度、韧性和耐磨性的作用。后来，人们逐渐又发现了钒在钛合金中的优异改良作用，并应用到航空航天领域，从而使得航空航天工业取得了突破性的进展。随着科学技术水平的飞跃发展，人类对新材料的要求日益提高。钒在非钢铁领域的应用越来越广泛，其范围涵盖了航空航天、化学、电池、颜料、玻璃、光学、医药等众多领域。

（2）钒是“现代工业的味精”，是发展现代工业、现代国防和现代科学技术不可缺少的重要材料。钒在冶金业中用量最大。从世界范围来看，钒在钢铁工业中的消耗量占其生产总量的 85%。与此同时，钒在化工、钒电池、航空航天等其他领域的应用也在不断扩展，且具有良好发展前景。

（3）钒在钢铁工业中主要用作合金添加剂，钢铁工业的发展变化对预测钒的需求至关重要。也就是说，钢铁对钒的需求趋势决定了钒工业的命运。

第五章　化学分析法

化学分析法(chemical method of analysis)，是依赖于特定的化学反应及其计量关系来对物质进行分析的方法。化学分析法历史悠久，是分析化学的基础，又称为经典分析法，主要包括滴定分析法和重量分析法，以及试样的处理和一些分离、富集、掩蔽等化学手段。在当今生产生活的许多领域，化学分析法作为常规的分析方法，发挥着重要作用。其中滴定分析法操作简便快速，具有很大的使用价值。

根据滴定所消耗标准溶液的浓度和体积以及被测物质与标准溶液所进行的化学反应计量关系，求出被测物质的含量，这种分析被称为滴定分析，也叫容量分析(volumetry)。滴定分析方法是确定物质组成、含量和结构的重要手段，要求熟练掌握分析化学实验的基本操作技能，学会正确使用基本仪器测量实验数据，正确记录和处理数据以及表达实验结果，明确树立“量”的概念，培养严谨、认真和实事求是的科学态度。

基于溶液的四大平衡：酸碱(电离)平衡、氧化还原平衡、配位(络合)平衡、沉淀溶解平衡，根据标准溶液和待测组分之间的反应类型的不同，滴定分析可分为以下几类：

(1) 酸碱滴定法：以质子传递反应为基础的一种滴定分析方法，测定各类酸碱的酸碱度或含量。例如，氢氧化钠测定醋酸。

(2) 配位滴定法：以配位反应为基础的一种滴定分析方法，测金属离子的含量。例如，EDTA 测定水的硬度。

(3) 氧化还原滴定法：以氧化还原反应为基础的一种滴定分析方法，测定具有氧化还原性的物质。例如，高锰酸钾测定铁含量。

(4) 沉淀滴定法：以沉淀反应为基础的一种滴定分析方法，测卤素和银等。例如，食盐中氯的测定。

重量分析法是根据称量确定被测组分含量的分析方法，通过物理或化学反应将试样中待测组分与其他组分分离，然后用称量的方法测定该组分的含量。重量分析包括分离和称量两个过程。重量分析法中，首先将被测成分以单质或纯净化合物的形式分离出来，然后准确称量单质或化合物的质量，再以单质或化合物的质量及待测样的质量来计算被测成分的质量分数。

要求：

(1) 熟练掌握称量技术和滴定操作；

(2) 了解测定的原理和方法；

(3) 了解指示剂的选择方法，学会正确判断滴定终点颜色变化；

(4) 掌握标准溶液的配制和标定方法；

(5) 学会数据处理方法和误差分析。

第一节　酸碱滴定法

实验十四　酸碱标准溶液浓度的标定

一、操作详解及注意事项

序号	操　　作	原理或注意事项
0	**(1)需准备的仪器**：称量瓶2个、1L和500mL试剂瓶、100mL或250mL烧杯、250mL锥形瓶3个、100mL量筒、滴定管等。 **(2)需配制的溶液**：HCl($0.1mol\cdot L^{-1}$)、NaOH($0.1mol\cdot L^{-1}$)。	上课前，先将2个称量瓶清洗干净并置于烘箱中烘干。**称量瓶盖子应如何放置?**
1	**HCl溶液($0.1mol\cdot L^{-1}$)配制**： 实验室提供的是浓度约为$12mol\cdot L^{-1}$的原装HCl，放置在通风橱内，用**用移液管移取**原装浓盐酸约5mL，倒入500mL试剂瓶中，加水稀释至500mL，充分摇匀。 注意：①**摇匀要充分**，要使溶液的浓度均匀一致，否则，浓度不均匀会造成实验结果出现较大误差；②实验操作中涉及的"水"均指蒸馏水。	1. 本操作步骤实际上是浓盐酸的稀释，稀释浓酸要注意什么？是在浓盐酸中加水，还是水中加浓盐酸？**必须是水中加酸**，即，将酸往水中加，不能反过来。**酸中加水会导致溶液过热，甚至暴沸、飞溅伤人。** 2. HCl是强酸，有腐蚀性和挥发性，使用时**必须在通风橱内操作**。为保证安全、方便，**使用移液管移取约5mL**，动作要缓、稳、不能急，注意不要溅到身上。 3. 一旦将盐酸不小心弄到身上：在皮肤上若有明显的液滴，应先擦后冲，先用抹布擦干，然后用大量的水清洗，再**立即用边台的稀碳酸氢钠溶液(3%~5%)清洗、大量水冲洗**；若没有明显的酸滴，用大量水冲洗即可。 4. 为什么是5mL浓盐酸？自行计算。 5. 量取浓盐酸用不用很精确？为什么？
2	**NaOH溶液($0.1mol\cdot L^{-1}$)配制**： 称取2g固体NaOH，置于250mL烧杯中，立即加入蒸馏水使之溶解，稍冷却后转入试剂瓶中，加水稀释至500mL，盖上瓶塞，充分摇匀。	1. 氢氧化钠是强碱，使用时要注意安全，防止弄到手上! 2. 溶解时，应边加水边搅拌，使之充分溶解。 3. **摇匀要充分**，同样要使溶液的浓度均匀一致，否则，会造成实验结果出现较大误差。
3	**HCl标准溶液浓度的标定**： **(1)硼砂溶液的配制**： 用差减法准确称取硼砂3份，每份重0.4~0.5g，分别放入250mL锥形瓶中(注意编号)，各加30mL蒸馏水，摇动使之溶解(必要时可稍稍加热)。	1."准确称取"用的是台秤还是分析天平？ 2. 差减法注意事项见实验一"电子分析天平称量练习"； 3. 先粗称，再准确称量；粗称质量是多少？为什么？ 4. **锥形瓶注意编号，贴好标签，以防止弄混。**
4	**(2)以甲基红为指示剂标定HCl溶液**： ①向配制好的硼砂溶液滴入2滴甲基红指示剂，用欲标定的HCl溶液滴定，边滴边摇，近终点时应逐滴或半滴加入，直至滴加半滴HCl溶液恰好使溶液由黄色变为橙色，并在30s内不褪色为终点。平行滴定3组。 ②计算出HCl溶液的浓度，要求3次标定结果相对偏差不超过0.3%，并由比较滴定的结果算出c(NaOH)。 小贴士：保证3组数据的滴定液体积消耗相差不超过0.05mL，超过范围，重滴，直到达到要求为止。	1. 反应方程式： $Na_2B_4O_7+2HCl+5H_2O = 2NaCl+4H_3BO_3$ H_3BO_3是很弱的一元酸，故其共轭碱碱性较强，可被HCl滴定。 2. 化学计量点时的溶液pH值是多少？ 3. 甲基红的变色范围是？pH值____至____，颜色由____色变为____色。 4. 在滴定接近终点时，先逐滴滴加、再半滴滴加至终点。 5. 滴定颜色是从黄色到橙红色，滴定终点应是微微变色且30s不变色即可，颜色深说明滴定过量。

续表

序号	操　作	原理或注意事项
5	**NaOH 标准溶液浓度的标定：** **(1)邻苯二甲酸钾溶液的配制：** 用差减法准确称取邻苯二甲酸钾 3 份，每份 0.4~0.6g，分别放入已编号的锥形瓶内，各加入 30mL 蒸馏水溶解。	1.“准确称取”用的是台秤还是分析天平？________。 2. 先粗称，再准确称量；粗称质量约为________g。 3. 称量应符合称量范围的要求，一旦倾出的药品超出称量要求，多余的药品不能再放回称量瓶，需将药品倾倒至指定回收容器、并清洗锥形瓶后重新称量。 4. **锥形瓶注意编号，贴好标签，以防止弄混。**
6	**(2)以酚酞为指示剂标定 NaOH：** ①将配制好的邻苯二甲酸钾溶液稍加热，待冷却后，滴加 2 滴酚酞指示剂，用待标定的 NaOH 溶液滴定至溶液呈浅粉色并在 30s 内不褪色为止。 ②记录有关数据，计算出 NaOH 溶液的浓度，并由比较滴定的结果算出 $c(HCl)$。	1. 反应方程式： $KHC_8H_4O_4+NaOH = KNaC_8H_4O_4+H_2O$ 邻苯二甲酸氢钾是二元弱酸邻苯二甲酸的共轭碱，是两性物质(pK_{a_2}为 5.41)，其酸性较弱，但强于它的碱性，故可以用 NaOH 滴定。 2. 化学计量点时的溶液 pH 值为________。 3. 酚酞的变色范围？终点颜色变化从____色到____色。 4. 在滴定接近终点时(**局部变色**)，先逐滴、再半滴滴加，直至终点。 5. 滴定终点应是淡淡的红色，或粉色，颜色深表明滴定过量，变成微红色 30s 不变色即可！因为长时间放置可能褪色(受空气中的酸碱性物质的影响，如二氧化碳等)。

二、课堂提问

(1) 什么是标准溶液？

(2) 可以通过电子分析天平精确称量，将 HCl 和 NaOH 直接配制准确浓度的溶液吗？为什么？

(3) 什么是基准物质？符合作为基准物质的条件有哪些？

(4) 标定 HCl 溶液时，本实验选用的基准物质是什么？还有哪些物质可用作标定盐酸的基准物？

(5) 标定 NaOH 溶液时，本实验选用的基准物质是什么？还有哪些物质可用作标定氢氧化钠的基准物？

(6) HCl 和 NaOH 溶液标定的基本原理分别是什么？

(7) 氢氧化钠溶液的标定中，选用酚酞指示剂，到达终点时溶液由无色变微粉色，在空气中放置一段时间后又会变为无色，原因是什么？

(8) 滴定管的使用注意事项有哪些？

(9) 滴定管是否要用润洗？若是，如何润洗？

(10) 用于滴定的锥形瓶是否需要烘干？是否需要用待测液润洗？为什么？

(11) 0.06850 的有效数字有几位？

(12) NaOH 的标定为什么可选用酚酞作指示剂？能否改用溴甲酚绿–二甲基黄作指示剂？

三、参考资料

1. 滴定操作注意事项

详见实验二“酸碱滴定练习”中滴定管、移液管操作注意事项。

2. 标准溶液

标准溶液(standard solution)，指的是具有准确已知浓度的溶液，在滴定分析中用作滴定剂。在其他的分析方法中用标准溶液绘制工作曲线或作计算标准。配制方法有两种：

一种是直接法，即准确称量一定量的基准物质，用适当溶剂溶解后定容至容量瓶中。根据称取物质的质量和容量瓶的体积，即可计算出标准溶液的浓度。

另一种是标定法，很多物质不符合基准物质的条件，不适合直接配制标准溶液，则采用标定法配制。即先配制成近似需要的浓度，再用基准物质或用已经被基准物质标定过的标准溶液来确定其准确浓度。

3. 基准物质(基准试剂)

基准物质(primary standard)是分析化学中用于直接配制标准溶液或标定滴定分析中操作溶液浓度的物质。基准物质是一种高纯度的，其组成与它的化学式高度一致的化学稳定的物质(例如一级品或纯度高于一级品的试剂)。

基准物质应该符合以下要求：

(1) 组成与它的化学式严格相符，若含结晶水，其结晶水的含量也应该与化学式相符合，例如：$H_2C_2O_4 \cdot 2H_2O$；

(2) 纯度足够高，主成分含量在99.9%以上，且所含杂质不影响滴定反应的准确度；

(3) 性质稳定、易于保存和测量，例如，不易吸收空气中的水分、二氧化碳以及不易被空气中的氧所氧化；

(4) 参加反应时，按反应式定量地进行，不发生副反应；

(5) 具有较大的摩尔质量，在配制标准溶液时可以称取较多的量，以减少称量的相对误差。

常用的基准物质有银、铜、锌、铝、铁等纯金属及氧化物、重铬酸钾、碳酸钾、氯化钠、邻苯二甲酸氢钾、草酸、硼砂等纯化合物。

4. 有效数字

有效数字(significant figures)是指在分析工作中实际能够测量到的数字。其中包括最后一位估读的、不确定的数字。我们把通过直读获得的准确数字叫作可靠数字；把通过估读得到的那部分数字叫作存疑数字。把测量结果中能够反映被测量大小的带有一位存疑数字的全部数字叫有效数字。如测得某物体的长度8.16cm，数据记录时，我们记录的数据和实验结果真值一致的数据位便是有效数字。

在数学中，从一个数的左边第一个非0数字起，到末位数字止，所有的数字(包括0，科学计数法不计10的N次方)都是这个数的有效数字，如

0.116的有效数字有三个，分别是1、1、6；

0.0108，前面两个0不是有效数字，后面的1、0、8均为有效数字(注意，中间的0也算)。

0.02300，前面的两个0不是有效数字，后面的2、3、0、0均为有效数字(后面的0也算)。

1.50有3位有效数字。

1200.160有7位有效数字。

2.108×10^5(2.108乘以10的5次方)中，2、1、0、8均为有效数字，后面的10的5次方不是有效数字。

$3.998×10^4$(9.998 乘以 10 的 4 次方)中，保留 3 位有效数字为 $4.00×10^4$。

$6.2×10^6$，只有 6 和 2 是有效数字。

对数的有效数字为小数点后的全部数字，如 lg*x*=3.26 有效数字为 2、6；lg*a*=2.078 有效数字为 0、7、8；pH=2.16 有效数字为 1、6。

1）舍入规则“四舍六入五留双”

（1）当保留 *n* 位有效数字，若第 *n*+1 位数字≤4 就舍掉；

（2）当保留 *n* 位有效数字，若第 *n*+1 位数字≥6 时，则第 *n* 位数字进 1；

（3）当保留 *n* 位有效数字，若第 *n*+1 位数字=5 且后面数字为 0 时，则第 *n* 位数字若为偶数时就舍掉后面的数字，若第 *n* 位数字为奇数时加 1；若第 *n*+1 位数字=5 且后面还有不为 0 的任何数字时，无论第 *n* 位数字是奇或是偶都加 1。

如将下组数据保留三位有效数字：

16.74≈16.7；16.06≈16.1；16.650≈16.6；16.750≈16.8；16.551≈16.6；16.651≈16.7。

2）计算规则

（1）加减法：以小数点后位数最少的数据为基准，其他数据修约至与其相同，再进行加减计算，最终计算结果保留最少的位数。

例：计算 60.1+1.51+0.5816=

修约为：60.1+1.5+0.6=62.2

（2）乘除法：以有效数字最少的数据为基准，其他有效数修约至相同，再进行乘除运算，计算结果仍保留最少的有效数字。

例：计算 0.0121×25.62×1.05838=

修约为：0.0121×25.6×1.06=

计算后结果为：0.3283456，结果仍保留为三位有效数字。

记录为：0.0121×25.6×1.06=0.328

当把 $2.16532×10^{10}$ 留 3 位有效数字时，结果为 $2.17×10^{10}$。

运算中若有 π、e 等常数，其有效数字可视为无限，不影响结果有效数字的确定。

5. 指示剂

指示剂(indicator)是用以指示滴定终点的试剂，是化学试剂中的一类。在一定介质条件下，其颜色能发生变化、能产生浑浊或沉淀，以及有荧光现象等。常用它检验溶液的酸碱性；滴定分析中用来指示滴定终点；环境检测中检验有害物。一般分为酸碱指示剂、氧化还原指示剂、金属指示剂、吸附指示剂、沉淀指示剂等。

各类滴定过程中，随着滴定剂的加入，被滴定物质和滴定剂的浓度都在不断变化，在滴定终点附近，离子浓度会发生较大变化，能够对这种离子浓度变化作出指示(如改变溶液颜色，生成沉淀等)的试剂就叫指示剂。如果滴定剂或被滴定物质是有色的，它们本身就具有指示剂的作用，如高锰酸钾。

1）指示剂的分类

（1）酸碱指示剂。指示溶液中 H^+浓度的变化，是一种有机弱酸或有机弱碱，其酸性和碱性具有不同的颜色。指示剂酸 HIn 在溶液中的离解常数 $K_a=[H^+][In^-]/[HIn]$。即溶液的颜色决定于 $[In^-]/[HIn]$，在一定的实验条件下，每种指示剂都有确定的 K_a，因此，$[In^-]/[HIn]$就只决定于$[H^+]$。以甲基橙($K_a=10^{-3.4}$)为例，溶液的 pH<3.1 时，呈酸性，

显红色；pH>4.4 时，呈碱性，显黄色；而在 pH=3.1~4.4，则出现红黄的混合色橙色，称之为指示剂的变色范围。不同的酸碱指示剂有不同的变色范围。

(2) 金属指示剂。络合滴定法所用的指示剂，大多是染料，它在一定 pH 值下能与金属离子络合呈现一种与游离指示剂完全不同的颜色而指示终点。

(3) 氧化还原指示剂。为氧化剂或还原剂，它的氧化形与还原形具有不同的颜色，在滴定中被氧化(或还原)时，即变色，指示出溶液电位的变化。

(4) 沉淀指示剂。主要是 Ag^+ 与卤素离子的滴定，以铬酸钾、铁铵矾或荧光黄作指示剂。

2) 指示剂的变色范围

在实际工作中，肉眼是难以准确地观察出指示剂变色点颜色的微小的改变。人们目测酸碱指示剂从一种颜色变为另一种颜色的过程，只能在一定的 pH 值变化范围内才能发生，即只有当一种颜色相当于另一种颜色浓度的 10 倍时才能勉强辨认其颜色的变化。在这种颜色变化的同时，介质的 pH 值则由一个值变到另一个值。当溶液的 pH 值大于 pK_{HIn}时，$[In^-]$将大于$[HIn]$且当$[In^-]/[HIn]=10$ 时，溶液将完全呈现碱色成分的颜色，而酸色被遮盖，这时溶液的 $pH=pK_{HIn}+1$。同理，当溶液的 pH 值小于 pK_{HIn}时，$[In^-]$将小于$[HIn]$且当$[In^-]/[HIn]=1/10$ 时，溶液将完全呈现酸色成分的颜色，而碱色被遮盖，这时溶液的 $pH=pK_{HIn}-1$。

可见，溶液的颜色是在从 $pH=pK_{HIn}-1$ 到 $pH=pK_{HIn}+1$ 的范围内变化的，这个范围称为指示剂的理论变色区间即变色域。在变色范围内，当溶液的 pH 值改变时，碱色成分和酸色成分的比值随之改变，指示剂的颜色也发生改变。超出这个范围，如 $pH\geqslant pK_{HIn}+1$ 时，看到的只是碱色；而在 $pH\leqslant pK_{HIn}-1$ 时，则看到的只是酸色。因此指示剂的变色范围约 2 个 pH 单位。由于人的视觉对各种颜色的敏感程度不同，加上在变色域内指示剂呈现混合色，两种颜色互相影响观察，所以实际观察结果与理论值有差别，大多数指示剂的变色范围小于 2 个 pH 单位。

3) 指示剂的选择

指示剂选择不当，加之肉眼对变色点辨认困难，都会给测定结果带来误差。因此，在多种指示剂中，选择指示剂的依据是：要选择一种变色范围恰好在滴定曲线的突跃范围之内，或者至少要占滴定曲线突跃范围一部分的指示剂。这样当滴定正好在滴定曲线突跃范围之内结束时，其最大误差不过 0.1%，这是容量分析容许的。

4) 指示剂的用量

双色指示剂的变色范围不受其用量的影响，但因指示剂本身就是酸或碱，指示剂的变色要消耗一定的滴定剂，从而增大测定的误差。对于酸碱单色指示剂而言，用量过多，会使变色范围发生移动，也会增大滴定的误差。例如：用 $0.1mol\cdot L^{-1}$NaOH 滴定 $0.1mol\cdot L^{-1}$HAc，滴定终点 pH=8.5，突跃范围为 pH=8.70~9.00，滴定体积若为 50mL，滴入 2~3 滴酚酞，大约在 pH=9 时出现红色；若滴入 10~15 滴酚酞，则在 pH=8 时出现红色。显然后者的滴定误差更大。

指示剂用量过多，还会影响变色的敏锐性。例如：以甲基红为指示剂，用 HCl 滴定 NaOH 溶液，终点为橙色，若甲基红用量过多则终点敏锐性就较差。

5) 常用的酸碱指示剂

甲基橙、甲基红、溴甲酚绿、溴酚蓝、酚红、石蕊、酚酞、百里酚酞。

6. 玻璃仪器的润洗

为了避免稀释待取溶液，滴定管和移液管需要润洗。而用于滴定的锥形瓶和烧杯不需要干燥，对测定没有影响。不能用所盛溶液润洗，否则会增加待测物的物质的量，带来误差，甚至导致实验失败。

实验十五 食用醋中总酸度的测定

一、操作详解及注意事项

序号	操 作	原理或注意事项
0	**(1)需准备的仪器**：100mL 烧杯、100mL 容量瓶、250mL 锥形瓶、25mL 移液管等。 **(2)需配制的溶液**：NaOH 溶液($0.1mol \cdot L^{-1}$)。	课前洗净称量瓶 1 个并置于烘箱中烘干备用；烘干时，称量瓶盖的放置位置？
1	**NaOH 溶液的标定：** **(1)邻苯二甲酸氢钾的称量和溶解：** 用差减法准确称量 3 份邻苯二甲酸氢钾($KHC_8H_4O_4$)0.4~0.6g，分别置于 250mL 锥形瓶中，加入 40~50mL 蒸馏水，使之溶解。	1. “准确称取”用的是台秤还是分析天平？ 2. 差减法应先粗称，再准确称量；粗称质量多少？ 3. 蒸馏水用量是否需要很准确？ 4. 锥形瓶注意编号，贴好标签，以防止弄混。 5. 可否用加热的方法促进溶解？
2	**(2)$0.1mol \cdot L^{-1}$NaOH 溶液的标定：** 向邻苯二甲酸氢钾溶液中加入 2~3 滴酚酞指示剂，用待标定的 NaOH 溶液滴定至呈微红色并保持 30s 内不褪色，即为终点。平行标定 3 份，计算 NaOH 溶液的浓度和各次标定结果的相对偏差。	1. 滴定终点注意半滴的控制，半滴应如何操作？ 2. 滴定变色时，摇动均匀再观察，30s 内不褪色即可，详见参考资料 3“酸碱滴定中 CO_2的影响”。
3	**食用醋含量的测定：** (1)准确移取食用醋 10.00mL 置于 100mL 容量瓶中，用新煮沸并冷却的蒸馏水稀释至刻度，摇匀。 (2)用 25mL 移液管分取 3 份上述溶液，分别置于 250mL 锥形瓶中，加入 25mL 蒸馏水，滴 2~3滴酚酞指示剂，用 NaOH 标准溶液滴定至微红色，30s 内不褪色即为终点。 (3)根据所消耗 NaOH 标准溶液的体积，计算食用醋的总酸度(以醋酸计)。	1. 注意容量瓶、移液管的使用。 2. 报告中的数据表格应有表题，表题中须写明对应的操作步骤。 3. 数据处理应有必要的计算步骤。 4. 因醋酸的挥发性强，取用食用醋后，应立即将试剂瓶盖严，以防挥发。 5. 总酸度要求平行测定 3 次，3 次最大允许差值 0.05mL。

二、课堂提问

(1) 本实验的基本原理是什么？

(2) 为什么本实验测定的是食用醋中的总酸度？

(3) 标定 NaOH 溶液的基准物质主要有草酸和邻苯二甲酸氢钾两种，本实验为什么选用邻苯二甲酸氢钾作为基准物质？

(4) 邻苯二甲酸氢钾标准溶液如何配制？粗配还是精确配制？

(5) NaOH 标准溶液放置时间过长，吸收了二氧化碳，对测定结果有何影响？

(6) 食用醋不稀释可以直接测试吗？溶液稀释需要精确吗？

三、参考资料

1. 如何防止 NaOH 溶液中引入 CO_3^{2-}

本实验中，NaOH 试剂易吸收水和 CO_2，如果 NaOH 标准溶液中含有少量的 Na_2CO_3，对观察终点颜色变化和滴定结果都会有影响。为防止引入 CO_3^{2-}，通常的做法是：

先配制饱和的 NaOH 溶液，其质量分数约为 50%。这种溶液具有不溶解 Na_2CO_3 的性质，经过离心或放置一段时间后，取一定量上层清液，用刚煮沸过并冷却的纯水稀释至一定体积再进行标定，便可得到不含 Na_2CO_3 的 NaOH 标准溶液。NaOH 溶液在储存和使用过程中要密封，以防止其吸收空气中的 CO_2。

2. 基准物质的选择

常用来标定 NaOH 溶液的基准物质有邻苯二甲酸氢钾、草酸等。

1）邻苯二甲酸氢钾（$KHC_8H_4O_4$）

邻苯二甲酸氢钾（KHP）是两性物质（其 pK_{a2} 为 5.41），能与 NaOH 定量反应，滴定时选酚酞为指示剂。邻苯二甲酸氢钾容易纯制；在空气中不易吸水，容易保存；摩尔质量大，可以采用“称小样”的方法进行标定。邻苯二甲酸氢钾通常在 100~125℃ 干燥 2h 后使用，温度过高则脱水而变为邻苯二甲酸酐。

$KHC_8H_4O_4$ 与 NaOH 的反应为

$$C_6H_4(COOH)(COOK) + NaOH \longrightarrow C_6H_4(COONa)(COOK) + H_2O$$

反应产物是邻苯二甲酸钠盐，在水溶液中显弱碱性，可选用酚酞为指示剂。

2）草酸（$H_2C_2O_4 \cdot 2H_2O$）

草酸是二元弱酸（$pK_{a1}=1.25$，$pK_{a2}=4.29$），只能作为二元酸一次滴定至 $C_2O_4^{2-}$，亦选酚酞作为指示剂。由于它与 NaOH 按 1∶2（物质的量之比）反应，其摩尔质量又不太大，一般用“称大样”的方法标定 NaOH 标准溶液。

3. 酸碱滴定中 CO_2 的影响

CO_2 是酸碱滴定误差的重要来源，CO_2 对酸碱滴定的影响有以下几种情况。

(1) NaOH 试剂吸收 CO_2 或配制 NaOH 用水中含 CO_2

$$CO_2+2NaOH = Na_2CO_3+H_2O$$

以有机酸为基准物，酚酞（PP）为指示剂标定 NaOH 浓度时，CO_3^{2-} 被中和至 HCO_3^-。当以此 NaOH 溶液作滴定剂时，若滴定突跃处于酸性范围，以甲基橙（MO）或甲基红（MR）为指示剂，CO_3^{2-} 被中和为 H_2CO_3，NaOH 的实际浓度比标定浓度大，就会导致测量误差。因此，配制 NaOH 溶液时必须除去 CO_3^{2-}。

(2) 标定好的 NaOH 溶液在放置过程中吸收 CO_2

1mol CO_2 消耗 2mol NaOH，生成 1mol Na_2CO_3。用此 NaOH 溶液作滴定剂时，若以 PP 为指示剂，Na_2CO_3 被中和至 HCO_3^-，1mol Na_2CO_3 只相当于 1mol NaOH 起作用，NaOH 溶液的实际浓度比标定的浓度小了，也会导致测量误差。而若采用 MO 作指示剂，则所吸收的 CO_2 最

终又以 CO_2形式放出，对测定结果无影响。

(3)反应速度的影响

蒸馏水中含有的 CO_2存在如下平衡：

$$CO_2+H_2O \rightleftharpoons H_2CO_3 \qquad K=[H_2CO_3]/[CO_2]=2.2\times10^{-3}$$

能与碱反应的是 H_2CO_3形态，它在水溶液中仅占 0.2%。若采用 PP 为指示剂，当滴定至粉红色时，稍放置，CO_2又转变为 H_2CO_3，致使粉红色褪去，直至溶液中的 CO_2转化完毕为止。这种转化的速度不太快，因此，以 PP 为指示剂，用 NaOH 滴定弱酸时，需以粉红色 30s 不褪色为终点。

4. 总酸度

总酸度(total acidity)是指所有酸性成分的总量。GB/T 12456—2008 中规定了使用酸碱滴定的指示剂法和电位滴定法测定食品中总酸的方法。酸碱滴定法适用于果蔬制品、饮料、乳制品、酒、蜂产品、淀粉制品、谷物制品和调味品等食品中总酸的测定，不适用于深色或浑浊度大的食品；电位滴定法适用于上述各类食品中总酸的测定。

总酸度包括游离酸、结合酸和来自食物或细菌代谢的有机酸，如醋酸、乳酸以及酸性磷酸盐等。

游离酸度：是指滴定 10mL 试液至溴酚蓝指示剂终点时所耗用 $0.1mol\cdot L^{-1}$氢氧化钠溶液的毫升数，称之为游离酸度或游离酸度的点数。

总酸度：是指滴定 10mL 试液至酚酞指示剂终点时所耗用 $0.1mol\cdot L^{-1}$氢氧化钠溶液的毫升数，称之为总酸度或总酸度的点数。

5. 食用醋

食用醋是人们非常熟悉的调味品，分为酿造食醋、配制食醋两大类。酿造食醋是指单独或混合使用各种含有淀粉、糖的物料或酒精，经微生物发酵酿制而成的液体调味品。配制食醋是指以酿造食醋为主体，与食用冰醋酸、食品添加剂等混合配制而成的调配食醋。这种配制醋，就是一般消费者所认为的“勾兑醋”。这种配制食醋国家是允许销售的，但必须是含有 50%以上的酿造食醋，且必须是与食用冰醋酸配制而成的。如果用工业冰醋酸勾兑，就属于违法犯罪行为。本实验中测试的某品牌 9 度米醋的总酸度所使用的是配制食醋。

不论是酿造醋还是配制醋，其主要成分为醋酸(HAc)，此外还含有少量的其他弱酸如乳酸等。营养专家指出，食用醋质量的好坏用总酸含量这一数值作为评判标准，国家标准对食用醋的理化指标要求其中主要的一项就是总酸度要大于等于 3.5g/100mL。总酸度又称为可滴定酸度，是指食品中所有酸性物质的总量，包括已离解的酸浓度，通常溶液的总酸度可以用酸碱滴定法测定。酸碱滴定法关键解决两个问题，能否准确滴定，指示剂的选择；对于食用醋，其总酸度指每升醋中所含的醋酸的质量，解离常数 $K_a=1.8\times10^{-5}$，可用 NaOH 标准溶液滴定，其反应式是：

$$NaOH+HAc = NaAc+H_2O$$

当用 $c(NaOH)=0.1mol\cdot L^{-1}$标准滴定溶液滴定相同浓度纯醋酸溶液时，化学计量点的 pH 值约为 8.7，可用酚酞作指示剂，滴定终点时由无色变为微红色。食用醋中可能存在的其他各种形式的酸也与 NaOH 反应，加之食醋常常颜色较深，不便用指示剂观察终点，故常采用酸度计控制 pH 值 8.2 为滴定终点，所得为总酸度。结果以醋酸 $\rho(HAc)$表示，单位为克每百毫升(g/100mL)。

按照2014年10月1日起正式实施的山西老陈醋产品质量新标准，总酸度由原来的4.5度调整为6度，这意味着山西老陈醋将不用添加任何防腐剂，因此不用再标注保质期，且只有酸度为6度才能被称为正宗的老陈醋。

营养专家指出，陈醋质量的好坏的确用总酸含量这一数值作为评判标准，目前市场上固态发酵生产出来的总酸度高于3.5g/100mL的酿造食醋才能被称为陈醋，而总酸度高于5g/100mL的陈醋就可以看作是优质陈醋。

6. 指示剂

参见实验十四“酸碱标准溶液浓度的标定”参考资料中的“指示剂”部分。

实验十六　有机酸摩尔质量的测定

一、操作详解及注意事项

序号	操　作	原理或注意事项
0	**(1)需准备的仪器**：100mL烧杯、100mL容量瓶、250mL锥形瓶、25mL移液管等。 **(2)需配制的溶液**：NaOH溶液(0.1mol·L^{-1})。	1. 待测酸：未知**二元酸(可能含结晶水)**。 2. 实验前准备洗净的称量瓶并置于烘箱烘干，称量瓶盖应如何放置？
1	**NaOH溶液的标定：** **(1)NaOH溶液(0.1mol·L^{-1})的配制：** 粗称2.0g NaOH固体，先用小烧杯溶解，稀释至500mL，置于500mL试剂瓶中(可供两人使用)。	1. 课前预习需计算好用量。 2. **NaOH溶液一定要充分摇匀**，否则后续滴定过程会带来较大的误差。
2	**(2)0.1mol·L^{-1}NaOH溶液的标定：** ①用差减法准确称量3份邻苯二甲酸氢钾($KHC_8H_4O_4$)0.4~0.6g，分别置于250mL锥形瓶中，加入40~50mL蒸馏水，使之溶解。 ②加入2~3滴酚酞指示剂，用待标定的NaOH溶液滴定至呈微红色并保持30s内不褪色，即为终点。平行标定3份，计算NaOH溶液的浓度和各次标定结果的相对偏差。	1. 蒸馏水用量用不用很精确？ 2. 滴定终点注意半滴的控制，溶液滴至微红色时，颜色不明显，可用一张白纸垫在锥形瓶下做比较。 3. 滴定变色时，摇晃均匀再观察，30s内不褪色即可，详见实验十五“食用醋总酸度的测定”参考资料3“酸碱滴定中CO_2的影响”。
3	**有机酸摩尔质量的测定：** (1)用指定质量称量法准确称取有机酸试样1份(称样量应按试样不同预先估算，本实验使用的有机酸为二元酸)于50mL烧杯中，加入水溶解，定量转入100mL容量瓶中，用水稀释至刻度，摇匀。 (2)用25.00mL移液管平行移取3份，分别放入250mL锥形瓶中，加酚酞指示剂2滴，用NaOH标准溶液滴定至由无色变为微粉色，30s内不褪色即为终点。	1. 移液管的注意事项(参见实验二“酸碱滴定练习”中“移液管的使用”)： (1)用洗耳球吸取液体时一定要缓慢地松开手指，绝对不允许突然松开，以防溶液吸入过快而冲入洗耳球内造成污染或腐蚀。 (2)移液管使用前须润洗。 2. 容量瓶的使用注意事项(参见实验五“弱电解质电离常数测定”中“容量瓶的使用”部分)： (1)皮筋的拴系方法。 (2)当稀释至刻度后，需要摇匀：当容量瓶的体积小于100mL时，可用一只手操作将其摇匀，目的是为了避免温度的影响；当容量瓶的体积大于100mL时，考虑安全问题，在翻转容量瓶时，可用另一只手将其拖住，反复操作将其摇匀。 3. 平行测定3次，3次最大允许差值0.05mL。

续表

序号	操　作	原理或注意事项
4	**根据公式计算有机酸摩尔质量 M_A：** $M_A = m_A/(0.5c_B \cdot V_B)$，（因为未知酸为二元酸，所以式中 $n=2$；$a/b=0.5$；c_B 及 V_B 分别为 NaOH 的摩尔浓度及滴定所消耗的体积；m_A 为称取的有机酸的质量）。	1. 报告中的数据表格应有表题，表题中需写明对应的操作步骤。 2. 数据处理应有必要的计算步骤。

二、课堂提问

（1）本实验的基本原理？

① 多元有机弱酸能通过酸碱滴定法准确滴定的条件；

② 酸碱滴定中，多元有机弱酸能被分步滴定的条件；

③ 反应方程式；

④ 指示剂选择、变色范围、化学计量点时的 pH 值。

（2）如果加入的蒸馏水在空气中暴露过久，对本实验有什么影响？

（3）如何防止二氧化碳对酸碱滴定的影响？

（4）容量瓶、移液管的使用注意事项。

三、参考资料

1. 如何防止 NaOH 溶液中引入 CO_3^{2-}

见实验十五“食用醋中总酸度的测定”参考资料。

2. 基准物质的选择

见实验十四“酸碱标准溶液浓度的标定”参考资料。

3. 酸碱滴定中 CO_2 的影响

在酸碱滴定中要注意 CO_2 的影响。CO_2 的影响是多方面的，最重要的是溶液中的 CO_2 有可能被碱滴定。至于滴定多少，则视终点时溶液的 pH 值而定，在不同的 pH 值结束滴定 CO_2 带来的误差是不同的。同样，当含有 CO_3^{2-} 的碱标准溶液用于滴定酸时，由于终点时溶液的 pH 值不同，被酸中和的情况也不一样，故产生误差大小也不相同。显然，终点时溶液的 pH 值越低，CO_2 的影响越小；如果终点时溶液的 pH 值小于 5，则 CO_2 的影响可以忽略。如果酚酞作指示剂，则溶液中的 CO_2 将被转变为 HCO_3^-，NaOH 溶液中的 CO_3^{2-} 将被中和至 HCO_3^-，这时 CO_2 对滴定是有影响的。在这种情况下，应煮沸溶液除去溶液中的 CO_2，并配制不含 CO_3^{2-} 的标准碱溶液。

CO_2 的来源很多，水中溶解的 CO_2，标准碱溶液或配制碱溶液的固体 NaOH 吸收空气中的 CO_2，滴定过程中不断吸收空气中的 CO_2 等。实验中会观察到，酚酞指示剂变成粉红色后，放置一会儿红色会慢慢褪去，这是由于溶于水中的 CO_2 不断转化为 HCO_3^- 所致。在滴定到达终点时摇匀，放置，30s 不褪色即可，而不要不停地大力摇动。

标定 NaOH 溶液浓度所使用的基准物质均为弱酸，如邻苯二甲酸氢钾、草酸等，化学计量点 pH 均为碱性，用酚酞作指示剂，CO_2 必然会带来影响。如果固体 NaOH 吸收了 CO_2，配成溶液后标定的结果偏低；如果溶解基准物质的水中溶解有 CO_2或滴定过程中不断有 CO_2溶入，都会消耗 NaOH，也同样会使 NaOH 溶液的标定结果偏低；如果标定过的 NaOH 标准溶液放置时又吸收了 CO_2，浓度就会降低，用它来滴定弱酸，结果会偏高。因此，NaOH 标准溶液最好在使用时重新标定，并且标定和测定使用同一种指示剂，以抵消 CO_2带来的系统误差。

4. 有机酸

有机酸是指一些具有酸性的有机化合物。最常见的有机酸是羧酸，其酸性源于羧基(—COOH)。磺酸(—SO_3H)、亚磺酸(RSOOH)、硫羧酸(RCOSH)等也属于有机酸。有机酸可与醇反应生成酯。羧基是羧酸的官能团，除甲酸(H—COOH)外，羧酸可看作是烃分子中的氢原子被羧基取代后的衍生物。可用通式(Ar)R—COOH 表示。羧酸在自然界中常以游离状态或以盐、酯的形式广泛存在。羧酸分子中烃基上的氢原子被其他原子或原子团取代的衍生物叫取代羧酸。重要的取代羧酸有卤代酸、羟基酸、酮酸和氨基酸等。这些化合物中的一部分参与动植物代谢的生命过程，有些是代谢的中间产物，有些具有显著的生物活性，能防病、治病，有些是有机合成、工农业生产和医药工业原料。

分布：在中草药的叶、根、特别是果实中广泛分布，如乌梅、五味子、覆盆子等。常见的植物中的有机酸有脂肪族的一元、二元、多元羧酸如酒石酸、草酸、苹果酸、枸橼酸、抗坏血酸(即维生素 C)等，芳香族有机酸如苯甲酸、水杨酸、咖啡酸(caffelc acid)等。除少数以游离状态存在外，一般都与钾、钠、钙等结合成盐，有些与生物碱类结合成盐。脂肪酸多与甘油结合成酯或与高级醇结合成蜡。有的有机酸是挥发油与树脂的组成成分。

特点：有机酸多溶于水或乙醇，呈显著的酸性，难溶于其他有机溶剂；有挥发性。在有机酸的水溶液中加入氯化钙或醋酸铅或氢氧化钡溶液时，能生成不溶于水的钙盐、铅盐或钡盐的沉淀。如需自中草药提取液中除去有机酸常可用这些方法。

价值：一般认为脂肪族有机酸无特殊生物活性，但有些有机酸如酒石酸、枸橼酸作药用。有报告认为苹果酸、枸橼酸、酒石酸、抗坏血酸等综合作用于中枢神经。有些特殊的酸是某些中草药的有效成分，如土槿皮中的土槿皮酸有抗真菌作用。咖啡酸的衍生物有一定的生物活性，如绿原酸(chlorogenic acid)为许多中草药的有效成分，有抗菌、利胆、升高白血球等作用。

实验十七 工业纯碱总碱度的测定

一、操作详解及注意事项

序号	操　作	原理或注意事项
0	(1)**需准备的仪器**：称量瓶、500mL 试剂瓶、100mL 烧杯、250mL 容量瓶、250mL 锥形瓶、25mL 移液管、10mL 量筒、100mL 量筒、滴定管等。 (2)**需配制的溶液**：HCl($0.1mol\cdot L^{-1}$)。	1. 预习参考实验“混合碱中各组分含量的测定”。 2. 上课前，先将称量瓶、小烧杯清洗干净并置于烘箱中烘干。**称量瓶盖子应如何放置？**

续表

序号	操　作	原理或注意事项
1	**HCl 溶液(0.1mol·L^{-1})配制：** 实验室提供浓度约为 12mol·L^{-1}的原装 HCl，放置在通风橱内，用移液管移取原装浓盐酸 5mL，放入 500mL 试剂瓶中，加水稀释至约 500mL，充分摇匀。 小贴士： (1)**摇匀要充分**，要让溶液均匀一致，否则，浓度不均匀会造成实验结果出现误差。 (2)涉及实验操作中用的“水”均是蒸馏水。 (3)配制好盐酸溶液的试剂瓶或烧杯要盖好→防止挥发。	1. 本操作步骤实际上是浓盐酸的稀释，稀释浓酸要注意什么？是在浓盐酸中加水，还是水中加浓盐酸？**必须是水中加酸**，即，将酸往水中加，不能反过来。**酸中加水会有什么后果？溶液过热、甚至暴沸、飞溅伤人。** 2. HCl 是强酸，有腐蚀性和挥发性，使用时**必须在通风橱内操作**，动作要缓、稳、不能急，注意不要溅到身上。 3. 一旦将盐酸不小心弄到身上：在皮肤上若有明显的液滴，应先擦后冲，先用抹布擦干，然后用大量的水清洗，再**立即用边台的稀碳酸氢钠溶液(3%~5%)清洗、大量水冲洗**；若没有明显的酸滴，用大量水冲洗即可。 4. 为什么是**5mL 浓盐酸**？自行计算； 5. 量取浓盐酸用不用很精确？
2	**无水 Na_2CO_3的处理：** (1)在 180℃下干燥 2~3h。 (2)将 $NaHCO_3$放到瓷坩埚中，在 270~300℃下干燥 1h，使之转化成 Na_2CO_3，然后放到干燥器中冷却，备用。	1. 标定 HCl 溶液的基准试剂通常采用 Na_2CO_3固体而非摩尔质量更大的硼砂，这是因为________________，基准 Na_2CO_3固体不含结晶水，在一定温度下烘干并妥善保存后即可直接使用，非常方便。但使用 Na_2CO_3 作基准试剂时应注意终点的把握，通常选择第二化学计量点，以甲基橙为指示剂。为什么？ 2. H_2CO_3的 K_{a1}和 K_{a2}分别为 4.2×10^{-7}和 5.6×10^{-11}，两者相差不足 10^4，而且 HCO_3^-又有较大的缓冲作用，第一化学计量点变色不明显，应选择第二化学计量点，以甲基橙为指示剂。但由于 K_{a2}不够大，而且溶液中 CO_3^{2-}过多，酸度增加，易使终点提前，因此快到终点时应剧烈振摇溶液。
3	**0.1mol·L^{-1}HCl 溶液的标定：** (1)用差减法准确称取 3 份 0.15~0.20g 无水基准 Na_2CO_3，分别倒入 250mL 锥形瓶中。称量瓶称样时一定要带盖，以免吸湿。 (2)然后加入 20~30mL 水使之溶解，再加入 2~3 滴甲基橙指示剂，用待标定的 HCl 溶液滴定至溶液由黄色变为橙色即为终点。计算 HCl 溶液浓度和各次标定结果的相对偏差。 小贴士： (1)“差减法准确称取”应用分析天平还是用普通台秤称量？ (2)**锥形瓶注意编号，贴好标签，以防止弄混。**	1. 滴定反应方程式为： $Na_2CO_3+2HCl=2NaCl+H_2CO_3$ $H_2CO_3=CO_2\uparrow+H_2O$ 2. 常用指示剂的选择应注意什么？单一指示剂和混合指示剂的区别是什么？本实验涉及的指示剂有酚酞(8.2~10.0)、甲基红(4.4~6.2)、甲基橙(3.1~4.4)。**应选择哪种指示剂？**本操作属于酸滴定碱，滴定终点时的 pH 值突跃范围为______~______，因此，可选用______为指示剂。 3. **终点如何判断？**化学计量点时滴定颜色从黄色到橙色，滴定终点应是微微变色且 30s 不变色即可，颜色深说明滴定过量； 4. 平行滴定 3 组，保证 3 组数据的滴定液体积消耗相差不超过 0.05mL。
4	**总碱度的测定：** (1)准确称取工业纯碱试样 1.8~2.0g，加入少量水使其溶解，必要时可稍加热以促进溶解。冷却后，将溶液定量转入 250mL 容量瓶中，加水稀释至刻度，充分摇匀。 (2)平行移取 3 份 25.00mL 试液，分别放入 250mL 锥形瓶中，加水 20mL，加入 2~3 滴甲基橙指示剂，用 HCl 标准溶液滴定溶液由黄色变成橙色即为终点。 (3)计算试样中 Na_2O 或 Na_2CO_3的质量分数，所得值即为总碱度。测定的各次相对偏差应该在±0.5%以内。	1. 称量工业纯碱时，可否每份单独称取一定质量进行测定？ 2. 容量瓶、移液管的**使用应规范**。 3.“平行移取”用什么移取？

二、课堂提问

（1）工业纯碱的主要成分是什么？总碱度指的是什么？

（2）工业纯碱总碱度测定的基本原理。

（3）本实验标定盐酸选用的基准物质是什么？为什么？还可以选择什么物质作为基准物质？

（4）滴定管操作的注意事项。

（5）移液管操作的注意事项。

（6）容量瓶操作的注意事项。

（7）发现滴定过量，如何检查自己的滴定过量多少？

（8）电子分析天平的使用注意事项。

（9）递减法称量的流程和注意事项。

（10）用盐酸滴定碳酸钠时，用甲基橙作指示剂，终点颜色怎样变化？

（11）硼砂的分子式，硼砂与盐酸的反应方程式。

三、参考资料

1. 碱度和总碱度

碱度是指溶液中能与强酸发生中和作用的碱性物质的总量。这类物质包括强碱、弱碱、强碱弱酸盐等。天然水中的碱度主要是由重碳酸盐（bicarbonate，碳酸氢盐，下同）、碳酸盐和氢氧化物引起的，其中重碳酸盐是水中碱度的主要形式。引起碱度的污染源主要是造纸、印染、化工、电镀等行业排放的废水及洗涤剂、化肥和农药在使用过程中的流失。碱度和酸度是判断水质和废水处理控制的重要指标。碱度也常用于评价水体的缓冲能力及金属在其中的溶解性和毒性等。工程中用得更多的是总碱度这个定义，一般表示为相当于碳酸钠的浓度值。因此，从定义不难看出测量的方法——酸滴定法。例如，可以用实验室的滴定器或数字滴定器对水处理过程中的碱度进行监测，此外，还可用在线的碱度测定仪进行碱度测定。

2. 酸碱滴定在检验中的应用

1）直接滴定

（1）强酸、强碱及 $c \cdot K_a \geqslant 10^{-8}$ 或 $c \cdot K_b \geqslant 10^{-8}$ 的弱酸或弱碱，都可用碱标准溶液或酸标准溶液直接滴定。

（2）多元酸的 $K_{a1}/K_{a2}>10^5$（每一步电离常数比前一步要小到 10^5 倍以上），且 $c \cdot K_{a1} \geqslant 10^{-8}$（滴定突跃至少要 0.6pH 单位才可准确滴定，浓度不能太低）时可用碱标准溶液进行分步滴定。

2）间接滴定

（1）有些物质是极弱的酸或极弱的碱，即 $c \cdot K_a<10^{-8}$ 或 $c \cdot K_b<10^{-8}$，不能用碱或酸标准溶液直接滴定；

（2）有些物质虽然具有酸性或碱性，但难溶于水，如 ZnO、SiO_2 等也不能直接滴定，这些物质的测定需要采用间接滴定法。

工业碱总碱度测定实验中属于直接滴定还是间接滴定？

3. 强酸滴定多元碱

见实验十八“混合碱中各组分含量的测定”。

4. 酸标准溶液、基准物质的选择

酸标准溶液一般用 HCl 溶液，并采用间接法配制，即先配成近似浓度的溶液，然后用标准物质标定。最常用的标准物质是无水碳酸钠(Na_2CO_3)及硼砂($Na_2B_4O_7 \cdot 10H_2O$)。

(1) 无水碳酸钠：易纯制、价格便宜，用其标定酸也能得到准确的结果。但它强烈吸湿，且能吸收 CO_2，因此用前必须在 270~300℃加热 1h，然后放于干燥器中冷却备用。也可采用分析纯 $NaHCO_3$在 270~300℃加热焙烧 1h，使之转化为 $NaCO_3$。

$$2NaHCO_3 \longrightarrow 2Na_2CO_3 + CO_2 \uparrow + H_2O$$

(2) 硼砂：无吸水性，易纯制，在空气中相对湿度<30%时，易失去结晶水，硼砂与 HCl 反应的物质的量之比是 1∶2，由于其摩尔质量较大，在直接称取单份基准物质标定时，称量误差较小。常保存在相对湿度为 60%的恒湿密闭容器中以防止在空气中风化失去部分结晶水。硼砂水溶液实际上是同浓度的 H_3BO_3和 $H_2BO_3^-$的混合液：

$$B_4O_7^{2-} + 5H_2O = 2H_3BO_3 + 2H_2BO_3^-$$

硼砂标定 HCl 的反应如下：

$$Na_2B_4O_7 + 2HCl + 5H_2O = 4H_3BO_3 + 2NaCl$$

计量点时，溶液的 pH 值为 5. 1。

用 0. 05mol · L^{-1}硼砂标定 0. 1mol · L^{-1}HCl 的化学计量点相当于 0. 1mol · L^{-1} H_3BO_3溶液，此时：

$$[H^+] = \sqrt{K_a c} = \sqrt{10^{-9.24-1.00}} = 10^{-5.12} \text{mol} \cdot L^{-1}$$

$$pH = 5.12$$

因此，可选用甲基红作指示剂。

5. 移液管的使用

见实验二“酸碱滴定练习”中滴定管、移液管的使用。

6. 工业碱总碱度测定实验中，为何选用无水碳酸钠作为基准试剂?

(1) 测定的工业纯碱主要成分为碳酸钠，考虑选用与被测物具有相同组分的物质作为基准物，这样标定和测定的条件较一致，可以减少系统误差，因此选用无水碳酸钠。

(2) 通过递减法、快速称量，可以减少吸潮的几率。

实验十八　混合碱中各组分含量的测定

一、操作详解及注意事项

序号	操　作	原理或注意事项
0	**(1)需准备的仪器**：称量瓶、500mL 试剂瓶、100mL 烧杯、250mL 容量瓶、250mL 锥形瓶、25mL 移液管、10mL 量筒、100mL 量筒、滴定管等。 **(2)需配制的溶液**：HCl(0. 1mol · L^{-1})。	1. 预习参考实验“工业碱总碱度的测定”。 2. 上课前，先将称量瓶、小烧杯清洗干净并置于烘箱中烘干。**称量瓶盖子应如何放置?**

续表

序号	操　作	原理或注意事项
1	**HCl 溶液(0.1mol·L^{-1})配制：** 实验室提供浓度约为 12mol·L^{-1}的原装 HCl，放置在通风橱内，用移液管移取原装浓盐酸 5mL，放入 500mL 试剂瓶(或烧杯)中，加水稀释至约 500mL，充分摇匀。 小贴士： (1)**摇匀要充分**，要让溶液均匀一致，否则，浓度不均匀会造成实验结果出现误差。 (2)涉及实验操作中用的"水"均是蒸馏水。 (3)配制好盐酸溶液的试剂瓶或烧杯要盖好→防止挥发。	1. 本操作步骤实际上是浓盐酸的稀释，稀释浓酸要注意什么？是在浓盐酸中加水，还是水中加浓盐酸？**必须是水中加酸**，即，将酸往水中加，不能反过来。**酸中加水会有什么后果？溶液过热、甚至暴沸、飞溅伤人。** 2. HCl 是强酸，有腐蚀性和挥发性，使用时**必须在通风橱内操作**，动作要缓、稳、不能急，注意不要溅到身上。 3. 一旦将盐酸不小心弄到身上：在皮肤上若有明显的液滴，应先擦后冲，先用抹布擦干，然后用大量的水清洗，再**立即用边台的稀碳酸氢钠溶液(3%~5%)清洗、大量水冲洗**；若没有明显的酸滴，用大量水冲洗即可。 4. 为什么是**5mL 浓盐酸？**自行计算。 5. 量取浓盐酸用不用很精确？
2	**无水 Na_2CO_3的处理：** (1)在 180℃下干燥 2~3h。 (2)将 $NaHCO_3$放到瓷坩埚中，在 270~300℃下干燥 1h，使之转化成 Na_2CO_3，然后放到干燥器中冷却，备用。	1. 标定 HCl 溶液的基准试剂通常采用 Na_2CO_3固体而非摩尔质量更大的硼砂，这是因为________，基准 Na_2CO_3固体不含结晶水，在一定温度下烘干并妥善保存后即可直接使用，非常方便。但使用 Na_2CO_3作基准试剂时应注意终点的把握，通常选择第二化学计量点，以甲基橙为指示剂，为什么？ 2. H_2CO_3的 K_{a1}和 K_{a2}分别为 4.2×10^{-7}和 5.6×10^{-11}，两者相差不足 10^4，而且 HCO_3^-又有较大的缓冲作用，第一化学计量点变色不明显，应选择第二化学计量点，以甲基橙为指示剂。但由于 K_{a2}不够大，而且溶液中 $CO_3{}^{2-}$过多，酸度增加，易使终点提前，因此快到终点时应剧烈振摇溶液。
3	**0.1mol·L^{-1}HCl 溶液的标定：** (1)用差减法准确称取 3 份 0.15~0.20g 无水基准 Na_2CO_3，分别倒入 250mL 锥形瓶中。称量瓶称样时一定要带盖，以免吸湿。 (2)然后加入 20~30mL 水使之溶解，再加入 2~3 滴甲基橙指示剂，用待标定的 HCl 溶液滴定至溶液由黄色变为橙色即为终点。 (3)计算 HCl 溶液浓度和各次标定结果的相对偏差。 小贴士： (1)"差减法准确称取"应用分析天平还是用普通台秤称量？ (2)**锥形瓶注意编号，贴好标签，以防止弄混。**	**1. 滴定反应方程式为：** $Na_2CO_3+2HCl = 2NaCl+H_2CO_3$ $H_2CO_3 = CO_2\uparrow+H_2O$ **2. 常用指示剂的选择应注意什么？单一指示剂和混合指示剂的区别是什么？本实验涉及的指示剂有酚酞(8.2~10.0)、甲基红(4.4~6.2)、甲基橙(3.1~4.4)。应选择哪种指示剂？**本操作属于酸滴定碱，滴定终点时的 pH 值突跃范围为______~______，因此，可选用______为指示剂。 3. **终点如何判断？**化学计量点时滴定颜色从黄色到橙色，滴定终点应是微微变色且 30s 不变色即可，颜色深说明滴定过量。 4. 平行滴定 3 组，保证 3 组数据的滴定液体积消耗相差不超过 0.05mL。
4	**混合碱的测定：** (1)准确称取试样 1.5~1.6g 于 100mL 烧杯中，加入少量水使其溶解，必要时可稍加热以促进溶解。冷却后，将溶液定量转入 100mL 容量瓶中，加水稀释至刻度，充分摇匀。 (2)平行移取 3 份 25.00mL 试液，分别放入 250mL 锥形瓶中，加入酚酞或混合指示剂 2~3 滴，用 HCl 标准溶液滴定溶液由红色恰好褪至无色，记下所消耗的盐酸体积 V_1。再加入甲基橙指示剂 2~3 滴，继续用盐酸滴定溶液由黄色恰好变为橙色，记录消耗盐酸的体积 V_2。 (3)根据公式计算混合碱中各组分的含量。	1. 称量混合碱时，可否按照基准碳酸钠的称样方式，每份单独称取一定质量进行测定？ 2. 由于 $K_{a1}/K_{a2}\approx10^4<10^5$，导致第一化学计量点的突跃不太明显。为了准确判断第一终点，通常采用 $NaHCO_3$溶液作参比或使用混合指示剂。 3. 容量瓶、移液管的使用应规范。 4. "平行移取"用什么移取？ 5. 酚酞指示剂的碱色为红色，酸色为无色，滴定终点从红色到几乎无色的浅粉色，颜色变化不明显，肉眼观察这种变化的灵敏性稍差。为将误差降到最小，可以采用对比的方法，当滴加盐酸至微红色后，再滴加 1 滴，振荡，溶液颜色稳定后，读数，记录，重复此操作，直至无色，取无色前面的一个读数为滴定终点。平行测定时，每次滴定条件要一致。

二、课堂提问

（1）混合碱的主要成分是什么？总碱度指的是什么？

（2）混合碱各组分含量、总碱度测定的基本原理。

（3）本实验标定盐酸选用的基准物质是什么？为什么？还可以选择什么物质作为基准物质？

（4）什么是双指示剂法？

（5）混合碱各组分含量测定实验两次滴定终点的 pH 值分别是多少？分别选择何种指示剂？终点颜色怎样变化？

（6）酸碱滴定中，可以被直接滴定的条件是什么？分步滴定的条件是什么？

（7）混合碱各组分含量测定实验中，由于 $K_{a1}/K_{a2}\approx 10^4$，小于 10^5，导致第一化学计量点的突跃不太明显，为了准确判断第一终点，通常采用的办法是什么？

（8）硼砂的分子式，硼砂与盐酸的反应方程式。

（9）本实验中，为何选用无水碳酸钠作为基准试剂？

三、参考资料

1. 碱度和总碱度

参见实验十七“工业纯碱总碱度的测定”参考资料。

2. 酸碱滴定在检验中的应用

见实验十七“工业纯碱总碱度的测定”参考资料。

3. 强酸滴定多元碱

1）多元弱酸(碱)分步滴定及全部滴定的可能性

多元弱酸(碱)在水溶液中分步离解。此时，$c\cdot K\geqslant 10^{-8}$ 仍作可为多元弱酸(碱)能被准确滴定的条件之一。但是，如果第二步离解的常数也比较大，就会在第一步中和反应未进行完全时，第二步中和反应又开始了。为使第二步中和反应不影响第一步滴定的准确度，相邻的两级离解常数应相差足够大。当 $\Delta pK>4$ 时，第一步滴定的误差约小于 1%；当 $\Delta pK>5$ 时，第一步滴定误差约小于 0.5%。由于多元弱酸(碱)的 ΔpK 一般不太大，对多元弱酸(碱)分步滴定的准确度不能要求太高，通常以 $cK_i\geqslant 10^{-8}$，且 $K_i/K_{i+1}\geqslant 10^5$，作为判断多元弱酸(碱)能被准确分步滴定的条件。

2）指示剂的选择

对于能够分步滴定的多元弱酸(碱)，应根据化学计量点的 pH 值选择适宜的指示剂。例如：HCl 滴定 Na_2CO_3，反应有两步，相应有两个突跃。第一个计量点可用酚酞为指示剂，但判断终点较困难；第二个计量点可选用甲基橙为指示剂。

以 $0.10mol\cdot L^{-1}$HCl 滴定 $0.10mol\cdot L^{-1}Na_2CO_3$ 为例：

第一化学计量点时滴定产物是 $0.05mol\cdot L^{-1}$ 的两性物质 HCO_3^-，由于 $K_{b1}/K_{b2}=K_{a1}/K_{a2}=10^4<10^5$，滴定到 HCO_3^- 这一步的准确度不高，化学计量点的 pH 值为 8.32。

$$[H^+]_1=\sqrt{K_{a1}K_{a2}}=\sqrt{10^{-6.38}\times 10^{-10.25}}=10^{-8.32}mol\cdot L^{-1}$$

$$pH=8.32$$

如果采用甲酚红-百里酚蓝混合指示剂指示终点，并用相同浓度的 $NaHCO_3$ 作参比，结果误差约 0.5%。

第二化学计量点时滴定产物是 H_2CO_3，其饱和溶液浓度约为 $0.040mol \cdot L^{-1}$，pH 值为 3.89。

$$[H^+]_2 \approx \sqrt{cK_{a1}} = \sqrt{0.040 \times 10^{-6.38}} = 1.3 \times 10^{-4} mol \cdot L^{-1}$$

$$pH = 3.89$$

可采用甲基橙或甲基橙-靛蓝磺酸钠混合指示剂确定终点，在室温下测定，但终点变化不敏锐。应采用为 CO_2 所饱和并含有相同浓度的 NaCl 和指示剂的溶液为参比。此外，还可选用甲基红-溴甲酚绿混合指示剂。当滴定到溶液（$pH \leqslant 5.0$）变红，暂时中断滴定。加热除去 CO_2（$pH \approx 8$），这时颜色又回到绿色，继续滴定到红色。重复此操作直到加热后颜色不变为止，一般需要加热 2~3 次。该滴定终点敏锐，准确度高。

4. 实验原理

工业纯碱（混合碱）通常是 Na_2CO_3 与 NaOH 或 Na_2CO_3 与 $NaHCO_3$ 的混合物。可采用 HCl 标准溶液进行滴定，测定混合碱中各组分的含量。选用两种不同的指示剂，分别指示第一、第二化学计量点的到达，根据两种指示剂变色时所消耗的 HCl 溶液的体积，计算出混合碱中各组分的含量，即"双指示剂法"。

以 HCl 标准溶液滴定混合碱的试液，当到达第一个化学计量点时，其化学反应为

$$Na_2CO_3 + HCl = NaHCO_3 + NaCl$$

$$NaOH + HCl = NaCl + H_2O$$

反应产物为 $NaHCO_3$ 和 NaCl，此时溶液的 pH 值由 HCO_3^- 的浓度确定。若 Na_2CO_3 的浓度不是很稀，求得溶液中 H^+ 浓度和 $pH = 8.32$。可采用酚酞作为指示剂，终点时溶液由红色变为无色，记下所消耗 HCl 标准溶液体积 V_1。由于 $K_{a1}/K_{a2} \approx 10^4 < 10^5$，导致第一化学计量点的突跃不太明显。为了准确判断第一终点，通常采用 $NaHCO_3$ 溶液作参比或使用混合指示剂，如甲酚红-百里酚蓝混合指示剂，它的变色范围是 pH = 8.2~8.4，指示剂酸色为黄色，碱色为紫色，第一个终点到达时，溶液由紫色变为粉红色。

继续用 HCl 标准溶液滴定到达第二个化学计量点时反应式为

$$NaHCO_3 + HCl = NaCl + H_2CO_3$$

$$H_2CO_3 = CO_2 \uparrow + H_2O$$

化学计量点时 pH = 3.89。可选用甲基橙或溴甲酚绿为指示剂。记下滴定所消耗的体积 V_2。

在混合碱溶液中加入酚酞指示剂，用 HCl 溶液滴定至第一个终点时，若被测试液中含有 NaOH 则被完全中和，含有 Na_2CO_3 则被中和一半，转化为 $NaHCO_3$，此时所消耗的 HCl 量为两者之和；加入甲基橙，继续用等浓度的 HCl 溶液滴定至第二终点，所消耗 HCl 量或者为待测液中含 $NaHCO_3$ 的量，或者是其与样品中 Na_2CO_3 转化为 $NaHCO_3$ 后两者所消耗 HCl 溶液量的总和。因此，在"双指示剂法"实验中，可以根据酚酞终点消耗 HCl 溶液的体积 V_1 和甲基橙终点所消耗的 HCl 溶液的体积 V_2 定性地判断混合碱的组成，并能定量计算出各组分的含量。

当 $V_1 > V_2$，样品为 Na_2CO_3 与 NaOH 的混合物，Na_2CO_3 所消耗的 HCl 溶液体积为 $2V_2$；

当 $V_1<V_2$，样品为 Na_2CO_3与 $NaHCO_3$的混合物，Na_2CO_3所消耗的 HCl 溶液体积为 $2V_1$；

当 $V_1=V_2$，样品中只有 Na_2CO_3；

当 $V_1=0$ 时，样品中的成分是什么？

当 $V_2=0$ 时，样品中的成分是什么？

5. 酸标准溶液、基准物质的选择

见实验十七“工业纯碱总碱度的测定”。

6. 注意事项

（1）混合碱易吸收 CO_2。如果混合碱液中吸收了 CO_2，会使 Na_2CO_3的含量偏高，其他组分的含量偏低。因此，配制和操作混合碱液的过程都要避免 CO_2的引入。要达到此目的，需要做到三点：混合碱配制时将蒸馏水加热煮沸 5min，除去 CO_2，快速冷却后再用；每次取用混合碱溶液后，将容量瓶用塞子塞好；滴定完一次后，再取用溶液滴定，避免同时取多份混合碱溶液，依次滴定。

（2）第一滴定终点的滴定速度不能太快也不能太慢，且振荡要匀速。这是因为如果滴定速度过快，摇动不均匀，使滴入的 HCl 溶液浓度局部过浓，致使 $NaHCO_3$快速转化为H_2CO_3，分解为 CO_2，这会导致第一测量组分值偏高，第二测量组分值偏低。

（3）接近第二滴定终点时，要充分摇匀，使 CO_2溢出，以防止形成 CO_2的过饱和溶液而使终点提前到达，使测量结果偏低。

第二节　配位滴定法

实验十九　自来水硬度的测定

一、操作详解及注意事项

序号	操　作	原理或注意事项
0	（1）**需准备的仪器**：100mL 烧杯、表面皿、250mL 容量瓶、玻璃棒、滴定管等。 （2）**需配制的溶液**：EDTA 溶液（$0.01mol \cdot L^{-1}$）；NH_3-NH_4Cl 缓冲溶液（pH≈10）。	1. 预习 EDTA 的标定。 2. 上课前，先将小烧杯、表面皿清洗干净并置于烘箱中烘干。
1	**EDTA 溶液（$0.01mol \cdot L^{-1}$）的配制：** 称取一定量 EDTA 于 100mL 烧杯中，加水 80mL，温热并搅拌并使其完全溶解，冷却后转入试剂瓶中，稀释至所需体积。	1. 每人配制 300～500mL 溶液即可，请自行计算所需称取的 EDTA 质量，称量时是否需要精确？ 2. 配制好的溶液应充分摇匀，保证溶液浓度均匀一致。
2	**NH_3-NH_4Cl 缓冲溶液配制：** 称取 1.0g NH_4Cl，溶于水后，加 5mL 原装氨水，用蒸馏水稀释至 50mL，pH 值约等于 10。	配制完毕，可用 pH 试纸验证 pH 值是否约等于 10。

续表

序号	操　作	原理或注意事项
3	**EDTA 标准溶液的标定：** **$0.01mol \cdot L^{-1}$ Zn^{2+}标准溶液的配制：** 准确称取 0.20~0.22g 基准 ZnO 于 100mL 烧杯中，加入 5mL $6mol \cdot L^{-1}$ HCl 溶液，**立即**盖上表面皿，待 ZnO 完全溶解，加水 50mL，**并用水冲洗烧杯内壁和表面皿**，将溶液定量转移至 250mL 容量瓶中，用水稀释至刻度，摇匀，备用。	1. 反应方程式：$ZnO+2HCl$(过量)$=\!=\!=ZnCl_2+H_2O$ 2. “准确称取”用的是台秤还是电子分析天平？ 3. 须加少量水将基准 ZnO 润湿。 4. **“立即盖上表面皿”**的目的是什么？防止______随着挥发的盐酸流失。 5. 盖上表面皿后，可以从烧杯嘴部分用滴管滴加盐酸。 6. 必须当 ZnO 完全溶解后再加水。 7. 用水冲洗烧杯内壁和表面皿的目的？为了做到定量转移，最大程度**减少损失、降低误差**。 8. 此时溶液的 pH 值？约 3~4。
4	**以铬黑 T(EBT)为指示剂标定 EDTA**（$Na_2H_2Y \cdot 2H_2O$）： (1)用移液管吸取 25.00mL Zn^{2+}标准溶液于锥形瓶中，加 1 滴**甲基红**，用氨水中和 Zn^{2+}标准溶液中的 HCl，当溶液由**红变黄**即可。 (2)加 20mL 水和 10mL NH_3-NH_4Cl 缓冲溶液，再加上 3 滴铬黑 T 指示剂，**立即**用 EDTA 滴定，当溶液由**酒红色转变成纯蓝色**即为终点。平行滴定 3 次，计算 EDTA 的准确浓度。	1. 反应方程式： 加指示剂(In)后：$Zn^{2+}+In$(纯蓝色)$\rightleftharpoons ZnIn$(酒红色)　① 滴定开始至终点前：$Zn^{2+}+Y^{4-}\rightleftharpoons ZnY^{2-}$(颜色不变)　② 滴定终点：$ZnIn$(酒红色)$+Y^{4-}\rightleftharpoons ZnY^{2-}+In$(纯蓝色)　③ 2. 滴定前需要除去过量的 HCl，用到氨水，加甲基红的目的？甲基红的变色范围为 4.4~6.2，当颜色由红到黄，$pH\approx6$，表明______完全被中和掉，因此，其作用是指示溶液中过量的______是否完全被氨水中和。 3. **加氨水**时要使用滴管**逐滴加入，加一滴，摇一摇**，为什么？防止氨水过量→溶液 pH>12→Zn^{2+}形成______，导致指示剂无终点(仍为酒红色)。 4. **滴定前加 NH_3-NH_4Cl 缓冲溶液的目的**？ 5. 加铬黑 T 后**为何“立即”滴定**？ 6. 滴定整个过程，颜色变化为：酒红色→纯蓝色，若溶液中有微红色，说明络合反应③并不完全，此时应**补加半滴**至纯蓝。
5	**水样硬度的测定：** **(1)总硬度的测定：** ①用移液管移取 100.00mL 自来水于 250mL 锥形瓶中，加入 3mL 三乙醇胺溶液、5mL NH_3-NH_4Cl 缓冲溶液，再加入 3 滴铬黑 T 指示剂，立即用 EDTA 标准溶液滴定，当溶液由酒红色变为纯蓝色即为终点。 ②平行测定 3 份，根据消耗的 EDTA 的体积 V_1 计算水样的总硬度，以 $mg \cdot L^{-1}$ $CaCO_3$ 表示结果。根据实验结果说明该水样是否符合生活饮用水的硬度标准。 $c_{总}=c(EDTA)V_1(EDTA)M(CaCO_3)/V(H_2O)$ 小贴士： 自来水样品的移取使用 100mL 移液管，到边台指定的自来水样品水桶中移取。	1. 原理：用 EDTA 标准溶液滴定溶液中的 Ca^{2+}、Mg^{2+}。铬黑 T 和 EDTA 都能和 Ca^{2+}、Mg^{2+}形成配合物，其配合物稳定性顺序为：$[CaY]^{2-}>[MgY]^{2-}>[MgIn]>[CaIn]$ 反应方程式： 加指示剂(In)后： $Mg^{2+}+In$(纯蓝色)$\rightleftharpoons MgIn$(酒红色)　① 滴定开始至终点前： $Ca^{2+}+Y^{4-}\rightleftharpoons CaY^{2-}$(颜色不变)　② Mg^{2+}(游离)$+Y^{4-}\rightleftharpoons MgY^{2-}$(颜色不变)　③ 滴定终点：$MgIn$(酒红色)$+Y^{4-}\rightleftharpoons MgY^{2-}+In$(纯蓝色)　④ 2. **加三乙醇胺的作用**？为了______，以消除对 EBT 指示剂的______作用；Cu^{2+}、Pb^{2+}、Zn^{2+}等重金属离子则可用______掩蔽。 3. 总硬度测定中，锥形瓶用自来水洗干净后，用蒸馏水润洗会不会影响实验结果？为什么？ 4. 滴定前加入的缓冲溶液仅为 5mL，而 EDTA 标定中加入的量为 10mL，为什么？

续表

序号	操作	原理或注意事项
6	**(2) Ca^{2+}、Mg^{2+}含量的测定：** ①用移液管移取100.00mL自来水于250mL锥形瓶中，加入5mL 100g·L^{-1} NaOH溶液，再加入3滴钙指示剂，立即用EDTA标准溶液滴定，并不断摇动锥形瓶，当溶液由酒红色变为纯蓝色即为终点。 ②平行测定3份，根据消耗EDTA的体积V_2计算水中Ca^{2+}、Mg^{2+}的硬度，以mg·L^{-1}表示结果。	反应方程式 加NaOH后： $Mg^{2+}+OH^- \rightleftharpoons Mg(OH)_2\downarrow$（白色） ① 加Ca指示剂(In)后： Ca^{2+}+In（纯蓝色）$\rightleftharpoons$ CaIn（酒红色） ② 滴定开始至终点前： $Ca^{2+}+Y^{4-} \rightleftharpoons CaY^{2-}$（颜色不变） ③ 滴定终点： CaIn（酒红色）$+Y^{4-} \rightleftharpoons CaY^{2-}$+In（纯蓝色） ④

二、课堂提问

（1）水的硬度指什么？硬度的单位是什么？

（2）配位滴定中加入缓冲溶液的作用是什么？NH_3-NH_4Cl缓冲溶液的缓冲范围是多少？

（3）络合滴定最常用的滴定剂是什么？其全称是什么？

（4）络合滴定法与酸碱滴定法相比，有哪些不同点？操作中应注意哪些问题？

（5）EDTA是否需要标定？为什么？标定EDTA常用的基准物质有哪些？

（6）$[CaY]^{2-}$、$[MgY]^{2-}$、[MgIn]、[CaIn]稳定性比较。

（7）指示剂选择的原则。

（8）络合滴定最常用的指示剂有哪些？其滴定终点颜色的变化如何？原理是什么？

（9）硬度测定中，加入三乙醇胺目的是什么？

（10）要配制较高浓度的EDTA，溶解时即使加热溶解的也比较慢，这是为什么？应如何解决？

（11）水样中HCO_3^-和H_2CO_3为什么会影响终点变色的观察？应如何解决？

（12）为什么滴定Ca^{2+}、Mg^{2+}总量时要控制pH≈10，而滴定Ca^{2+}含量时要控制pH值为12~13？

（13）如果只有铬黑T指示剂，能否测定Ca^{2+}的含量？如何测定？

三、参考资料

1. 水的硬度

水的硬度原指水沉淀肥皂的程度，使肥皂沉淀的原因主要是水中的钙、镁离子的作用。水的总硬度是将水中Ca^{2+}、Mg^{2+}的总量折合成CaO或$CaCO_3$的浓度来表示，通常单位为mg·L^{-1}。国际上规定每升水中含1mg $CaCO_3$为1度，每升水中含10mg $CaCO_3$称为一个德国度(°)。我国国家标准中规定以$CaCO_3$浓度来表示水的总硬度。

2. EDTA标准溶液标定的原理

1）EDTA

EDTA：乙二胺四乙酸H_4Y（本身是四元酸），由于在水中的溶解度很小，通常把它制成二钠盐（$Na_2H_2Y\cdot 2H_2O$），也称为EDTA或EDTA二钠盐。EDTA相当于六元酸，在水中有六级离解平衡。与金属离子形成螯合物时，络合比皆为1∶1。

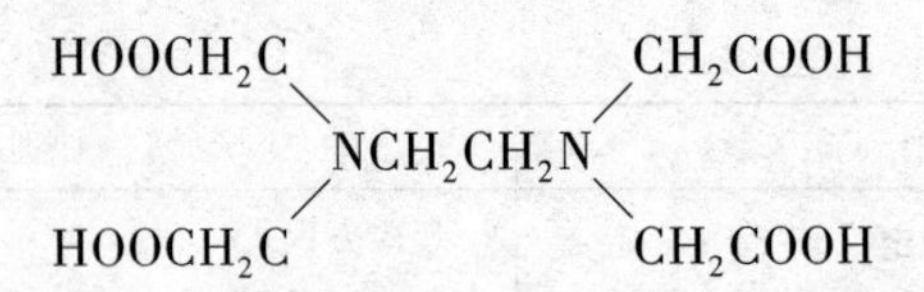

EDTA 本身是四元酸 H_4Y，在酸度很高时，它的两个羧基可以接受 H^+，形成 H_6Y^{2+}。

在水溶液中 EDTA 可以是 H_6Y^{2+}、H_5Y^+、H_4Y、H_3Y^-、H_2Y^{2-}、HY^{3-}、Y^{4-}，它们的分布分数与 pH 值有关：

pH>1，主要以 H_6Y^{2+}存在；

pH＝2.67~6.16，主要以 H_2Y^{2-}存在；

pH>10.26，主要以 Y^{4-}存在。

EDTA 因常吸附 0.3%的水分且其中含有少量杂质而不能直接配制标准溶液，通常采用标定法制备 EDTA 标准溶液。

标定 EDTA 的基准物质——纯的金属：如 Cu、Zn、Ni、Pb，以及它们的氧化物。

某些盐类：如 $CaCO_3$、$ZnSO_4 \cdot 7H_2O$、$MgSO_4 \cdot 7H_2O$。

2）金属指示剂

金属指示剂(metal indicator)又称金属离子指示剂，是络合滴定法中使用的指示剂。指示终点的原理是在一定 pH 值下，指示剂与金属离子络合，生成与指示剂游离态颜色不同的络离子。当达到反应化学计量点时，滴定剂置换出指示剂，当观察到从络离子的颜色转变为指示剂游离态的颜色时即达终点。

在络合滴定时，与金属离子生成有色络合物来指示滴定过程中金属离子浓度的变化。

$$M+In(颜色A) \rightleftharpoons MIn(颜色B)$$

滴入 EDTA 后，金属离子逐步被络合，当达到反应化学计量点时，已与指示剂络合的金属离子被 EDTA 夺出，释放出指示剂的颜色：

$$MIn(颜色B)+Y \rightleftharpoons MY+In(颜色A)$$

指示剂变化终点的 pMep 应尽量与化学计量点的 pMsp 一致。金属离子指示剂一般为有机弱酸，存在着酸效应，要求显色灵敏、迅速、稳定。

金属指示剂应具备下列条件：

（1）金属指示剂 In 与金属离子 M 形成的配合物 MIn 的颜色与指示剂 In 本身的颜色应有明显的区别，滴定终点才容易判断。

（2）金属指示剂 In 与金属离子 M 形成的配合物的稳定性应适当。若 MIn 的稳定性太低，将会过早出现滴定终点，且终点的颜色变化不明显；若 MIn 的稳定性太高，则接近化学计量点时滴加配位剂 Y 不能夺取 MIn 中的 M，In 不能游离出来，甚至滴定过了终点，也不变色，即产生指示剂的封闭现象。

(3)指示剂与金属离子的显色反应必须灵敏、迅速，且具有良好的变色可逆性。

3）常用的金属离子指示剂：

铬黑 T(EBT)：pH＝10 时，用于 Mg^{2+}、Zn^{2+}、Cd^{2+}、Pb^{2+}、Hg^{2+}、In^{3+}，并和金属离子以 1∶1 配位。

二甲酚橙(XO)：pH＝5~6 时，用于 Zn^{2+}。

K-B 指示剂[酸性铬蓝(K)-萘酚绿(B)混合指示剂]：

pH＝10 时，用于 Mg^{2+}、Zn^{2+}、Mn^{2+}；

pH=12 时，用于 Ca^{2+}。

EDTA 与金属络合的特点：

(1) EDTA 与金属离子形成配合物相当稳定；

(2) EDTA 与大多数金属离子形成配合物的摩尔比为 1∶1，与正四价锆、正五价钼 1∶2 络合；

(3) EDTA 与金属离子形成的配合物多数可溶于水；

(4) 形成配合物的颜色主要取决于金属离子的颜色；

(5) 元素周期表中绝大多数的金属离子均能与 EDTA 形成多个五环结构的螯合物。

3. 注意事项

(1) 若水样中含有金属干扰离子，使滴定终点延迟或颜色发暗，可另取水样，加 0.5mL 盐酸羟胺及 1mL 硫化钠溶液再进行滴定。

(2) 若水样中钙、镁离子含量较高，需预先酸化水样，并加热除去二氧化碳，以防碱化后生成碳酸盐沉淀，滴定时不易转化。

(3) 若水样中含悬浮性或胶体有机物会影响终点的观察，可以预先将水样蒸干并于 550℃灰化，用纯水溶解残渣后再进行滴定。

4. EDTA 滴定影响因素分析

EDTA 络合物滴定法是检测水总硬度时最为常用的测定方法，此方法简单快速、结果准确，在水质硬度测定中得到广泛应用。水的总硬度测定过程中影响因素较多，如滴定的温度、pH 值、指示剂的使用、滴定的速度及滴定终点的判断等，都是实验成败的关键。

1) 水样 pH 值的影响

pH 值是 EDTA 滴定分析中影响最为显著的因素，溶液的 pH 值会影响金属离子与 EDTA 生成螯合物的稳定性。pH 值降低，则 EDTA 与钙镁离子生成螯合物的稳定性变差；pH 值过高(大于 12)，则镁离子会形成氢氧化镁沉淀，钙离子会形成碳酸钙沉淀，均无法与 EDTA 发生配位反应。

因此，在检验前应确定水样的 pH 值，若过高或过低，即使加入缓冲溶液也达不到测定所要求的 pH 值，此时可分别滴加 $3mol \cdot L^{-1}$ 盐酸溶液或 $2mol \cdot L^{-1}$ 的氢氧化钠溶液进行调节，使水样的 pH 值约为 7，然后再加入 pH=10 的缓冲溶液以及适量指示剂后进行滴定。

2) 滴定温度的影响

滴定时溶液的温度最好控制在 20~30℃左右。温度过低，则反应速度偏慢，易造成滴定过量，因此在进行检测时，最好事先适当加热水样；温度过高，会使水样中的某些物质发生变化，且加入的氨-氯化铵缓冲溶液极易挥发，从而影响钙镁离子与 EDTA 反应，因此滴定前要事先适当冷却水样。

3) 缓冲溶液的影响

(1) 因 EDTA 是弱酸，其解离平衡受 pH 值的影响，在滴定过程，随着 EDTA 与金属离子反应不断释放出 H^+，会使溶液的酸度增加，进而影响络合物的稳定性，而加入氨-氯化铵缓冲溶液的 pH=10，使 EDTA 与钙、镁离子的反应保持适当的 pH 条件。

(2) 铬黑 T 指示剂显色变化最适宜 pH 值为 9~10.5，加入缓冲溶液保证滴定反应的颜色指示顺利进行。

(3) 由于缓冲溶液中的氨极易挥发，会使缓冲溶液 pH 值降低，从而影响总硬度的测定。因此缓冲溶液要现用现配，且配制的量不宜过多，低温保存，取用后立即盖好瓶塞。特别是在滴定多个样品时，要逐个加入缓冲溶液，并立即滴定，而不要一次性将所有待测样品都加入缓冲溶液。

4）指示剂的影响

滴定前，指示剂的量要添加适度，如用量过多，则显色过深，用量过少则显色过浅，都会造成滴定终点难以判断或者终点提前或延后。而且铬黑 T 指示剂易被氧化，致使滴定终点不清晰，固体指示剂可存放较长时间，液体指示剂若存放不当容易失效，因此使用前要确认指示剂的有效性。

5）滴定时间和滴定速度的影响

由于铬黑 T 指示剂在滴定过程中被逐渐氧化，造成终点不清晰，因此不要一次性将所有的分析样品都加进缓冲溶液和铬黑 T 指示剂，再逐个滴定，这样会带来较大的误差。每个样品依次加完指示剂和缓冲溶液后应尽快完成滴定，再进行下一个样品的测定，且每次测定时间不超过 5min。

在以上条件的前提下，滴定速度不应过快，否则反应不充分，造成滴定过量；尤其是当接近终点时，应放慢速度，最好 2~3s 滴一滴或半滴，并振摇锥形瓶，使之充分反应。

6）其他干扰因素的影响

由于水样受各种环境因素的影响，其成分差别较大，如含有金属离子、有机物、悬浮物等，都会致使铬黑 T 褪色或终点不明显(被称为指示剂的封闭现象)。对铬黑 T 有封闭作用的金属离子主要有 Fe^{3+}、Cu^{2+}、Al^{3+}、Mn^{2+}、Ni^{2+} 及 Co^{2+} 等。水样中含有较多的有机物、胶状物或悬浮物，且颜色较深，也会导致不易观察滴定终点的颜色变化，还有些水样含有大量 CO_2，如水样中 HCO_3^- 的浓度大于 0.0033mol・L^{-1}，会使终点提前并出现返红现象，导致终点判定的失误。

5. 铬黑 T

铬黑 T(Eriochrome black T)是棕黑色粉末，溶于水；主要用作检验金属离子和水质测定；是实验室常备的分析试剂。分子式：$C_{20}H_{12}N_3NaO_7S$；分子量：461.38。

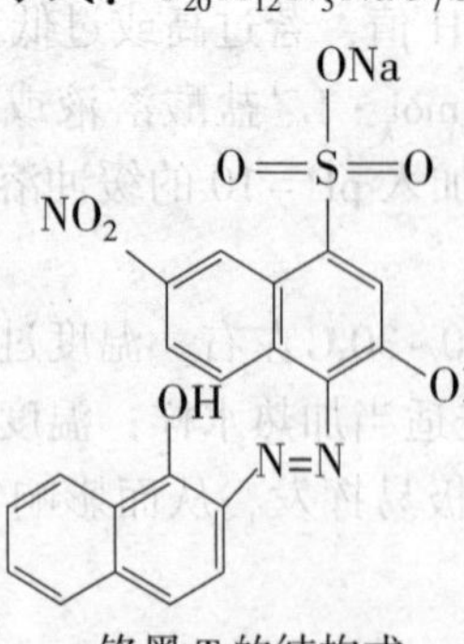

铬黑 T 的结构式

性状描述：棕黑色粉末，溶于热水，冷却后成红棕色溶液，略溶于乙醇，微溶于丙酮。pH<6.3：显红色；pH>11.6：显橙色；在正常使用的 pH 范围内为蓝色，络合物为红色。

用途：是常用的金属指示剂、络合指示剂，测定钙、镁、钡、铟、锰、铅、钪、锶、锌和锆，例如测定水的硬度，Ca^{2+}、Mg^{2+} 等金属离子的含量。

指示剂的封闭现象：有的指示剂与某些金属离子生成极稳定的络合物，其稳定性超过了 MY 的稳定性。例如铬黑 T 与 Fe^{3+}、Al^{3+}、Cu^{2+}、Co^{2+}、Ni^{2+} 生成的络合物非常稳定，用 EDTA 滴定这些离子时，即使过量较多的 EDTA 也不能把铬黑 T 从 M-铬黑 T 的络合物中置换出来。

因此，滴定这些离子不能用铬黑T作指示剂。即使在滴定Mg^{2+}时，如有少量Fe^{3+}杂质存在，在化学计量点时也不能变色，或终点变色不敏锐、有拖长现象。这种现象称为封闭现象。

铬黑T与二价金属离子形成的络合物都是红色或紫红色的。因此，只有在pH=7~11范围内使用，指示剂才有明显的颜色变化。根据实验，最适宜的酸度为pH=9~10.5。铬黑T常用作测定Mg^{2+}、Zn^{2+}、Pb^{2+}、Mn^{2+}、Cd^{2+}、Hg^{2+}等离子的指示剂。

实验二十　铝合金中铝含量的测定

一、操作详解及注意事项

序号	操　作	原理或注意事项
0	（1）**需准备的仪器**：100mL烧杯、表面皿，250mL容量瓶，25mL移液管，滴定管等。 （2）**需配制的溶液**：EDTA溶液（0.02mol·L^{-1}）。	1. Al-Mg合金为制备烟花的原料，属于一级可燃物，不可随意丢弃，废弃的Al-Mg合金应置于回收瓶内。 2. 预习移液器的使用，用于量取具有强腐蚀性的NH_4F溶液。
1	**0.02mol·L^{-1} EDTA溶液的配制：** 称取一定量EDTA于100mL烧杯中，加水80mL，温热并搅拌并使其完全溶解，冷却后转入试剂瓶中，稀释至所需体积。	1. 每人配制约200mL溶液即可，请自行计算所需称取的EDTA质量。称量时是否需要精确？ 2. 配制好的溶液应充分摇匀，保证溶液浓度均匀一致。
2	**0.02mol·L^{-1} Zn^{2+}标准溶液的配制：** 准确称取0.40~0.42g基准ZnO于100mL烧杯中，加5mL 6mol·L^{-1}HCl溶液，立即盖上表面皿，待ZnO完全溶解，以少量水冲洗表面皿和烧杯内壁。定量转移Zn^{2+}溶液于250mL容量瓶中，用水稀释至刻度，摇匀，计算锌标准溶液的浓度。	1. 反应方程式：$ZnO+2HCl(过量) = ZnCl_2+H_2O$。 2. “准确称取”用的是台秤还是分析天平？ 3. “**立即盖上表面皿**”的目的是什么？防止______随着挥发的盐酸流失。 4. 盖上表面皿后，可以从烧杯嘴部分用滴管滴加盐酸。 5. 必须当ZnO完全溶解后再加水。 6. 用水冲洗烧杯内壁和表面皿的目的？为了做到定量转移，最大程度**减少损失、降低误差**。 7. 此时溶液的pH值？约3~4。
3	**铝含量的测定：** **（1）溶解：** 准确称取铝合金试样0.10~0.12g，盖上表面皿，缓慢滴加6mol·L^{-1}盐酸，待其反应缓慢时加入10mL 6mol·L^{-1}盐酸，加热微沸5min，冷却后将上述溶液定量转移至250mL容量瓶中，稀释至刻度，摇匀。	1. 一定要盖表面皿！ 2. **盐酸从烧杯嘴部加，不可滴加过快，加一滴，轻轻摇动**→反应开始时会非常剧烈、加快了溶液可能会飞溅→注意安全、防护（戴护目镜）。
4	**（2）调pH=3~4使Al^{3+}与EDTA(H_2Y^{2-})络合：** ①移取25.00mL铝合金溶液于250mL锥形瓶中，加入0.02mol·L^{-1}EDTA溶液30mL，加2滴二甲酚橙，此时溶液呈黄色，滴加1∶1氨水调至溶液恰好出现红色，再滴加1~2滴3mol·L^{-1}HCl溶液，使溶液呈现黄色。 ②加热煮沸3min。 ③放冷后加入六亚甲基四胺20mL，此时溶液应呈黄色（pH=5~6），如不呈黄色，用3mol·L^{-1}HCl来调节，使其变黄。	1. EDTA溶液用量筒加即可，为什么？ 2. 二甲酚橙在pH>6.3时，呈现红色；pH<6.3时，它呈现黄色→溶液黄色说明pH<6.3→氨水调至恰好红色→说明pH值略高于6.3→再滴加约1滴盐酸→溶液刚好黄色→说明pH=3~4→使Al^{3+}与EDTA络合。 3. 煮沸的目的是什么？ 4. 反应方程式： pH=3.5时，$Al^{3+}+H_2Y^{2-}(过量) = AlY^-+2H^++H_2Y^{2-}(剩余)$。

续表

序号	操　作	原理或注意事项
5	**(3)锌标准溶液滴定过量的EDTA：** ①用 0.02mol · L^{-1} 锌标准溶液滴定至溶液由黄色变为橙红色（**不计体积**），于上述溶液中加入 10mL 200g · L^{-1} NH_4F 溶液，加热至微沸，流水冷却，再补加二甲酚橙（XO）指示剂 2 滴，此时溶液应呈现黄色（pH 值为5~6）。 ②若溶液呈现红色，应滴加 3mol · L^{-1} HCl 溶液使其变为黄色。 ③再用 0.02mol · L^{-1} 锌标准溶液滴定至溶液由黄色变为橙红色，即为终点。 ④根据消耗的锌盐溶液的体积，计算 Al 的质量分数。	1. 滴定至橙红色为何不计体积？ 2. 调节溶液 pH＝5~6 的原因？→此时 AlY^- 稳定，也不会重新水解析出多核配合物。 滴定反应：$Zn^{2+}+H_2Y^{2-}$（剩余）$=\!=\!=$ $ZnY^{2-}+2H^+$ 滴定终点：Zn^{2+} 过量，pH>6.3 3. 加入 NH_4F（过量）后，释放 EDTA 置换反应：$AlY^-+6F^-+2H^+ =\!=\!= AlF_6^{3-}+H_2Y^{2-}$（置换） 滴定反应：$Zn^{2+}+H_2Y^{2-}$（剩余）$=\!=\!=$ $ZnY^{2-}+2H^+$ 滴定终点：Zn^{2+} 过量，pH>6.3 Zn^{2+}（过量）+XO $=\!=\!=$ Zn-XO　黄色→紫红色 4. 溶液微沸后应呈现浑浊状态，否则，说明__________。 5. NH_4F 具有强腐蚀性→注意安全→使用移液器量取。

二、课堂提问

（1）本实验的基本原理。

（2）测定铝合金中铝含量时，为什么不采用直接滴定法？

（3）什么是置换滴定法？通常在什么情况下选用置换滴定法？

（4）若本实验采用返滴定法，测定结果偏高还是偏低？实验步骤有何不同？

（5）若采用返滴定法测定试样中的 Al^{3+} 时，所加入过量 EDTA 溶液的浓度是否必须准确？为什么？

（6）实验中所使用的 EDTA 溶液是否需要标定？为什么？

（7）Al^{3+} 与 EDTA 络合的 pH 值范围是多少？

（8）铬黑 T 和二甲酚橙分别在什么 pH 值条件下适用？

（9）实验中用到的氟化铵起到什么作用？操作中应注意什么？

三、参考资料

1. 直接滴定法

直接滴定法是用标准溶液直接滴定被测物质的一种方法。凡是能同时满足下述滴定反应条件的化学反应，都可以采用直接滴定法。直接滴定法是滴定分析法中最常用、最基本的滴定方法。例如用 HCl 滴定 NaOH，用 $K_2Cr_2O_7$ 滴定 Fe^{2+} 等。

适合直接滴定法分析的化学反应，应该具备以下几个条件：

（1）反应必须按方程式定量地完成，通常要求在 99.9%以上，这是定量计算的基础。

（2）反应应迅速地完成（有时可加热或用催化剂以加速反应）。

（3）共存物质不干扰主要反应，或用适当的方法可消除其干扰。

（4）有比较简便的方法确定计量点（指示滴定终点）。

实际工作中，往往有些化学反应不能同时满足滴定分析的滴定反应要求，这时可选用下列几种方法之一进行滴定，即：返滴定法、置换滴定法、间接滴定法。

2. 返滴定法

返滴定法（剩余量滴定，俗称回滴）：当反应较慢或反应物是固体时，加入符合计量关系的滴定剂，反应常常不能立即完成，此时可以先加入一定量过量的滴定剂，使反应加速。等反应完成后，再用另一种标准溶液滴定剩余的滴定剂。这种滴定方式称为返滴定法。

返滴定法主要用于下列情况：

(1) 采用直接滴定法时，缺乏符合要求的指示剂，或者被测物质对指示剂有封闭作用。

(2) 被测物质与滴定剂的反应速度很慢。

(3) 被测物质发生水解等副反应，影响测定。

(4) 用滴定剂直接滴定固体试样时，反应不能立即完成。

例如，Al^{3+}的滴定，由于存在下列问题，故不宜采用直接滴定法。

(1) Al^{3+}对二甲酚橙等指示剂有封闭作用。

(2) Al^{3+}与 EDTA 配位缓慢，需要加过量 EDTA 并加热煮沸，配位反应才比较完全。

(3) 在酸度不高时，Al^{3+}水解生成一系列多核氢氧基配合物，如$[Al_2(H_2O)_6(OH)_3]^{3+}$、$[Al_3(H_2O)_6(OH)_6]^{3+}$等，即便将酸度提高至 EDTA 滴定 Al^{3+}的最高酸度($pH=4.1$)，仍不能避免多核配合物的形成。铝的多核配合物与 EDTA 反应缓慢，配位比不恒定，故不适宜直接滴定。

为了避免发生上述问题，可采用返滴定法。为此，可先加入一定量过量的 EDTA 标准溶液，在 $pH=3.5$ 时，煮沸溶液。由于此时酸度较大($pH<4.1$)，故不至于形成多核氢氧基配合物；又因 EDTA 过量较多，故能使 Al^{3+}与 EDTA 配位完全。配位完全后，调节溶液 pH 值至 5~6(此时 AlY 稳定，也不会重新水解析出多核配合物)，加入二甲酚橙，即可顺利地用 Zn^{2+}或 Cu^{2+}等标准溶液进行返滴定。

又如，对于固体 $CaCO_3$的滴定，先加入已知过量的 HCl 标准溶液，待反应完成后，可用标准 NaOH 溶液返滴定剩余的 HCl；对于酸性溶液中 Cl^- 的滴定，可先加入已知过量的 $AgNO_3$标准溶液使 Cl^- 沉淀完全后，再以三价铁盐作指示剂，用 NH_4SCN 标准溶液返滴定过量的 Ag^+，出现$[Fe(SCN)]^{2+}$淡红色即为终点。

3. 置换滴定法

置换滴定法：先加入适当的试剂与待测组分定量反应，生成另一种可滴定的物质，再利用标准溶液滴定反应产物，然后由滴定剂的消耗量、反应生成的物质与待测组分等物质的量的关系计算出待测组分的含量。

这种滴定方式主要用于因滴定反应没有定量关系或伴有副反应而无法直接滴定的测定。

例如，硫代硫酸钠不能用来直接滴定重铬酸钾和其他强氧化剂，这是因为在酸性溶液中氧化剂可将 $S_2O_3^{2-}$ 氧化为 $S_4O_6^{2-}$ 或 SO_4^{2-} 等混合物，没有一定的计量关系。但是，硫代硫酸钠却是一种很适合的滴定碘的滴定剂。如果在酸性重铬酸钾溶液中加入过量的碘化钾，用重铬酸钾置换出一定量的碘，然后以淀粉为指示剂，用硫代硫酸钠标准溶液直接滴定置换出的碘，计量关系明确，进而求得硫代硫酸钠溶液的浓度。实际工作中，就是用这种方法以重铬酸钾标定硫代硫酸钠标准溶液浓度的。

4. 间接滴定法

对于不能直接与滴定剂反应的某些物质，可预先通过其他反应使其转变成能与滴定剂定量反应的产物，从而间接测定，这种滴定分析方法称为间接滴定法。

例如，高锰酸钾法测定钙含量就属于间接滴定法。由于 Ca^{2+}在溶液中没有可变价态，所以不能直接用氧化还原法滴定。但若先将 Ca^{2+}沉淀为 CaC_2O_4，过滤洗涤后用 H_2SO_4溶解，再用 $KMnO_4$标准溶液滴定与 Ca^{2+}结合的 $C_2O_4^{2-}$，便可间接测定 Ca^{2+}的含量。

5. 二甲酚橙

二甲酚橙(xylenol orange)，红棕色结晶性粉末；易吸湿，易溶于水，不溶于无水乙醇；210℃分解；最大吸收波长为580nm。二甲酚橙作为指示剂常配成0.2%的水溶液使用，pH>6.3时，呈现红色；pH<6.3时，它呈现黄色；pH=p*K*a=6.3时，呈现中间颜色。二甲酚橙与金属离子形成的配合物都是红紫色，因此它只适用于在pH<6的酸性溶液中。

中文别名：二甲苯酚橙；二甲酚橘黄；3,3′-双[*N*,*N*-二(羧甲基)氨基甲基]邻甲酚磺酞，邻甲酚磺酞-3,3′-双甲基亚氨基二乙酸，二甲酚橙四钠盐；XO指示剂。

用二甲酚橙为指示剂，在酸性溶液中以EDTA直接滴定Bi^{3+}、Zn^{2+}、Pb^{2+}、Hg^{2+}等离子可得很好结果。

用途：酸碱指示剂、金属指示剂。

6. 氟化铵

氟化铵为离子化合物。室温下为白色或无色透明斜方晶系结晶，略带酸味；易潮解，受热或遇热水分解为氨与氟化氢；热水中分解；由无水氢氟酸与液氨中和而制得；能腐蚀玻璃，对皮肤有腐蚀性。可用作化学试剂、玻璃蚀刻剂(常与氢氟酸并用)、发酵工业消毒剂和防腐剂、由氧化铍制金属铍的溶剂以及硅钢板的表面处理剂，还用于制造陶瓷、镁合金，锅炉给水系统和蒸气发生系统的清洗脱垢，以及油田砂石的酸处理，也用作烷基化、异构化催化剂组分。也常被用作滴定分析中的掩蔽剂。

7. 移液器

移液器(locomotive pipette)也叫移液枪，是在一定量程范围内，将液体从原容器内移取到另一容器内的一种计量工具，被广泛用于生物、化学等领域。移液器的基本结构主要有显示窗、容量调节部件、活塞、O形环、吸引管和吸头(吸液嘴)等几个部分。常用移液器的设计依据是胡克定律：即在一定限度内弹簧伸展的长度与弹力成正比，也就是移液器内的液体体积与移液器内的弹簧弹力成正比。

1) 分类

移液器根据原理可分为气体活塞式移液器(air-displacement pipette)和外置活塞式移液器(positive-displacement pipette)。气体活塞式移液器主要用于标准移液，外置活塞式移液器主要用于处理易挥发、易腐蚀及黏稠等特殊液体。

常见其他分类：根据能够同时安装吸头的数量可将其分为单通道移液器和多通道移液器；根据刻度是否可调节可将其分为固定移液器和可调节式移液器；根据调节刻度方式可将其分为手动式移液器和电动式移液器；根据特殊用途可将其分为全消毒移液器、大容量移液器、瓶口移液器、连续注射移液器等。

2) 使用方法

(1) 选择合适的移液器。移取标准溶液(如水、缓冲液、稀释的盐溶液和酸碱溶液)时多使用空气置换移液器，移取具有高挥发性、高黏稠度以及密度大于2.0g/cm^{3}的液体，或者在临床聚合酶链反应(PCR)测定中的加样时使用正向置换移液器。如移取4mL的液体，最好选择最大量程为5mL的移液器。

(2) 设定移液体积。调节移液器的移液体积控制旋钮进行移液量的设定。调节移液量时，应视体积大小而旋转刻度至超过设定体积的刻度，再回调至设定体积，以保证移取的最佳精确度。

(3) 装配吸头。使用单通道移液器时，将可调式移液器的嘴锥对准吸头管口，轻轻用力垂直下压使之装紧。使用多通道移液器时，将移液器的第一排对准第一个管嘴，倾斜插入，前后稍微摇动拧紧。

(4) 移液。保证移液器、吸头和待移取液体处于同一温度；然后用待移取吸液体润洗吸头 1~2 次，尤其是黏稠的液体或密度与水不同的液体。移取液体时，将吸头尖端垂直浸入液面以下 2~3mm 深度(严禁将吸头全部插入溶液中)，缓慢均匀地松开操作杆，待吸头吸入溶液后静置 2~3s，并斜贴在容器壁上淌走吸头外壁多余的液体。

(5) 移液器的放置。使用移液器完毕后，用大拇指按住吸头推杆向下压，安全退出吸头后将其容量调到标识的最大值，然后将移液器悬挂在专用的移液器架上；长期不用时应置于专用盒内。

3) 移取方法

前进移液法：按下移液操作杆至第一停点位置，然后缓慢松开按钮回原点；接着将移液操作杆按至第一停点位置排出液体，稍停片刻继续将移液操作杆按至第二停点位置排出残余液体，最后缓慢松开移液操作杆。

反向移液法：先按下按钮至第二停点位置，慢慢松开移液操作杆回原点，排出液体时将移液操作杆按至第一停点位置排出设置好体积的液体，继续保持按住移液操作杆位于第一停点位置取下有残留液体的吸头而弃之。

4) 注意事项

在调节移液器的过程中，转动旋钮不可太快，也不能超出其最大或最小量程，否则易导致量不准确，并且易卡住内部机械装置而损坏移液器。

在装配吸头的过程中，用移液器反复强烈撞击吸头反而会拧不紧，长期如此操作，会导致移液器中零件松散，严重时会导致调节刻度的旋钮卡住。

当移液器吸头里有液体时，切勿将移液器水平放置或倒置，以免液体倒流而腐蚀活塞弹簧。

对移液器进行高温消毒时，应首先查阅所使用的移液器是否适合高温消毒后，再进行处理。

第三节 氧化还原滴定法

实验二十一 补钙制剂中钙含量的测定

一、操作详解及注意事项

序号	操　作	原理或注意事项
0	**实验前准备：** 表面皿、500mL 烧杯、250mL 烧杯、微孔玻璃漏斗、250mL 锥形瓶、称量瓶、滴定管等。	1. 预习间接滴定法。 2. 上课前，先将称量瓶、小烧杯清洗干净并置于烘箱中烘干。**称量瓶盖子应如何放置？**
1	**$KMnO_4$溶液的配制与标定：** **(1) $KMnO_4$溶液的配制：** 称取 $KMnO_4$ 固体溶于水中，煮沸 1h，冷却后，用微孔玻璃漏斗(3 号或 4 号)过滤。滤液储存于棕色试剂瓶中，静置 2~3 天后过滤备用。	煮沸的目的是使溶液中的氧化还原性物质作用完全，然后过滤除去其中的 MnO_2 等杂质。

续表

序号	操　作	原理或注意事项
1	**(2) $KMnO_4$溶液浓度的标定：** ①准确称取3份0.15~0.20g $Na_2C_2O_4$基准物质于锥形瓶中，加60mL水使之溶解，然后加入15mL 3mol·L^{-1} H_2SO_4使其溶解，在水浴中慢慢加热直到有蒸汽冒出(约75~85℃)。趁热用待标定的$KMnO_4$溶液进行滴定。 ②开始滴定时，速度不宜过快，在第一滴$KMnO_4$溶液滴入后，不断摇动溶液，当紫红色褪去后再滴入第二滴。待溶液中有Mn^{2+}产生后，反应速度加快，滴定速度就可适当加快，不可使$KMnO_4$溶液连续流下。接近终点时，紫红色褪去很慢，应减慢滴定速度，同时充分摇匀，以防超过终点。最后滴加半滴$KMnO_4$溶液，在摇匀后30s仍保持微红色不褪色，表明已到达终点，记下此时$KMnO_4$的体积，平行滴定3次。计算$KMnO_4$溶液浓度，要求3次平行滴定结果的相对偏差不大于0.3%。	1. **称量瓶称样时一定要带盖，以免吸湿。**差减法称量要点见实验一"电子分析天平称量练习"。 2. 水浴加热温度不宜过高。 3. 离子反应方程式： $2MnO_4^- + 5C_2O_4^{2-} + 16H^+ \xlongequal{} 2Mn^{2+} + 10CO_2\uparrow + 8H_2O$ 4. 为什么要趁热？影响反应速率的几大因素有：温度、浓度、催化剂、酸度；保证温度适宜，若滴定时溶液温度偏低，需适当加热。 5. 开始滴定要慢，为什么？ 6. 可先放出约10mL，待溶液中有Mn^{2+}产生后，反应速度加快，滴定速度就可适当加快，但滴定速度与褪色速度应匹配。 7. 如开始滴定过快，会有什么影响？部分$KMnO_4$在热溶液中会分解→产生二氧化锰→不能被滴定回Mn^{2+}→产生误差、甚至失败。 8. 高锰酸钾溶液属于有色溶液，滴定时读数应该注意什么？读弯月面最低点还是两端的最高点？为什么？ 9. $c(KMnO_4) = 2m(Na_2C_2O_4)/[5M(Na_2C_2O_4)\cdot V(KMnO_4)]$
2	**钙含量的测定：** (1)称取钙制剂3份(每份含钙约0.05g)于250mL烧杯中，加入20~30mL水及5mL 6mol·L^{-1} HCl溶液，加热溶解。	1. 试样需事先研磨成粉末状。 2. 用台秤还是分析天平称取？ 3. 加盐酸的作用是什么？
3	(2)于溶液中加入2~3滴甲基橙，向溶液中滴加6mol·L^{-1}氨水，使溶液由红变黄色。	加氨水的目的？
4	(3)趁热逐滴加$(NH_4)_2C_2O_4$，在低温电热板(或水浴)上陈化30min。	1. 滴加$(NH_4)_2C_2O_4$的目的？ 2. 加热陈化的作用？
5	(4)冷却后过滤，将沉淀洗涤数次至无Cl^-(洗液用HNO_3酸化的$AgNO_3$检查)。	将沉淀纯化，避免含有杂质，尤其是还原性的物质→干扰测定。
6	(5)将带有沉淀的滤纸铺在原烧杯的内壁上，用50mL 1mol·L^{-1} H_2SO_4把沉淀由滤纸上洗入烧杯中，再用水冲洗2~3次，加入蒸馏水使总体积约100mL，加热至70~80℃，用$KMnO_4$标准溶液滴定至溶液呈淡红色，再将滤纸搅入溶液中，若溶液褪色，则继续滴定，直至出现的淡红色30s内不消失即为终点。	1. 首先把大量的沉淀冲入溶液中进行滴定，滴定接近终点再把滤纸浸入溶液中继续滴定，使反应完全。 2. 如果滴定开始就将滤纸浸入溶液中，高锰酸钾可能与滤纸接触→发生反应→引进误差，所以，应保证滤纸始终不与高锰酸钾接触。

二、课堂提问

(1) 简述本实验的基本原理。

(2) 以$(NH_4)_2C_2O_4$沉淀钙时，pH值控制为多少，为什么选择这个pH值？

(3) 加入$(NH_4)_2C_2O_4$时，为什么要在热溶液中逐滴加入？

（4）洗涤 CaC_2O_4沉淀时，为什么要洗至无 Cl^-？

（5）过滤 CaC_2O_4沉淀时，应注意什么？

（6）试比较 $KMnO_4$法则定 Ca^{2+}和配位滴定法测 Ca^{2+}的优缺点。

三、参考资料

1. 高锰酸钾

高锰酸钾(potassium permanganate)为黑紫色、细长的棱形结晶或颗粒，带蓝色的金属光泽，无臭；与某些有机物或易氧化物接触，易发生爆炸；溶于水、碱液，微溶于甲醇、丙酮、硫酸，分子式为 $KMnO_4$，分子量为 158.034。熔点为 240℃，稳定，但接触易燃材料可能引起火灾。要避免的物质包括：还原剂、强酸、有机材料、易燃材料、过氧化物、醇类和化学活性金属。

在化学品生产中，广泛用作氧化剂，例如用作制糖精、维生素 C、异烟肼及安息香酸的氧化剂；在医药上用作防腐剂、消毒剂、除臭剂及解毒剂等；在水质净化及废水处理中，作水处理剂，以氧化硫化氢、酚、铁、锰和有机、无机等多种污染物，控制臭味和脱色；在气体净化中，可除去痕量硫、砷、磷、硅烷、硼烷及硫化物；在采矿冶金方面，用于从铜中分离钼，从锌和镉中除杂，以及化合物浮选的氧化剂；还用于作特殊织物、蜡、油脂及树脂的漂白剂、防毒面具的吸附剂、木材及铜的着色剂等。

高锰酸钾是最强的氧化剂之一，作为氧化剂受 pH 值影响很大，在酸性溶液中氧化能力最强。其相应的酸高锰酸 $HMnO_4$和酸酐 Mn_2O_7，均为强氧化剂，能自动分解发热，和有机物接触引起燃烧。

高锰酸钾具有强氧化性，在实验室中和工业上常用作氧化剂，遇乙醇即分解。在酸性介质中会缓慢分解成二氧化锰、钾盐和氧气。光对这种分解有催化作用，故在实验室里常存放在棕色瓶中。从元素电势图和自由能的氧化态图可看出，它具有极强的氧化性。在碱性溶液中，其氧化性不如在酸性中的强。作氧化剂时其还原产物因介质的酸碱性而不同。

该品遇有机物时即释放出初生态氧和二氧化锰，而无游离态氧分子放出，故不出现气泡。初生态氧有杀菌、除臭、解毒作用，高锰酸钾抗菌除臭作用比过氧化氢溶液强而持久。二氧化锰能与蛋白质结合成灰黑色络合物（“掌锰”），在低浓度时呈收敛作用，高浓度时有刺激和腐蚀作用。其杀菌力随浓度升高而增强，0.1%时可杀死多数细菌的繁殖体，2%～5%溶液能在 24h 内杀死细菌。在酸性条件下可明显提高杀菌作用，如在 1%溶液中加入 1.1%盐酸，能在 30min 内杀死炭疽芽孢。

标准高锰酸钾溶液能否直接配制？为什么？

市售的 $KMnO_4$试剂一般纯度不高，常含有少量 MnO_2和其他杂质，实验室用蒸馏水中含有少量有机物，它们能使 $KMnO_4$还原为 $MnO(OH)_2$，而 $MnO(OH)_2$又能促进 $KMnO_4$的自身分解，见光时分解更快，发生以下反应：

$$4MnO_4^- + 2H_2O = 4MnO_2 + 3O_2\uparrow + 4OH^-$$

因此，$KMnO_4$标准溶液应采用间接法配制，储存于棕色瓶中，并定期进行标定。

配制好的 $KMnO_4$溶液为什么要盛放在棕色瓶中保存？如果没有棕色瓶应如何处理？

因 Mn^{2+}和 MnO_2的存在能促进 $KMnO_4$分解，见光分解更快，所以配制好的 $KMnO_4$溶液要盛放在棕色瓶中保存；如果没有棕色瓶，应放在避光处保存。

2. 钙片

钙是人体内最普遍的元素之一，被称为“生命中的钢筋混凝土”，人体中钙的含量占总体重的1.5%~2%，其中骨骼和牙齿约占99%。体液和软组织占1%。对于人体代谢、细胞功能、神经系统运作、蛋白激素合成等起到至关重要的作用。

钙片分类：

第一代：无机钙，主要有：碳酸钙、氯化钙、磷酸钙等；

第二代：有机钙，主要有：乳酸钙、葡萄糖酸钙、柠檬酸钙等；

第三代：原子钙、离子钙、纳米钙、螯合钙；

第四代：乳钙；

第五代：酪蛋白钙。

实验二十二　水中化学耗氧量的测定

一、操作详解及注意事项

序号	操　　作	原理或注意事项
0	(1)**需准备的仪器**：称量瓶、250mL锥形瓶、50mL量筒、250mL容量瓶、滴定管、移液管等。 (2)**需配制的溶液**：$KMnO_4$(0.002mol·L^{-1})、$Na_2C_2O_4$(0.005mol·L^{-1})。	1. 预习高锰酸钾标准溶液的配制与标定。 2. **实验前先将称量瓶洗净、置于烘箱内烘干，称量瓶盖应如何放置？**
1	**$Na_2C_2O_4$(0.005mol·L^{-1})溶液配制：** 准确称取0.16~0.18g在105℃下烘干2h并冷却的$Na_2C_2O_4$基准物质，置于小烧杯中，用适量水溶解后，定量转移至250mL容量瓶中，加水稀释至刻度，摇匀。	1. 准确称取用的是什么天平？ 2. 注意容量瓶的使用。
3	**0.02mol·L^{-1} $KMnO_4$溶液的标定：** 用差减法准确称取3份0.15~0.20g $Na_2C_2O_4$基准物质于250mL锥形瓶中。然后加入50mL蒸馏水和15mL 3mol·L^{-1} H_2SO_4使其溶解，在水浴中慢慢加热直到有蒸汽冒出(约75~85℃)。趁热用待标定的$KMnO_4$溶液进行滴定。	1. 实验室提供的是约0.02mol·L^{-1} $KMnO_4$溶液，其准确浓度需要通过标定获得。 2. **称量瓶称样时一定要带盖，以免吸湿，**差减法称量要点见实验一“电子分析天平称量练习”。 3. 注意滴定操作注意事项。 4. 离子反应方程式： $2MnO_4^-+5C_2O_4^{2-}+16H^+ \longrightarrow 2Mn^{2+}+10CO_2\uparrow+8H_2O$ 5. 为什么要趁热？影响反应速率的几大因素有：温度、浓度、催化剂、酸度；保证温度适宜，若滴定时溶液温度偏低，需适当加热。 6. 滴定时酸度的范围应为多少为宜？硫酸改为盐酸是否可行？

续表

序号	操　作	原理或注意事项
4	开始滴定时，速度宜慢，在第一滴 $KMnO_4$ 溶液滴入后，不断摇动溶液，当紫红色褪去后再滴入第二滴。待溶液中有 Mn^{2+} 产生后，反应速度加快，滴定速度就可适当加快，但也决不可使 $KMnO_4$ 溶液连续流下。接近终点时，紫红色褪去很慢，应减慢滴定速度，同时充分摇匀，以防超过终点。最后滴加半滴 $KMnO_4$ 溶液，在摇匀后 30s 仍保持微红色不褪色，表明已到达终点，记下此时 $KMnO_4$ 的体积。平行滴定 3 次，计算 $KMnO_4$ 溶液浓度，要求 3 次平行滴定结果的相对偏差不大于 0.3%。	1. 滴定反应的指示剂是什么？ 2. 开始滴定要慢，为什么？ 3. 待溶液中有 Mn^{2+} 产生后，反应速度加快(为什么?)，滴定速度就可适当加快，但滴定速度与褪色速度应匹配。 4. 如开始滴定过快，会有什么影响？部分 $KMnO_4$ 在热溶液中会分解→产生二氧化锰→不能被滴定回 Mn^{2+}→产生误差、甚至失败。 5. 高锰酸钾溶液属于有色溶液，滴定时读数应该注意什么？读弯月面最低点还是两端的最高点？为什么？ 6. $c(KMnO_4)=2m(Na_2C_2O_4)/[5M(Na_2C_2O_4)\cdot V(KMnO_4)]$
5	**$KMnO_4$(0.002mol·L^{-1})溶液配制：** 将适量 0.02mol·L^{-1} $KMnO_4$ 溶液稀释为 0.002mol·L^{-1} 供测定之用。移取 25.00mL 0.02mol·L^{-1} $KMnO_4$ 标准溶液于 250mL 容量瓶中，加水稀释至刻度线，摇匀即可。	1. 该操作即 $KMnO_4$ 溶液的稀释，实验室提供的高锰酸钾溶液(0.02mol·L^{-1})应稀释 10 倍，其浓度才是 0.002mol·L^{-1}。如果测定使用没有稀释的 0.02mol·L^{-1} 的高锰酸钾作为滴定剂，会产生什么问题? 2. 稀释 10 倍后的溶液用来测定水样的 COD 值，在后续计算 COD 值时请注意浓度值的换算。 3. 注意：蒸馏水中常含有微量还原性物质，它们均能慢慢地使 $KMnO_4$ 还原为 $MnO(OH)_2$ 沉淀，而 $MnO(OH)_2$ 以及 $KMnO_4$ 试剂中常含少量 MnO_2 又能进一步促进 $KMnO_4$ 分解。因此，配制 $KMnO_4$ 标准溶液时要将 $KMnO_4$ 溶液煮沸一定时间并放置数天，使还原性物质完全反应后并用微孔玻璃漏斗过滤，滤除 MnO_2 沉淀后，溶液保存于棕色瓶中。
6	**水样中 COD 的测定(酸性 $KMnO_4$ 法)：** (1)于 250mL 锥形瓶中加入 100.00mL 水样和 10mL 6mol·L^{-1} H_2SO_4 溶液，再用移液管准确加入 10.00mL 0.002mol·L^{-1} $KMnO_4$ 标准溶液，然后尽快加热溶液至沸腾状态，并煮沸 20min(紫红色不应褪去，否则应增加 $KMnO_4$ 溶液的体积)。 (2)取下锥形瓶，稍冷却，将温度控制在 75~85℃，准确加入 10.00mL 0.005mol·L^{-1} $Na_2C_2O_4$ 标准溶液，充分摇匀(此时溶液应为无色，否则应增加 $Na_2C_2O_4$ 溶液的用量)。 (3)趁热用 $KMnO_4$ 溶液滴定至溶液呈微红色即为终点。平行滴定 3 份，计算水样的化学耗氧量(mg·L^{-1})。	1. 反应方程式： (1)$4MnO_4^-$(过量)$+5C+12H^+ = 4Mn^{2+}+5CO_2\uparrow+6H_2O$ (2)$2MnO_4^-$(剩余)$+5C_2O_4^{2-}$(过量)$+16H^+ = 2Mn^{2+}+10CO_2\uparrow+8H_2O$ (3)$2MnO_4^-+5C_2O_4^{2-}$(剩余)$+16H^+ = 2Mn^{2+}+10CO_2\uparrow+8H_2O$ 2. 溶液要保证足够的酸度，酸度不够时容易生成二氧化锰沉淀；酸度过高又会促进草酸分解。 3. 进行煮沸操作时，要注意安全→溶液很容易发生暴沸→控制好加热速度；长时间煮沸是否可行? 4. **若紫红色褪去说明什么？**试样中的 C(还原性物质或耗氧物质)没有被氧化完全，因此，应增加 $KMnO_4$ 溶液的体积直至呈现稳定的紫红色，此时应将体积准确地记录下来； 5. **加入 $Na_2C_2O_4$ 标准溶液的目的**？ 6. 加入 $Na_2C_2O_4$ 标准溶液后，若溶液仍为紫红色说明什么？过量的 $KMnO_4$ 溶液未被完全反应。
7	**空白实验：** 取 100.00mL 蒸馏水代替水样进行实验，求空白值，计算水样的化学耗氧量(mg·L^{-1})。	计算化学耗氧量时需将空白值扣除。

二、课堂提问

（1）水样的耗氧量分为哪几种？

（2）COD 的定义是什么？本实验中 COD 的单位是什么？

（3）COD 值越大，说明什么？

（4）国家饮用水的标准中规定Ⅰ类、Ⅱ类、Ⅲ类水的化学耗氧量（COD）分别小于等于多少 $mg \cdot L^{-1}$？

（5）本实验的基本原理？若向水中加入过量的 $KMnO_4$溶液，用 $Na_2C_2O_4$标准溶液直接滴定过量的 $KMnO_4$溶液，是否可行？

（6）COD 测定的方法通常有高锰酸钾法和重铬酸钾法两种，两种测定方法适用的范围分别是什么？

（7）用 $Na_2C_2O_4$标定 $KMnO_4$时，为什么必须在 H_2SO_4介质中进行？酸度过高或过低有何影响？可以用硝酸或盐酸调节酸度吗？

（8）用 $Na_2C_2O_4$标定 $KMnO_4$时，为什么要加热到 75~85℃，溶液温度过高或过低有何影响？

（9）常用来标定 $KMnO_4$的基准物质有哪些？本实验中采用的是哪种？

（10）水样中加入 $KMnO_4$溶液煮沸后，若紫红色褪去，说明什么？应怎样处理？

三、参考资料

1. 基本原理

耗氧量（oxygen consumption）：在一定条件下，每升水中还原性物质被氧化剂氧化时所消耗的氧化剂量，折算为氧的毫克数表示。水样的耗氧量是水质污染程度的主要指标之一，它分为生物耗氧量（BOD）和化学耗氧量（COD）。COD 是指在特定条件下，用一种强氧化剂定量地氧化水中可还原性物质（有机物和无机物）时所消耗氧化剂的数量，常用每升水消耗的 O_2的量来表示（$O_2 mg \cdot L^{-1}$）。水中化学耗氧量是一个条件性指标，因此应严格控制反应条件，按规定的操作步骤进行测定。地表水中有机物的含量较低，COD 小于 3~4$mg \cdot L^{-1}$。轻度污染的水源 COD 可达 4~10$mg \cdot L^{-1}$，若水中 COD 大于 10$mg \cdot L^{-1}$，认为水质受到较严重污染。海水的 COD 小于 0.5$mg \cdot L^{-1}$。

本次实验采用酸性高锰酸钾法，高锰酸钾是氧化还原滴定中最常用的氧化剂之一。长期放置，使用前要进行标定。$Na_2C_2O_4$和 $H_2C_2O_4 \cdot 2H_2O$ 是常用来标定 $KMnO_4$的基准物质，而由于 $Na_2C_2O_4$不含结晶水，容易精制，故较为常用。本次实验选用 $Na_2C_2O_4$。标定反应为

$$2MnO_4^- + 5C_2O_4^{2-} + 16H^+ \longrightarrow Mn^{2+} + 10CO_2\uparrow + 8H_2O$$

为使反应定量进行，需注意以下滴定条件：

（1）控制一定的酸度范围。因为在酸性条件下，高锰酸钾的氧化能力较强。酸度过低，会部分被还原成二氧化锰；酸度过高，草酸易分解，为防止诱导氧化 Cl^-的反应发生，应在硫酸介质中进行。

（2）控制一定的温度范围。适宜温度为 75~85℃，不应低于 60℃，否则反应速度太慢；但温度过高，草酸易分解。

（3）用 Mn^{2+}作催化剂。滴定开始时，反应很慢，高锰酸钾溶液必须逐滴加入，如滴加

过快，部分在热溶液中分解而产生误差。反应中生成 Mn^{2+}，使反应速度逐渐加快，起到自催化作用。

酸性高锰酸钾法：是指在酸性条件下，利用高锰酸钾的强氧化能力及氧化还原滴定原理来测定其他物质的容量分析方法。不同条件下，高锰酸钾体现的氧化能力不同，还原产物不同。

强酸性（pH≤1）：

$$MnO_4^- + 8H^+ + 5e = Mn^{2+} + 4H_2O \qquad \varphi^\ominus = 1.51V$$

弱酸性、中性、弱碱性：

$$MnO_4^- + 2H_2O + 3e = MnO_2 + 4OH^- \qquad \varphi^\ominus = 0.59V$$

强碱性（pH>14）：

$$MnO_4^- + e = MnO_4^{2-} \qquad \varphi^\ominus = 0.56V$$

例如，在酸性条件下，向水中加入过量的 $KMnO_4$溶液，并加热溶液使其充分反应，使水中的有机物和无机还原性物质（NO_2^-、S^{2-}和 Fe^{2+}）充分与 $KMnO_4$ 作用，然后再向溶液中加入过量的 $Na_2C_2O_4$ 标准溶液还原多余的 $KMnO_4$，剩余的 $Na_2C_2O_4$ 再用 $KMnO_4$ 溶液返滴定。根据 $KMnO_4$ 的浓度和水样消耗 $KMnO_4$ 溶液的体积，计算水样的耗氧量（高锰酸盐指数）。此法适用于污染不十分严重的地表水和河水等的化学耗氧量的测定。若水样中 Cl^-含量较高，可加入 Ag_2SO_4消除干扰。1g Ag_2SO_4可消除 200mg Cl^-的干扰，也可将水样稀释以消除干扰或改用碱性高锰酸钾法进行测定。

反应方程式为：

$$4MnO_4^- + 5C + 12H^+ = 4Mn^{2+} + 5CO_2\uparrow + 6H_2O$$

$$2MnO_4^- + 5C_2O_4^{2-} + 16H^+ = 2Mn^{2+} + 10CO_2\uparrow + 8H_2O$$

这里的 C 泛指水中的还原性物质或耗氧量物质，主要为有机物。

水样采集后应立即加入 H_2SO_4 溶液使其 pH<2，抑制微生物分解繁殖，如需放置可加入少量硫酸铜，抑制微生物分解有机物。取水样的体积视水样的外观情况而定。洁净透明的水样一般取 100mL；浑浊的水样一般取 10～30mL，补加蒸馏水至 100mL。同时，用蒸馏水代替水样，做空白试验。计算化学耗氧量时需将空白值扣除。

2. 高锰酸钾法和重铬酸钾法区别和优缺点

（1）高锰酸钾法：适用于氯化物质量浓度低于 300mg·L^{-1}的生活饮用水及其水源水中耗氧量的测定。氧化率较低，但比较简便，可避免六价铬离子的二次污染，在测定水样中有机物含量的相对比较值时，可以采用。

（2）重铬酸钾法：本方法测定 COD 的范围为 50～500mg·L^{-1}，氧化率高（90%左右），再现性好，适用于测定水样中有机物的总量。但该方法耗时、耗能、操作繁琐，且使用大量汞盐、银盐、铬盐，造成二次污染。

因此，对于测定地表水、河水等污染相对较小的水质，一般多采用酸性高锰酸钾法测定，该法简便快速。对于工业污水及生活污水中含有成分复杂的污染物，宜用重铬酸钾法测定。

3. COD 值的相关国家标准

在水质的国家标准中，Ⅰ类和Ⅱ类水化学耗氧量（COD）≤15mg·L^{-1}、Ⅲ类水化学耗氧量（COD）≤20mg·L^{-1}、Ⅳ类水化学耗氧量（COD）≤30mg·L^{-1}、Ⅴ类水化学耗氧量（COD）

$\leq 40mg \cdot L^{-1}$。COD 的数值越大表明水体的污染情况越严重。

4. 生态影响

化学耗氧量高意味着水中含有大量还原性物质，其中主要是有机污染物。化学耗氧量越高，就表示江水的有机物污染越严重，这些有机物污染的来源可能是农药、化工厂、有机肥料等。如果不进行处理，许多有机污染物可在江底被底泥吸附而沉积下来，在以后的若干年内对水生生物造成持久的毒害作用。在水生生物大量死亡后，河中的生态系统即被摧毁。人若以水中的生物为食，则会大量吸收这些生物体内的毒素，积累在体内，这些毒物常有致癌、致畸形、致突变的作用，对人极其危险。另外，若以受污染的江水进行灌溉，则植物、农作物也会受到影响，容易生长不良，而且人也不能取食这些作物。但化学耗氧量高不一定就意味着有上述危害，具体判断要做详细分析，如分析有机物的种类，到底对水质和生态有何影响、是否对人体有害等。如果不能进行详细分析，也可间隔几天对水样再做化学耗氧量测定，如果对比前值下降很多，说明水中含有的还原性物质主要是易降解的有机物，对人体和生物危害相对较轻。

5. 高锰酸钾

见实验二十一“补钙制剂中钙含量测定”参考资料。

6. $KMnO_4$溶液标定时速率的控制

标定 $KMnO_4$溶液时，速率的控制很重要，应该先慢后快。这是因为 $KMnO_4$与 $Na_2C_2O_4$的反应速率较慢。第一滴 $KMnO_4$加入，由于溶液中没有 Mn^{2+}，反应速率慢，红色褪去很慢；随着滴定的进行，溶液中 Mn^{2+}的浓度不断增大，由于 Mn^{2+}的催化作用，反应速率越来越快，红色褪去速度明显增加。

实验二十三　维生素 C 含量的测定

一、操作详解及注意事项

序号	操　作	原理或注意事项
0	**(1)需准备的仪器**：100mL 烧杯、100mL 容量瓶、锥形瓶、25mL 移液管等。 **(2)需配制的溶液**：KI 溶液（$200g \cdot L^{-1}$）、HCl（$6mol \cdot L^{-1}$）、I_2 溶液（$0.05mol \cdot L^{-1}$）、$K_2Cr_2O_7$标准溶液。	1. 预习各种试剂的配制方法。 2. 上课前洗净两个小表面皿并置于烘箱中烘干备用。
1	**I_2溶液配制**： 实验室提供的是浓度约为 $0.5mol \cdot L^{-1}$ 的 I_2溶液，放置在通风橱内，需自行稀释 10 倍，20mL 浓 I_2溶液稀释至 200mL 即可。实验结束后将剩余的 I_2溶液回收到回收瓶中。 小贴士： **稀释后的 I_2溶液要充分摇匀！**	1. **使用后剩余的 I_2溶液，包括滴定管和烧杯中剩余的，应回收！转移至实验室公用回收瓶中**，供以后继续使用。 2. 废液和回收液不要弄混，**废液严禁倒入回收瓶！**废液(含 Cr)倒入实验室指定的废液桶。 3. 碘有毒性和腐蚀性，碘液有刺激性气味，配制**要求在通风橱内操作，操作时戴胶手套，注意不要弄到手上或身上。碘不易清洗**，弄到手上或身上可用稀的硫代硫酸钠洗液（实验室边台）清洗。

续表

序号	操　作	原理或注意事项
2	**KI 溶液（$200g \cdot L^{-1}$）的配制。**	2g KI（是否需要很精确？为什么？）溶于 10mL 蒸馏水即可，2 份的用量，KI 在边台。
3	**HCl（$6mol \cdot L^{-1}$）的配制：** 市售 HCl（$12mol \cdot L^{-1}$）和蒸馏水体积比为 1∶1 的盐酸，自行配制，吸量管吸取 5mL，移入装有 5mL 蒸馏水的容器中，备用。	1. 吸量管吸取原瓶 HCl 后，移入装有蒸馏水的容器时，注意不要使吸量管接触蒸馏水，目的是为了防止吸量管再次进入原瓶造成原瓶 HCl 浓度不准确，污染原瓶中的 HCl。 2. HCl 挥发、刺激性气味，要求在通风橱内操作！
4	**$K_2Cr_2O_7$ 标准溶液的配制：** 用指定质量称量法准确称取 0.4900～0.5000g $K_2Cr_2O_7$ 于 100mL 小烧杯中，加水溶解，定量转移至 100mL 容量瓶中，加水稀释至刻度，摇匀。	1. 注意容量瓶的使用，做到定量转移、准确配制。 2. 重铬酸钾有毒，使用中应注意，所有的含 Cr 废液应回收到废液桶。
5	**$Na_2S_2O_3$ 溶液的标定：** 移取 25.00mL $K_2Cr_2O_7$ 标准溶液于锥形瓶中，加 5mL $6mol \cdot L^{-1}$ HCl 溶液、5mL KI 溶液（$200g \cdot L^{-1}$），摇匀，盖上小表面皿置于暗处 5～6min。反应完全后，加入 60mL 蒸馏水，用待标定的 **$Na_2S_2O_3$ 溶液滴定至淡黄色。** 小贴士： 两组同时进行反应，以保证数据的平行性！	1. KI 溶液（$200g \cdot L^{-1}$）和 $6mol \cdot L^{-1}$ HCl 溶液各加 5mL 即可。 2. 盖小表面皿的目的是什么？防止____挥发。注意：提前将小表面皿清洗干净，小表面皿的凸出的部分朝下，**要在凸出部分留一滴蒸馏水**并将其盖到锥形瓶上，待反应结束用洗瓶将其冲入瓶中，目的是什么？ 为了________________，从而最大限度降低误差。 3. **为什么要放置在暗处 5～6min**？ 使反应：$Cr_2O_7^{2-} + 6I^- + 14H^+ = 2Cr^{3+} + 3I_2 + 7H_2O$ 充分进行，小于 5min，反应不完全；而时间过长，碘易挥发，造成损失。 4. 反应前后颜色的分别是什么？____和____，分别是什么离子表现出的颜色？反应前显色的是 $Cr_2O_7^{2-}$，反应后显色的主要是足量的 I_2。 5. 滴定至淡黄色是什么离子表现出的颜色？ 滴定反应：$I_2 + 2S_2O_3^{2-} = 2I^- + S_4O_6^{2-}$ 滴定至淡黄色，溶液中此时显色的是____。
6	加入 2mL $5g \cdot L^{-1}$ 淀粉指示剂，继续滴定至溶液呈现亮绿色为终点，平行滴定 2 次。	1. 加淀粉后，溶液变为什么颜色？ 2. 滴定至亮绿色是哪种离子表现的颜色？ 此时溶液中的 I_2 完全被消耗掉，因此蓝色褪去，呈现出 Cr^{3+} 的亮绿色。 3. **为什么要加淀粉？直接滴定至终点行不行？** 直接滴定，溶液颜色从黄色→淡黄→无色，色差小，很不容易判断；而加淀粉后，蓝色褪去立即呈现出 Cr^{3+} 的亮绿色，很容易判断，减小判定不准带来的误差。 4. **为什么要待滴至淡黄色再加淀粉**，然后再滴至蓝色消失？过早加入淀粉，它与碘形成________会吸附部分碘，往往会使终点提前且不明显。 5. **重铬酸钾有毒，滴定结束后重铬酸钾溶液倒入废液桶**。

续表

序号	操　作	原理或注意事项
7	**I_2溶液的标定**：移液管移取25.00mL $Na_2S_2O_3$标准溶液2份于锥形瓶中，加50mL水、2mL淀粉溶液，用I_2溶液滴定至稳定的蓝色。 小贴士： **滴定前必须试漏→防止碘液漏出弄到手上！**	1. 原理：硫代硫酸钠无色，滴定时发生如下反应： $I_2+2S_2O_3^{2-}=2I^-+S_4O_6^{2-}$ 碘溶液开始进入溶液即与硫代硫酸钠反应生成无色的I^-，滴定终点碘过量半滴，遇淀粉呈现蓝色。 2. **该滴定操作结束千万不要把配制好的碘液回收！因为Vc测定还要用！**
8	**Vc含量的测定**：精确称取0.18~0.22g Vc 2份于锥形瓶中，加60mL新煮沸并冷却的蒸馏水、10mL 2mol·L^{-1} HAc和5mL淀粉溶液，立即用I_2标准溶液滴定至稳定的蓝色。	1. 加60mL新煮沸并冷却的蒸馏水的目的是为了除去O_2，防止Vc被氧化。 2. 操作注意事项同上。 3. 加HAc的目的是什么？可否加稀硫酸？
9	报告中要将每个数据表格标记清楚，属于哪个操作步骤，写明每步骤的实验现象及原理。	处理报告时要将每步骤的反应方程式列出，数据处理应有必要的计算过程。

二、课堂提问

（1）碘量法的基本原理？直接碘量法和间接碘量法之间的区别？本实验中用到的是哪种方法？分别对应于哪个操作步骤？

（2）本实验的主要步骤有哪些？

（3）在$Na_2S_2O_3$溶液的标定中，为什么当用待标定的$Na_2S_2O_3$溶液滴定至淡黄色时，加入2mL 5g·L^{-1}淀粉指示剂，而不是继续滴定至终点？

（4）在$Na_2S_2O_3$溶液的标定中，淀粉指示剂可否在滴定前加入？

（5）能否用基准碘酸钾或重铬酸钾直接标定$Na_2S_2O_3$溶液？

（6）维生素C含量测定为什么要加醋酸？

三、参考资料

1. 碘量法原理

碘量法是利用的I_2氧化性和I^-的还原性为基础的一种氧化还原方法。I_2是较弱的氧化剂，I^-是中等强度的还原剂。

1）直接碘量法

直接碘量法是用碘滴定液直接滴定还原性物质的方法。在滴定过程中，I_2被还原为I^-：

$$I_2+2e^- \rightleftharpoons 2I^-$$

直接碘量法只能在酸性、中性或弱碱性溶液中进行，如果溶液pH>9，可发生副反应使测定结果不准确。直接碘量法可用淀粉指示剂指示终点。淀粉遇碘显蓝色，反应极为灵敏。化学计量点稍后，溶液中有过量的碘，与淀粉结合显蓝色而指示终点到达。

滴定条件：弱酸（HAc，pH=5）、弱碱（Na_2CO_3，pH=8）性溶液中进行。

若强酸中：$4I^-+O_2$（空气中）$+4H^+ = 2I_2+2H_2O$

若强碱中：$3I_2+6OH^- = IO_3^-+5I^-+3H_2O$

2）间接碘量法

间接碘量法是利用I^-的还原性，使其与氧化性物质（如重铬酸钾、碘酸钾、纯铜等）反应，定量地析出I_2，然后用$Na_2S_2O_3$标准溶液滴定I_2，以间接测定这些氧化性物质的方法。

例：$Cr_2O_7^{2-}+6I^-+14H^+ \!=\!=\!= 2Cr^{3+}+3I_2+7H_2O$

$I_2+2S_2O_3^{2-} \!=\!=\!= 2I^-+S_4O_6^{2-}$

反应条件和滴定条件：

(1) 酸度的影响——I_2与$Na_2S_2O_3$应在中性、弱酸性溶液中进行反应。

若在碱性溶液中：

$S_2O_3^{2-}+4I_2+10OH^- \!=\!=\!= 2SO_4^{2-}+8I^-+5H_2O$　　I_2被还原

$3I_2+6OH^- \!=\!=\!= IO_3^-+5I^-+3H_2O$

若在酸性溶液中：

$S_2O_3^{2-}+2H^+ \!=\!=\!= SO_2+S+H_2O$　　$S_2O_3^{2-}$分解

$4I^-+O_2$(空气中)$+4H^+ \!=\!=\!= 2I_2+2H_2O$　　I^-被氧化

(2) 防止I_2挥发。

加入过量KI(比理论值大2~3倍)与I_2生成I_3^-，减少I_2挥发；室温下进行；滴定时不要剧烈摇动。

(3) 防止I^-被氧化。

避免光照→阳光有催化作用；析出I_2后不要放置过久(一般暗处5~7min)；滴定速度适当加快。

2. *碘量法误差主要来源及应对策略*

碘量法误差主要来源于两方面：碘(I_2)的挥发以及I^-被空气中的氧氧化。

1) 防止I_2挥发的措施

(1) 对于直接碘量法，配制碘标准溶液时，应将碘溶解在KI溶液中；对于间接碘量法，应加入过量KI(一般比理论值大2~3倍)。

(2) 反应需在室温条件下进行。温度升高，不仅会增大碘的挥发损失，也会降低淀粉指示剂的灵敏度，并加速$Na_2S_2O_3$的分解。

(3) 反应容器用碘量瓶，且应在加水封的情况下使氧化剂与I^-反应。

(4) 滴定时不可剧烈振摇。

2) 防止I^-被空气中的氧氧化的措施

(1) 溶液酸度不宜太高。酸度越高，空气中氧氧化I^-的速率越大。

(2) I^-与氧化性物质反应的时间不宜过长。

(3) 用$Na_2S_2O_3$滴定碘(I_2)的速度可适当加快。

(4) Cu^{2+}、NO_2^-等对空气中O_2氧化I^-起催化作用，应设法避免。

(5) 光对空气中的氧氧化I^-亦有催化作用，故滴定时应避免长时间光照。

实验二十四　铜合金中铜含量的测定

一、操作详解及注意事项

序号	操　作	原理或注意事项
0	**(1)需准备的仪器**：100mL烧杯、250mL容量瓶、250mL锥形瓶、25mL移液管、10mL量筒、100mL量筒、滴定管等。 **(2)需配制的溶液**：KIO_3标准溶液(0.1mol·L^{-1})。	1. 预习参考实验"硫代硫酸钠和碘溶液的配制和标定"。 2. 上课前，先将100mL烧杯清洗干净并置于烘箱中烘干备用。

续表

序号	操　　作	原理或注意事项
1	**$Na_2S_2O_3$标准溶液的标定** **(1)$c(1/6(KIO_3))=0.1mol\cdot L^{-1}$标准溶液的配制：** 准确称取0.8917g KIO_3于100mL烧杯中，加水溶解，**并用水冲洗烧杯内壁和表面皿**，将溶液定量转移至250mL容量瓶中，用水稀释至刻度，摇匀，备用。	1. 0.8917g KIO_3是如何得出的？ 2. "准确称取"用的是台秤还是分析天平？ 3. 用水冲洗烧杯内壁和表面皿的目的？ 4. 容量瓶的使用要规范。
2	**(2)$Na_2S_2O_3$溶液的标定：** 用移液管吸取25.00mL KIO_3标准溶液于250mL锥形瓶中，加入10mL 200g·L^{-1} KI溶液和5mL 1mol·L^{-1} H_2SO_4溶液，加水稀释至100mL，立即用待标定的$Na_2S_2O_3$溶液滴定至浅黄色，加入5mL淀粉指示剂，继续滴定至蓝色变无色时即为终点。	反应式： 滴定前：$IO_3^-+5I^-+6H^+ = 3I_2+3H_2O$(溶液为____色)　① 滴定时：$2S_2O_3^{2-}+I_2 = 2I^-+S_4O_6^{2-}$(颜色逐渐______)　② 加淀粉指示剂后：溶液显____色； 滴定终点：I_2全部被还原，溶液呈____色； 该滴定法属于________。
3	**铜合金中铜含量的测定：** 准确称取铜合金试样(质量分数大于80%)0.10～0.15g，置于250mL锥形瓶中，加入10mL HCl(1∶1)溶液，滴加约2mL质量分数为30%的H_2O_2，加热使试样溶解完全后，再加热使H_2O_2分解而被赶尽，然后煮沸1～2min。	1. 铜溶解的反应方程式：$Cu+2HCl+H_2O_2 = CuCl_2+2H_2O$　① 2. H_2O_2的使用须注意安全！不要弄到手上！→一旦弄手上，马上用大量水冲洗。 3. "2mL H_2O_2"不一定全部加进去！滴加至溶液澄清透明、试样完全溶解即可。 4. H_2O_2分解而被赶尽的标志是什么？ 5. 若H_2O_2未赶尽，对实验结果有何影响？
4	冷却后，加60mL水，滴加(1∶1)氨水直到溶液中刚刚有稳定的沉淀出现。	1. 稳定的沉淀是什么？颜色应为_____色？滴加氨水至刚有稳定沉淀的目的是什么？ 2. **若沉淀颜色为深蓝表明**→氨水过量→形成铜氨络合物，会产生什么问题？
5	然后加入8mL(1∶1)HAc、1g NH_4HF_2固体、10mL KI溶液，立即用0.1mol·L^{-1} $Na_2S_2O_3$溶液滴定至淡黄色。	1. 加入HAc的目的？控制溶液pH=3～4。 2. NH_4HF_2的作用？NH_4F+HF缓冲溶液保证pH值在3～4范围内，F^-能有效地络合样品中的Fe^{3+}，从而消除Fe^{3+}的干扰；由于pH<4，Cu^{2+}不致水解，保证了Cu^{2+}与KI反应定量进行。 3. 在弱酸性溶液中，Cu^{2+}与过量KI作用，生成CuI沉淀，同时析出定量的I_2。 $2Cu^{2+}+4I^- = 2CuI+I_2$或$2Cu^{2+}+5I^- = 2CuI+I_3^-$　② 4. 10mL KI溶液是过量的：Cu^{2+}与I^-之间的反应是可逆的，任何引起Cu^{2+}浓度减小或引起CuI溶解度增加的因素均使反应不完全，加入过量的KI可使反应趋于完全。 5. KI的作用？Cu^{2+}的还原剂($Cu^{2+}\to Cu^+$)；Cu^+的沉淀剂($Cu^+\to CuI$)；I_2的络合剂($I_2\to I_3^-$)，增加I_2的溶解度，减少I_2的挥发。 6. 生成的I_2用$Na_2S_2O_3$标准溶液滴定，以淀粉为指示剂： $I_2+2S_2O_3^{2-} = 2I^-+S_4O_6^{2-}$　③

续表

序号	操　作	原理或注意事项
6	再加入 3mL 5g·L^{-1}淀粉溶液至浅蓝色，最后加入 10mL KSCN 溶液，继续滴定至蓝色消失。根据滴定时所消耗 $Na_2S_2O_3$溶液的体积计算铜的含量。	1. 为什么在终点前加入淀粉指示剂？若过早加入，淀粉会吸附 I_2、形成包合物→指示剂解吸附困难→滴定终点拖后。 2. **KSCN 的作用？**释放吸附在 CuI 中的碘→使 CuI 转化为溶解度更小、更稳定的 CuSCN→基本上不吸附 I_2→终点变色敏锐；反应式：$CuI+SCN^- \xlongequal{} CuSCN\downarrow +I^-$ CuI 沉淀易吸附 I_2，导致分析结果偏______，终点不敏锐。 3. 提前加入 KSCN 可以吗？

二、课堂提问

(1) 碘量法的基本原理？直接碘量法和间接碘量法之间的区别？本实验中用到的是哪种方法？

(2) 本实验的主要步骤有哪些？

(3) 在 $Na_2S_2O_3$溶液的标定中，为什么当用待标定的 $Na_2S_2O_3$溶液滴定至淡黄色时，加入 2mL 5g·L^{-1}淀粉指示剂，而不是继续滴定至终点？

(4) 在 $Na_2S_2O_3$溶液的标定中，淀粉指示剂可否在滴定前加入？

(5) 可用来标定 $Na_2S_2O_3$溶液的基准物质有哪些？

(6) 溶解铜合金试样可否改用 HNO_3？为什么？

(7) 若过氧化氢未除尽，对实验结果有何影响？

(8) 铜含量测定中加醋酸、NH_4HF_2、KI 溶液的目的分别是什么？

(9) KSCN 溶液应在什么时候加入？其目的是什么？

(10) 若酸度过低或过高，对实验结果有何影响？

(11) 为什么加完碘化钾后，需立即用硫代硫酸钠标准溶液进行滴定？

三、参考资料

1. 铜合金

铜合金(copper alloy)：以纯铜为基体加入一种或几种其他元素所构成的合金。铜合金是机械、机电、国防等工业的重要材料，其种类较多，主要有白铜、黄铜、青铜等。一般冶炼过程中的质量控制和产品质量鉴定等方面都需要测定铜合金中铜的含量。铜合金中铜含量测定一般采用碘量法。

1）纯铜

纯铜是玫瑰红色金属，表面形成氧化铜膜后呈紫色，故工业纯铜常称紫铜或电解铜。纯铜密度为 8.96g/cm^3，熔点为 1083℃，具有优良的导电性、导热性、延展性和耐蚀性。纯铜导电性很好，大量用于制造电线、电缆、电刷等；导热性好，常用来制造须防磁性干扰的磁学仪器、仪表，如罗盘、航空仪表等；塑性极好，易于热压和冷压力加工，可制成管、棒、线、条、带、板、箔等铜材。

2）白铜

以镍为主要添加元素的铜合金。铜镍二元合金称普通白铜；加有锰、铁、锌、铝等元素的白铜合金称复杂白铜。工业用白铜分为结构白铜和电工白铜两大类。结构白铜的特点是机械性能和耐蚀性好，色泽美观。这种白铜广泛用于制造精密机械、眼镜配件、化工机械和船舶构件。电工白铜一般有良好的热电性能。锰铜、康铜、考铜是含锰量不同的锰白铜，是制造精密电工仪器、变阻器、精密电阻、应变片、热电偶等用的材料。

3）黄铜

黄铜是由铜和锌所组成的合金。如果只是由铜、锌组成的黄铜就叫作普通黄铜。黄铜常被用于制造阀门、水管、空调内外机连接管和散热器等。

如果是由二种以上的元素组成的多种合金就称为特殊黄铜，如由铅、锡、锰、镍、铁、硅组成的铜合金。特殊黄铜又叫特种黄铜，它强度高、硬度大、耐化学腐蚀性强，切削加工的机械性能也较突出。黄铜有较强的耐磨性能。由黄铜所拉成的无缝铜管，质软、耐磨性能强。黄铜无缝管可用于热交换器和冷凝器、低温管路、海底运输管，制造板料、条材、棒材、管材，铸造零件等。含铜在62%~68%，塑性强，可制造耐压设备等。

4）青铜

青铜是我国使用最早的合金，至今已有三千多年的历史。青铜原指铜锡合金，后除黄铜、白铜以外的铜合金均称青铜，并常在青铜名字前冠以第一主要添加元素的名。锡青铜的铸造性能、减摩性能和机械性能好，适合制造轴承、蜗轮、齿轮等。铅青铜是现代发动机和磨床广泛使用的轴承材料。铝青铜强度高，耐磨性和耐蚀性好，用于铸造高载荷的齿轮、轴套、船用螺旋桨等。磷青铜的弹性极限高、导电性好，适于制造精密弹簧和电接触元件，铍青铜还用来制造煤矿、油库等使用的无火花工具。铍铜是一种过饱和固溶体铜基合金，其机械性能、物理性能、化学性能及抗蚀性能良好。

2. 碘量法

详见实验二十三“维生素 C 含量的测定”。

3. 淀粉指示剂

淀粉指示剂(starch indicator)，是将可溶性淀粉溶解，加入沸水中形成的一种液体，是滴定中碘量法使用的专属指示剂。淀粉遇碘变色的原理有两种说法：

(1) 淀粉吸附碘，形成的络合物使吸收可见光的波长向短波方向移动，变为蓝色；加热蓝色消失是因为加热后分子热运动剧烈，解吸的缘故。

(2) 淀粉遇碘变蓝除吸附的原因外，形成了生物概念上的包合物也有贡献。

综上所述，I_2与淀粉形成蓝色的包合物，灵敏度很高，碘浓度大于 2×10^{-5} mol · L^{-1} 即显色，当温度升高时，淀粉反应的灵敏度下降。淀粉-I_2的颜色和淀粉的结构有关。以直链淀粉成分为主的淀粉与I_3^-作用形成蓝色包合物，灵敏度高。以支链成分为主的淀粉遇碘变为紫红色。分支较多的淀粉遇碘呈红色，灵敏度低，不易掌握终点。淀粉对碘的亲和力与淀粉链的长度成正比，而与分支程度成反比。用淀粉作指示剂时，还应注意溶液的酸度，在弱酸性溶液中最为灵敏。若溶液的 $pH<2.0$，则淀粉易水解而形成糊精，遇到I_2显红色；若溶液的 $pH>9.0$，则I_2歧化而不显蓝色。若大量电解质存在，能与淀粉结合而降低灵敏度。

淀粉指示剂要在接近终点时加入，因为过早形成的蓝色包合物，会被反应中形成的大量 CuI 沉淀吸附，同时较多的I_2被淀粉的胶粒包住，影响其与 $Na_2S_2O_3$的反应，使终点拖长，且吸附后颜色变为深灰色，影响终点观察。因此用 $Na_2S_2O_3$滴定I_2时应该在大部分的I_2已被还原，溶液呈现淡黄色时才加入淀粉溶液。CuSCN 的悬浮液呈米色或浅灰色，观察终点应以蓝色恰好消失为准。

4. 氯化铜

氯化铜(cupric chloride)，化学式：$CuCl_2$；为绿色至蓝色粉末或斜方双锥体结晶。其水溶液对石蕊呈酸性；0.2mol · L^{-1}水溶液的 pH 值为 3.6；有毒、有刺激性。溶液为绿色(有时称蓝绿色)。氯化铜稀溶液是蓝色，离子为绿色，固体为绿色。无水氯化铜呈棕黄色，常以$(CuCl_2)_n$的形式存在。

1）物理性质

熔点(℃)：498(分解)；沸点(℃)：993(转变为氯化亚铜)。

2）化学性质

蓝绿色斜方晶系晶体；相对密度：2.54；在潮湿空气中易潮解，在干燥空气中易风化；本身由于离子极化和姜-泰勒效应而呈平面四方形结构，而不像其他过渡金属二氯化物(如氯化亚铁)呈正四面体结构；溶解性：易溶于水，溶于醇和氨水、丙酮；在乙醚、乙酸乙酯中也有一定溶解性，故在有机反应中作为常用的催化剂(尤其是碳氢活化反应)；其水溶液呈弱酸性；在 70~200℃时失去水分；加热至 100℃失去 2 个结晶水，但高温下易水解而难以得到无水盐；从氯化铜水溶液生成结晶时，在 26~42℃得到二水物，在 15℃以下得到四水物，在 15~25.7℃得到三水物，在 42℃以上得到一水物，在 100℃得到无水物。毒性低，常用作游泳池消毒剂。

3）主要用途

电镀添加剂，玻璃、陶瓷着色剂，催化剂，照相制版及饲料添加剂；用于颜料、木材防腐等工业，并用作消毒剂等。

5. 氢氧化铜

氢氧化铜(copper hydroxide)，分子式：$Cu(OH)_2$；干粉末呈现蓝色；微毒；用作分析试剂，还用于医药、农药等；可作为催化剂、媒染剂、颜料、饲料添加剂、纸张染色剂、游泳池消毒剂等；属弱氧化剂。

氢氧化铜是一种**蓝色絮状沉淀**，难溶于水；受热分解，微显两性；溶于酸、氨水和氰化钠，易溶于碱性甘油溶液中；受热至 60~80℃变暗，温度再高分解为黑色氧化铜和水。

氢氧化铜自从熔铜开始就已经为人所知。公元前 5000 年的炼金术士可能就已经知道氢氧化铜。只需将蓝矾和碱液混合就可以制得氢氧化铜。17 和 18 世纪时出现了工业生产的氢氧化铜，用于制颜料。

氢氧化铜在多种矿物中存在，例如蓝铜矿、孔雀石、块铜矾和水胆矾。蓝铜矿[$2CuCO_3 \cdot Cu(OH)_2$]和孔雀石[$CuCO_3 \cdot Cu(OH)_2$]属于碱式碳酸盐，块铜矾[$CuSO_4 \cdot 2Cu(OH)_2$]和水胆矾[$CuSO_4 \cdot 3Cu(OH)_2$]属于碱式硫酸盐。氢氧化铜很少单独存在，因为它很易分解，也会与空气中的二氧化碳缓慢反应生成碱式碳酸铜。

潮湿的氢氧化铜缓慢地分解成氧化铜，颜色变黑。氢氧化铜在干燥时加热到 185℃才会分解。氢氧化铜与氨水反应生成深蓝色的铜氨溶液，含有$[Cu(NH_3)_4]^{2+}$络离子，但在稀释后重新变成氢氧化铜。该铜氨溶液称为 Schweizer 试剂，可以溶解纤维素。这使氢氧化铜可以用来生产人造丝。氢氧化铜稍显两性，在浓碱中生成$[Cu(OH)_4]^{2-}$。

6. 铜氨络合物

铜氨络合物是一种分子式为$[Cu(NH_3)_4]^{2+}$的化学物质。在硫酸铜溶液中加入浓氨水，首先析出浅蓝色的碱式硫酸铜沉淀，氨水过量时此沉淀溶解，同时形成四氨合铜(Ⅱ)络离子。

铜氨络合物较稳定，不与稀碱液作用，而且可以利用它在乙醇溶液中溶解度很小的特点来获得硫酸四氨合铜(Ⅱ)的晶体。但如果络离子所处的络合平衡在一定条件下被破坏，随着络合平衡的移动，铜氨络离子也要解离。

7. 碘化铜

碘化铜[copper(I)iodide，copperiodide]通常指碘化亚铜 CuI，白色稠密粉末或立方结晶。感光性差于溴化亚铜和氯化亚铜，在强光的作用下分解而析出碘。遇浓硫酸和硝酸分解。化学式为 CuI_2 的物质尚未制得。

溶于氨水、氰化钾、硫代硫酸钠和碘化钾溶液，几乎不溶于稀酸和乙醇，极不溶于水；熔点 588~606℃；沸点约 1290℃；有刺激性。用途：有机反应的催化剂；与碘化汞同用，作为测定机械轴承温度升高的指示剂；饲料；杀菌剂。

8. 附图

见封二图 3 “$Na_2S_2O_3$ 标准溶液的标定”和图 4 “铜合金中铜含量的测定”。

第四节 沉淀滴定和重量分析法

实验二十五 可溶性氯化物中氯含量的测定

一、操作详解及注意事项

序号	操　　作	原理或注意事项
0	**实验前准备**：100mL 烧杯、100mL 容量瓶、250mL 锥形瓶、25mL 移液管、50mL 量筒、滴定管等。	1. 预习莫尔法。 2. 上课前，先将 100mL 烧杯清洗干净并置于烘箱中烘干备用。
1	**0.1mol·L^{-1} 硝酸银溶液的标定：** (1)准确称取基准氯化钠 0.50~0.65g 于小烧杯中，加水溶解，定量转移至 100mL 容量瓶中，稀释至刻度，摇匀。 (2)移取上述溶液 25.00mL 于 250mL 锥形瓶中，加入 25mL 蒸馏水，加入 3 滴 50g·L^{-1} K_2CrO_4 指示剂，不断摇动下，用 0.1mol·L^{-1} 硝酸银溶液滴至刚出现砖红色沉淀，即为滴定终点。平行测定 3 份，根据滴定消耗的体积和氯化钠的质量，计算硝酸银溶液的准确浓度。	1. 反应式： $Ag^+ + Cl^- = AgCl\downarrow$ (白色)　① $2Ag^+ + CrO_4^{2-} = Ag_2CrO_4\downarrow$ (砖红色)　② 2. $AgNO_3$ 试剂中往往含有水分、金属银、有机物、亚硝酸银、氧化银等杂质，因此，配制的硝酸银溶液在使用前必须标定。 3. 基准物称量、定容应准确。 4. 稀释溶液的目的是什么？沉淀滴定中，为了减少沉淀对被测离子的吸附，一般滴定的体积以大些为好，因此需加蒸馏水稀释试液。 5. 滴定必须在中性或弱碱性溶液中进行，最适宜的 pH 值范围为 6.5~10.5。 6. $AgNO_3$ 有腐蚀性，应注意不要和皮肤接触。 7. 滴定前溶液的颜色为____色，滴定终点的颜色为____色，参见封三图 5。

续表

序号	操　　作	原理或注意事项
2	**试样分析：** （1）准确称取 2g 氯化钠于小烧杯中，加水溶解，定量转至 250mL 容量瓶中，以水稀释至刻度，摇匀。 （2）用移液管移取 25.00mL 上述溶液于 250mL 锥形瓶中，加入 25mL 蒸馏水，加入 3 滴铬酸钾指示剂，以 0.1mol · L^{-1} 硝酸银溶液滴至刚出现砖红色沉淀，即为滴定终点。平行测定 3 份，根据硝酸银溶液的浓度和滴定消耗的体积，计算试样中氯的含量。	1. 相关原理或注意事项参见操作 1。 2. K_2CrO_4 指示剂的用量对滴定终点判断是否有影响？ 3. 实验完毕后，将装有硝酸银的滴定管先用蒸馏水冲洗 2~3次后，再用自来水冲净，以免硝酸银残留于管中。

二、课堂提问

（1）什么是银量法？银量法的分类及区分方法？

（2）试说明 K_2CrO_4 指示剂的用量对滴定的影响？

（3）用 K_2CrO_4 作指示剂，滴定终点前后溶液颜色呈现什么变化？

（4）根据实验原理解释为什么生成砖红色沉淀即为滴定终点？

（5）为什么滴定要在中性或弱碱性的条件下进行？

（6）滴定应在中性或弱碱性条件下进行，如果有铵盐 pH 值应控制在 6.5~7.2，为什么？

三、参考资料

1. 基本原理

某些可溶性氯化物中氯含量的测定可采用莫尔（Mohr）法。此法是在中性或弱碱性溶液中，以 K_2CrO_4 为指示剂，用 $AgNO_3$ 标准溶液进行滴定。由于 Ag_2CrO_4 的溶解度（1.3×10^{-4} mol · L^{-1}）大于 AgCl 的溶解度（1.3×10^{-5} mol · L^{-1}），因此，溶液中首先析出白色的 AgCl 沉淀。化学计量点后，AgCl 定量沉淀，稍过量的 Ag^+ 即与 CrO_4^{2-} 生成砖红色 Ag_2CrO_4 沉淀，指示达到终点，反应式如下：

$$Ag^+ + Cl^- = AgCl\downarrow（白色）\qquad K_{sp}=1.8\times10^{-10}$$

$$2Ag^+ + CrO_4^{2-} = Ag_2CrO_4\downarrow（砖红色）\qquad K_{sp}=2.0\times10^{-12}$$

通过消耗 $AgNO_3$ 溶液的体积及浓度，可计算出样品中氯的含量。此法方便准确，应用很广。

1）指示剂浓度要求

终点到达的迟或早与溶液中指示剂的浓度有关。若 CrO_4^{2-} 浓度过大，则终点提前出现，且自身颜色对滴定终点也有影响，导致分析结果偏低；若 CrO_4^{2-} 的浓度过小，则终点推迟，导致分析结果偏高。

指示剂的浓度一般为 5×10^{-3} mol · L^{-1} 为宜。理想的情况是恰在 Cl^- 浓度降低到 $10^{-4.9}$ mol · L^{-1}（化学计量点时 $[Ag^+]=[Cl^-]=\sqrt{1.56\times10^{-10}}$ mol · $L^{-1}=10^{-4.9}$ mol · L^{-1}），而 Ag^+ 的浓度增大到 $10^{-4.9}$ mol · L^{-1} 时，Ag^+ 与溶液中的 CrO_4^{2-} 形成 Ag_2CrO_4 沉淀，即终点恰好与化学计量点一致。为达到这一目的，必须控制溶液中 CrO_4^{2-} 的浓度。在化学计量点时，理论上所需要的 CrO_4^{2-} 浓度计算如下：

化学计量点时，由于$[Ag^+][Cl^-]=K_{sp}(AgCl)=1.56\times10^{-10}$

即$[Ag^+]^2=1.56\times10^{-10}$

此时，要求$[Ag^+]^2[CrO_4^{2-}]=K_{sp}(Ag_2CrO_4)=2.0\times10^{-12}$

将$[Ag^+]^2$代入此式，即可求出$[CrO_4^{2-}]$：

$$[CrO_4^{2-}]=\frac{2.0\times10^{-12}}{[Ag^+]^2}=\frac{2.0\times10^{-12}}{1.56\times10^{-10}}(mol\cdot L^{-1})$$

$$=1.3\times10^{-2}(mol\cdot L^{-1})$$

从计算可知，只要控制被测溶液中CrO_4^{2-}的浓度为$1.3\times10^{-2}mol\cdot L^{-1}$，到达化学计量点时，稍过量的$AgNO_3$溶液恰好能产生砖红色$Ag_2CrO_4$沉淀。由于$K_2CrO_4$的黄色较深，影响观察砖红色$Ag_2CrO_4$沉淀的形成，所以实际用量比理论用量要少。一般$[CrO_4^{2-}]$为$2.6\times10^{-3}$～$5.2\times10^{-3}mol\cdot L^{-1}$，即每50～100mL滴定溶液中加入体积分数为5%K_2CrO_4溶液1mL即可。溶液较稀时，须作指示剂的空白校正。

2）溶液pH值要求

用K_2CrO_4作指示剂，滴定不能在酸性溶液中进行，因指示剂K_2CrO_4是弱酸盐，在酸性溶液中CrO_4^{2-}与H^+结合，生成$HCrO_4^-$、$Cr_2O_7^{2-}$使CrO_4^{2-}浓度降低过多，在化学计量点不能形成Ag_2CrO_4沉淀或终点滞后。滴定也不能在强碱性溶液中进行，此时Ag^+将形成Ag_2O沉淀。因此，用铬酸钾指示剂法，滴定只能在近中性或弱碱性溶液（pH=6.5～10.5）中进行。如果溶液的酸性较强可用硼砂、$NaHCO_3$中和，或改用铁铵矾指示剂法。滴定不可在氨性溶液中进行，因AgCl和Ag_2CrO_4皆可生成$[Ag(NH_3)_2]^+$而溶解。为了避免生成$[Ag(NH_3)_2]^+$，如果有铵盐存在，溶液的pH值应控制在6.5～7.2的范围内进行滴定。

3）干扰滴定的其他因素

本法多用于Cl^-、Br^-的测定，在弱碱性溶液中也可测定CN^-；不能测定I^-和SCN^-，因AgI和AgSCN对Ag^+具有较强的吸附作用使终点不明显。凡能与Ag^+生成难溶性化合物或配合物的阴离子均干扰测定，如PO_4^{3-}、AsO_4^{3-}、SO_3^{2-}、S^{2-}、CO_3^{2-}、CrO_4^{2-}等。其中H_2S可加热煮沸除去，将SO_3^{2-}氧化成SO_4^{2-}后就不再干扰测定。大量Cu^{2+}、Ni^{2+}、Co^{2+}等有色离子也将影响终点观察。凡是能与CrO_4^{2-}指示剂生成难溶化合物的阳离子也干扰测定，如Ba^{2+}、Pb^{2+}能与CrO_4^{2-}分别生成$BaCrO_4$和$PbCrO_4$沉淀。Ba^{2+}的干扰可通过加入过量的Na_2SO_4消除。Al^{3+}、Fe^{3+}、Bi^{3+}、Sn^{4+}等高价金属离子因在中性或弱碱性溶液中易水解产生沉淀，也会干扰测定。

$AgNO_3$见光分解析出黑色的金属银，所以$AgNO_3$标准溶液应储存于棕色瓶中，放置在暗处。

标定$AgNO_3$溶液使用的基准物质为NaCl，NaCl容易吸收空气中的水分，所以在使用前应充分烘干（500～600℃）或在瓷坩埚中加热搅拌。冷却后保存在干燥器中，备用。

2. *沉淀滴定法*

沉淀滴定法是以沉淀反应为基础的一种滴定分析方法。沉淀滴定法必须满足的条件：溶解度小，且能定量完成；反应速度快；有适当指示剂指示终点；吸附现象不影响终点观察。

生成沉淀的反应很多，但符合容量分析条件的却很少，实际上应用最多的是银量法，即利用Ag^+与卤素离子的反应来测定Cl^-、Br^-、I^-、SCN^-和Ag^+。根据滴定方式的不同，银量法可分为直接滴定法和返滴定法。根据指示剂的不同，银量法共分三种，分别以创立者的姓名来命名，即莫尔法、福尔哈德法、法扬斯法。

实验二十六　二水合氯化钡中钡含量的测定

一、操作详解及注意事项

序号	操　作	原理或注意事项
0	**实验前准备**：250mL 烧杯、100mL 烧杯、滴管、G4 微孔玻璃坩埚、100mL 量筒、10mL 量筒、淀帚、抽滤瓶等。	预习重量分析法。
1	**沉淀的制备**： **(1)溶解**： 准确称取 0.40～0.45g $BaCl_2 \cdot 2H_2O$ 试样 2 份，分别置于 250mL 烧杯中，各加入 150mL 水和 3mL 2mol · L^{-1}的 HCl 溶液，搅拌溶解，加热至近沸。	**沉淀条件**： 酸：沉淀反应在 0.05mol · L^{-1} HCl 介质中进行； 稀：易得大颗粒晶形沉淀，杂质浓度减小； 热：增大沉淀溶解度，降低相对饱和度，减少杂质吸附； 慢：不断搅拌下，缓缓加入沉淀剂，避免局部过浓现象； 陈：水浴加热陈化 40min，每隔几分钟搅动一次。
2	**(2)沉淀**： ①另取 5～6mL 0.5mol · L^{-1} H_2SO_4溶液 2 份于 2 个 100mL 烧杯中，加水 40mL，加热至近沸，趁热将 2 份 H_2SO_4溶液分别用小滴管逐滴加入 2 份热的钡盐溶液中，并用玻璃棒不断搅拌，直至 2 份 H_2SO_4溶液加完为止。 ②待 $BaSO_4$沉淀下沉后，于上清液中加入 1～2 滴 0.05mol · L^{-1} H_2SO_4溶液，仔细观察沉淀是否完全。沉淀完全后，盖上表面皿(切勿将玻璃棒拿出杯外)，放置过夜，陈化。也可将沉淀放在水浴或沙浴上，保温 40min，陈化。	1. 陈化的目的：(1)去除沉淀中包藏的杂质；(2)使其粒径分布比较均匀。 2. 加热的目的：在热溶液中进行，可以使沉淀的溶解度增加，降低相对过饱和度，有利于晶核成长为大颗粒晶体，减少杂质的吸附作用。 **3. 滴加 H_2SO_4溶液时需边搅拌边滴加，主要是防止因局部过浓而形成大量的晶核。** 4. 玻璃棒直至过滤洗涤完毕后才能取出。 **5. 加热时勿使溶液沸腾以免溅失。**
3	**玻璃坩埚的准备**： (1)用水清洗两个坩埚，用真空泵抽 2min，以除掉玻璃砂板微孔中的水分，便于干燥。放进微波炉于 500W 的输出功率(中高火)下进行干燥，第一次干燥 10min，第二次 4min。 (2)每次干燥后放入干燥器中冷却 15～20min(刚放入时留一小缝隙，30s 后再盖严)，然后在分析天平上快速称重。两次干燥后称量所得质量之差，如不超过 0.4mg，即已恒重，否则，还要干燥 4min，冷却，称重，直至恒重。	1. 微波炉的使用方法及注意事项，应仔细阅读实验室提供的操作规程并遵从任课教师的指导。 2. 可先用滤纸吸去坩埚外壁的水珠，再放入微波炉中加热，以减少加热的时间；干、湿坩埚不可在同一微波炉内加热，以免加热干燥时间短，炉内水分不挥发，湿度过大影响坩埚恒重。 3. 坩埚必须在干燥器中自然冷却至室温后进行称量。 4. 本实验中钡盐样品的称量与坩埚的恒重必须使用同一台天平。
4	**沉淀的过滤和洗涤**： (1)$BaSO_4$沉淀冷却后，用倾泻法在已恒重的 G4 坩埚中进行减压过滤。上清液过滤完后，用稀 H_2SO_4(0.5mL 0.5mol · L^{-1} H_2SO_4溶液加 100mL 水配成)洗涤沉淀 3～4 次，每次约用 10mL，再用水洗一次。 (2)然后将沉淀转移到坩埚中，用淀帚擦“活”粘附在烧杯壁和搅拌棒上的沉淀，再用水冲洗烧杯和玻璃棒直至沉淀转移完全。最后用水淋洗沉淀及坩埚内壁 6 次以上，这时沉淀基本已洗涤干净。	1. 冷却后再过滤沉淀。 2. 洗涤沉淀时要少量多次。

续表

序号	操　作	原理或注意事项
5	(3)检查沉淀是否洗净： ①用表面皿收集2mL滤液，加1滴2mol·L^{-1} HNO_3酸化，加入2滴$AgNO_3$(若无白色浑浊产生，表示Cl^-已洗净)。 ②继续抽干2min以上(至不再产生水雾)，将坩埚放入微波炉进行干燥(第一次10min，第二次4min)，冷却、称量、直至恒重。计算两份固体试样中钡的含量。	1. 先拔掉与吸滤瓶连接的胶管，再取下玻璃坩埚，放在洁净处，从吸滤瓶口倒掉滤液，并用蒸馏水洗净吸滤瓶，连接好胶管，将玻璃坩埚重新安放在吸滤瓶上，用蒸馏水洗一次沉淀。取下玻璃坩埚，放在洁净处，从吸滤瓶口倒出少量滤液于洗净的表面皿上，滴加$AgNO_3$溶液，验证是否有Cl^-存在。 2. 坩埚使用前用稀HCl抽滤洗涤，做完实验应及时用稀H_2SO_4和水将玻璃坩埚洗净。

二、课堂提问

(1) 本实验基本原理?

(2) 重量分析法主要包括哪几种方法?

(3) 重量分析法对沉淀形式的要求有哪些?

(4) 为什么要在稀热HCl溶液中，且不断搅拌条件下逐滴加入沉淀剂沉淀$BaSO_4$? HCl加入太多会有何影响?

(5) 为什么要在热溶液中沉淀$BaSO_4$，但要在冷却后过滤? 晶形沉淀为何要陈化?

(6) 什么叫倾泻法过滤? 洗涤沉淀时，为什么用洗涤液或蒸馏水都要少量、多次?

(7) 什么叫干燥至恒重?

(8) 微波加热技术在分析化学(例如分解试样和烘干试样等)中的应用有哪些优越性?

三、参考资料

1. 重量分析法

重量分析法是根据称量确定被测组分含量的分析方法，通过物理或化学反应将试样中待测组分与其他组分分离，然后用称量的方法测定该组分的含量。重量分析包括分离和称量两个过程。重量分析法中，首先将被测成分以单质或纯净化合物的形式分离出来，然后准确称量单质或化合物的质量，再以单质或化合物的质量及待测样的质量来计算被测成分的质量分数。

重量分析法中的测定数据是直接由分析称量而获得分析结果，称量误差小，所以比较准确，相对误差一般不超过±0.1%~0.2%，是经典的分析方法之一。

1) 分类

根据待测组分与试样中其他组分分离方法的不同，重量分析法一般可分为挥发法、萃取法、电解法和沉淀法。

(1) 沉淀法。沉淀法是重量分析法中的主要方法。这种方法是利用沉淀反应使待测组分以难溶化合物的形式沉淀出来，再将沉淀过滤、洗涤、烘干或灼烧，最后称重并计算待测组分的含量。

(2) 挥发法。挥发法是利用物质的挥发性质，通过加热或其他方法使被测组分或其他组分从试样中挥发逸出而达到分离，然后根据样品减轻的质量计算该组分的含量，或者当挥发性组分逸出时，选一种吸收剂将其吸收，然后根据吸收剂增加的质量计算该组分的含量。

根据称量的对象不同，挥发法可分为直接法和间接法。

直接法：待测组分与其他组分分离后，如果称量的是待测组分或其衍生物，通常称为直接法。

间接法：待测组分与其他组分分离后，通过称量其他组分，测定样品减失的质量来求得待测组分的含量，则称为间接法。在实际应用中，间接法常用于测定样品中的水分。而样品中水分挥发的难易又与环境的干燥程度和水在样品中存在的状态有关。一般存在于物质中的水分主要有吸湿水和结晶水两种形式：吸湿水是物质从空气中吸收的水，其含量与空气的相对湿度和物质的粉碎程度有关。环境的湿度越大，吸湿量越大；物质的颗粒越细小(表面积大)，则吸湿量也越大。吸湿水一般在不太高的温度下即能除掉。结晶水是水合物内部的水，它有固定的量，可在化学式中表示出来。例如，$BaCl_2 \cdot 2H_2O$、$CuSO_4 \cdot 5H_2O$ 等。

根据物质性质不同，在去除物质中水分时，常采用以下几种干燥方法：

① 常压加热干燥。适用于性质稳定，受热不易挥发、氧化或分解的物质。通常将样品置于电热干燥箱中，加热到 105~110℃，保持 2h 左右，此时吸湿水已被除去。但对某些吸湿性强或不易除去的结晶水来说，也可适当提高温度或延长干燥时间。例如，$BaCl_2 \cdot 2H_2O$ 中的结晶水可在 125℃的温度下恒温加热至水分完全失去，同时无水 $BaCl_2$ 等又不挥发。又如氯化钠的干燥失重测定，可在 130℃干燥至恒重。

另外还有一些含有结晶水的试样，如 $Na_2SO_4 \cdot 10H_2O$、$NaH_2PO_4 \cdot 2H_2O$、$C_6H_{12}O_6 \cdot H_2O$ 等，虽然受热后不易变质，但因熔点较低，若直接加热至 105℃干燥，往往会发生表面融化结成一层薄膜，致使水分不易挥发而难以至恒重。因此，必须将这些样品先在较低温度或用干燥剂去除大部分水分后，再置于规定的温度下干燥至恒重。例如：葡萄糖先在 60~80℃干燥 1~2h；磷酸二氢钠则先在 60℃以下干燥约 1h 后，再调到 105℃干燥至恒重。

② 减压加热干燥。适用于高温易变质或熔点低的物质。为了加速水分挥发，可将样品置于恒温减压干燥箱中，进行减压加热干燥，由于真空泵能抽走干燥箱内大部分空气，降低了样品周围空气的水分压，所以使相对湿度降低，有利于样品中水分的挥发。再加之适当提高温度，干燥效率会进一步提高。我国药典规定，一般减压是指压力应在 2.67kPa(相当于 20mmHg 柱)以下，此时的干燥温度约在 60~80℃(除另有规定外)。例如，注射用甲氨喋呤的干燥失重测定：取本品适量，以 P_2O_5 等为干燥剂，在 100℃减压干燥至恒重，减失重量不得超过 5.0%。

③ 干燥剂干燥。适用于受热易分解、挥发及能升华的物质。干燥剂干燥，可以在常压下进行，也可以在减压下进行。将样品放置于盛有干燥剂的密闭容器中干燥。干燥剂是一些与水分子有强结合力的脱水化合物，更易吸收空气中水分，使相对湿度降低，从而促进样品的水分挥发。利用干燥剂干燥时，应注意干燥剂的选择。常用的干燥剂有无水氯化钙、硅胶、浓硫酸及五氧化二磷等。

(3) 萃取法。萃取法是利用被测组分与其他组分在互不相溶的两种溶剂中的分配系数不同，使被测组分从试样中定量转移至提取剂中而与其他组分分离。

(4) 电解法。电解法是利用电解原理，使金属离子在电极上析出，然后称重，计算其含量的方法。

优缺点：重量分析法中的全部数据都是直接由分析天平称量得来的，不需要像滴定分析法那样还要经过与基准物质或标准溶液进行比较，也不需要用容量器皿测定的体积数据，因而没有这些方面的误差。因此，对于高含量组分的测定，重量分析法具有准确度较高的优点，测定的相对误差一般不大于 0.1%。重量分析法的不足之处是操作繁琐，费时较长，对低含量组分的测定误差较大。

2) 重量分析法对沉淀形式的要求

(1) 沉淀的溶解度要小，以保证被测组分沉淀完全。

(2) 沉淀应易于过滤和洗涤，因此应根据晶形沉淀和无定形沉淀的不同特点而选择适当的沉淀条件。

(3) 沉淀应纯净，尽量避免其他杂质的污染，以免引起测定误差。

(4) 沉淀应易于转化为称量形式。

3) 重量分析法对称量形式的要求

(1) 有确定的化学组成。称量形式的实际组成必须与化学式完全相符，这是对称量形式最基本的要求。如果组成与化学式不相符，则不可能得到正确的分析结果。

(2) 称量形式稳定性好。不受空气中水分、二氧化碳和氧气等的影响，在干燥或灼烧时不易分解。称量形式如果不稳定，就无法准确称量。

(3) 摩尔质量大。所得称量形式的质量较大，以减小称量的相对误差，提高测定的准确度。

应用：用重量分析法测定常量成分时，要根据样品和待测成分的性质采用适当的分离方法和称量形式。例如，在分析硅酸盐中硅的含量时，一般是设法将硅酸盐转化为硅酸沉淀后，再灼烧为二氧化硅进行称量。在分析含磷样品中磷的含量时，一般是设法将磷全部转化为正磷酸后，再用钼酸盐转化为磷钼杂多酸盐沉淀，将沉淀烘干后再进行称量。在分析含钾样品中的钾时，可用四苯硼钠将 K^+沉淀为四苯硼钾后再烘干进行称量。

一些化学性质相近的物质常常共存于混合物中，将这些性质相近的物质完全分离有时比较麻烦。此时可将重量分析法与滴定分析法或其他分析法相结合，测出这些物质的总质量或总物质的量，然后通过计算分别求出各自的含量。

2. 微波干燥重量法的优势

传统的高温炉灼烧(800℃)恒重 $BaSO_4$沉淀，样品由外到内受热，升温慢，且容器也需长时间冷却(30min)，操作繁琐，耗能多，费时长。采用微波炉干燥恒重，样品内外同时受热，水分子通过对微波能的吸收，快速升温，加热均匀，即可节省实验时间，节省能源，改善加热质量，又可改善工作条件，实验结果准确度和精密度均较高。对于稳定的 $BaSO_4$晶形沉淀来说，微波炉干燥恒重是一种非常好的恒重方法。

3. 影响沉淀纯度的主要因素

在沉淀重量法中要求得到的沉淀是纯净的，但当沉淀从溶液中析出时，不可避免或多或少地夹带溶液中的其他组分。为此，必须了解造成沉淀不纯的原因，从而找出减少杂质混入的方法。

1) 共沉淀

在一定操作条件下，当溶液中一种物质形成沉淀时，某些可溶性杂质随同生成的沉淀一起析出，即被沉淀带下来而混杂于沉淀之中，这种现象叫共沉淀(coprecipitation)。例如沉淀 $BaSO_4$ 时，可溶盐 Na_2SO_4 或 $BaCl_2$ 被 $BaSO_4$ 沉淀带下来。共沉淀是沉淀重量法最主要的误差来源。发生共沉淀现象大致有以下几种原因。

(1) 表面吸附。由于沉淀的表面吸附所引起的杂质共沉淀现象叫作吸附共沉淀(adsorption coprecipitation)。在沉淀的晶格中，构晶离子是按照同性电荷相斥、异性电荷相吸的原则排列的。

沉淀对杂质离子的吸附遵从吸附规则(adsorption rule)。作为抗衡离子，如果各种离子的浓度相同，则优先吸附那些与构晶离子形成溶解度最小或离解度最小的化合物的离子；离子的价数越高，浓度越大，越易被吸附。

此外，沉淀表面吸附的杂质的量还与下列因素有关：

① 与沉淀的总表面积有关。对同质量的沉淀而言，沉淀的颗粒越小则比表面积越大，吸附杂质越多。晶形沉淀颗粒比较大，表面吸附现象不严重，而无定形沉淀颗粒很小，表面吸附严重。

② 与溶液中杂质的浓度有关。杂质的浓度越大，被沉淀吸附的量越多。

③ 与溶液的温度有关。吸附作用是放热过程，因此溶液的温度升高，可减少杂质的吸附。

表面吸附现象发生在沉淀的表面，因此减少吸附杂质的有效方法是洗涤沉淀。

（2）包藏。在沉淀过程中，如果沉淀生长太快，表面吸附的杂质还来不及离开沉淀表面就被随后生成的沉淀所覆盖，使杂质或母液被包藏在沉淀内部。这种因为吸附而留在沉淀内部的共沉淀现象称为包藏(occlusion)。包藏的程度也符合吸附规则。例如沉淀 $BaSO_4$时，当硫酸盐加到钡盐中去时，$BaSO_4$沉淀包藏阴离子杂质较多，$Ba(NO_3)_2$被包藏的量要大于 $BaCl_2$，因为前者的溶解度较小而易被吸附；将钡盐加到硫酸盐中去时，沉淀是在 SO_4^{2-}过量的情况下进行的，所以 $BaSO_4$晶粒吸附 SO_4^{2-}而带负电，造成杂质阳离子优先被吸附，进而包藏在沉淀内部。由于杂质被包藏在沉淀内部，因此不能用洗涤方法除去，应当通过陈化或重结晶的方法予以减免。

（3）生成混晶或固溶体。如果溶液中杂质离子与沉淀构晶离子的半径相近且晶体结构相似，则形成混晶共沉淀(mixed crystal precipitation)。例如，$BaSO_4$-$PbSO_4$、$BaSO_4$-$BaCrO_4$、AgCl-AgBr 等。像 $KMnO_4$这样的易溶盐也能和 $BaSO_4$共沉淀。将新沉淀出来的 $BaSO_4$与 $KMnO_4$溶液共摇，后者通过再结晶过程而深入到 $BaSO_4$晶格内，使沉淀呈粉红色。用水洗涤不褪色，说明虽然 $BaSO_4$与 $KMnO_4$的离子电荷不同，但半径相近，都有 ABO_4型的化学组成，也能生成固溶体。生成混晶的过程属于化学平衡过程，杂质在溶液中和进入沉淀中的比例决定于该化学反应的平衡常数。改变沉淀条件、洗涤、陈化，甚至再沉淀都没有很大的除杂效果。减少或消除混晶生成的最好方法是事先分离除去杂质。例如将 Pb^{2+}沉淀成 PbS 而与 Ba^{2+}分离，将 Ce^{3+}氧化为 Ce^{4+}而不再与 La^{3+}生成混晶。用加入络合剂、改变沉淀剂等方法也能防止或减少此类共沉淀。

2）后沉淀

后沉淀又称为继沉淀。一种本来难于析出沉淀的物质，或是形成稳定的过饱和溶液也不能单独沉淀的物质，在另一种组分沉淀之后被“诱导”沉淀下来的现象称为后沉淀(postprecipitation)。例如，MgC_2O_4可形成稳定的过饱和溶液而不沉淀，但用草酸盐沉淀分离 Ca^{2+}与 Mg^{2+}，析出 CaC_2O_4沉淀表面有 MgC_2O_4析出。放置时间越长，后沉淀现象越严重。类似现象常见于金属硫化物的沉淀分离中。随着沉淀放置时间的延长，后沉淀引入的杂质量增加。缩短沉淀和母液共置的时间可以避免或减少后沉淀。

3）共沉淀或后沉淀对分析结果的影响

在沉淀重量法中，共沉淀或后沉淀现象对分析结果的影响程度，取决于杂质的性质和量的多少。共沉淀或后沉淀可能引起正误差或负误差，亦可能不引入误差。例如，$BaSO_4$沉淀中包藏了 $BaCl_2$，对于测定 SO_4^{2-}来说，这部分 $BaCl_2$是外来的杂质，使沉淀的质量增加，引入了正误差；对于测定 Ba^{2+}来说，$BaCl_2$的摩尔质量小于 $BaSO_4$的摩尔质量而使沉淀质量减少，引入了负误差。若 $BaSO_4$沉淀中包藏了 H_2SO_4，灼烧沉淀时 H_2SO_4分解成 SO_3挥发了，对硫的测定产生负误差，而对钡的测定则没有影响；若是采用微波干燥法获得称量形式，H_2SO_4不被分解，则会对钡的测定造成正误差。

4. *沉淀条件的选择和沉淀的后处理*

为了满足沉淀重量法对沉淀形的要求，应当根据不同类型沉淀的特点，采用适宜的沉淀条件以及相应的后处理。

1）晶形沉淀

在沉淀过程中控制比较小的过饱和程度，沉淀后通过陈化，可以获得易于过滤洗涤的大颗粒晶形沉淀，并减少杂质的包藏。以 $BaSO_4$沉淀为例：

（1）沉淀应在比较稀的热溶液中进行，并在不断地搅拌下，缓缓地滴加稀沉淀剂。目的是降低溶质的过饱和程度，防止沉淀剂的局部过浓；稀释溶液还可以使杂质的浓度减小，减小共沉淀的杂质量；加热不仅可以增大溶解度，还可以增加离子扩散的速率，有助于沉淀颗粒的成长，同时也减少杂质的吸附。

（2）为了增大 $BaSO_4$的溶解度以减小相对过饱和度，应在沉淀之前向溶液中加入 HCl 溶液。H^+能使 SO_4^{2-}部分质子化，较大地增加 $BaSO_4$的溶解度，并能防止钡的弱酸盐的沉淀。对于增加溶解度所造成的损失，可以在沉淀后期加入过量的沉淀剂来补偿。

（3）沉淀完成以后，常将沉淀与母液一起放置一段时间，此过程称为陈化（aging），其作用是为了获得完整、粗大且纯净的晶形沉淀。在陈化过程中，特别是在加热的情况下，晶体中不完整部分的离子容易重新进入溶液，而在溶液中的离子又不断回到晶体表面，这样使晶体趋于完整。同时释放出包藏在晶体中的杂质，使沉淀更为纯净。此外，由于小晶粒的溶解度比大晶粒大，同一溶液对小晶粒是未饱和的、而对大晶粒则是过饱和的，因此陈化过程中还会发生小晶粒溶解、大晶粒长大的现象。陈化后自然冷却至室温再过滤，以减少溶解损失。

（4）洗涤 $BaSO_4$沉淀时，若测定的是 Ba^{2+}，可先用稀 H_2SO_4作为洗涤液，利用同离子效应减少洗涤过程中沉淀溶解的损失，在灼烧过程中可除去未洗净的 H_2SO_4。若是测定 SO_4^{2-}，则只能用水作为洗涤液。

2）无定形沉淀

无定形沉淀一般体积大、疏松、含水量多。无定形沉淀大都因为溶解度非常小，无法控制其过饱和度，以致生成大量微小胶粒而不能长成大粒沉淀。对于这种类型的沉淀，关键是使其聚集紧密，便于过滤；同时尽量减少杂质的吸附。

5. *倾泻法过滤*

过滤是液固或气固混合物中的流体强制通过多孔性过滤介质，将其中的悬浮固体颗粒加以截留，从而实现混合物的分离，是一种属于流体动力过程的单元操作，是分离溶液与沉淀的常用方法之一。而倾泻法过滤，即将沉淀上层清液沿玻璃棒小心倾入漏斗，尽可能使沉淀留在容器中。

适用条件：当沉淀的比重较大或结晶的颗粒较大，静置后能很快沉降至容器的底部时，常用倾泻法进行分离。

倾泻法过滤的目的在于将沉淀从母液中分离出来，使其与过量的沉淀剂及其他杂质组分分开。过滤之后必须进行初洗涤，洗涤的目的是为了洗去沉淀表面所吸附的杂质和残留的母液，获得纯净的沉淀。过滤和洗涤必须一次完成不能间断。在操作过程中，不得造成沉淀的损失。

优点：操作方便；可避免沉淀过早堵塞滤纸小孔而影响过滤速度。

操作方法：

(1) 手拿起烧杯置于漏斗上方，一手轻轻地从烧杯中取出玻璃棒，紧贴杯嘴，垂直地立于滤纸三层部分的上方，尽可能接近滤纸，但又应不接触滤纸，慢慢将烧杯倾斜，尽量不要搅起沉淀，将上层清液沿玻璃棒倾入漏斗中。

注意：倾入漏斗的溶液，液面不可太高，以免沉淀浸到漏斗上去。

(2) 当暂停倾注时，将烧杯沿着玻璃棒慢慢向上提一段，再立即放正烧杯，将玻璃棒放回烧杯中。这样可以避免烧杯嘴上的液体沿烧杯壁流到杯外。同时玻璃棒不要放在烧杯嘴边，以免烧杯嘴处的少量沉淀沾在玻璃棒上；如一次不能将清液倾注完，应待烧杯中沉淀下沉后再次倾注。

(3) 过滤开始后，应随时检验滤液是否澄清；如滤液不澄清，则必须另换一个洁净的烧杯盛接滤液，用原漏斗将滤液进行第二次过滤；若滤液仍不澄清，则应更换滤纸重新过滤。第一次所用的滤纸应保留，待洗。当清液倾注完毕后，即可对烧杯中的沉淀进行初步洗涤。

(4) 洗涤时，借助于洗瓶每次用10~20mL洗涤液洗烧杯内壁，将粘附在烧杯壁上的沉淀洗下，用玻璃棒充分搅拌，放置澄清，再倾泻过滤。如此重复洗涤3~4次。每次待滤纸内洗涤液流尽后再倾注下一次洗涤液。因为如果所用洗涤液总量相同，则每次用量较少、多洗几次的方式，比每次用量较多、少洗几次的方式效果要好。沉淀洗涤至最后，用干净的试管接取几滴滤液，选择灵敏的定性反应来检验共存离子，判断洗涤是否彻底。

第五节　吸光光度法

实验二十七　邻二氮菲吸光光度法测定铁

一、操作详解及注意事项

序号	操　作	原理或注意事项
1	**(1)需准备的仪器**：50mL比色管(或容量瓶)6支、pH计、分光光度计。 **(2)需配制的溶液**：铁标准溶液(100μg/mL)、邻二氮菲(Phen，$1.5g\cdot L^{-1}$)、盐酸羟胺($100g\cdot L^{-1}$)、NaAc($1mol\cdot L^{-1}$)、NaOH($1mol\cdot L^{-1}$)、HCl($6mol\cdot L^{-1}$)。	1. 本实验根据课时的不同，可安排全条件实验和部分条件实验。 2. 两人一组。 3. 预习pH计、分光光度计的使用方法。 4. 实验数据处理中，计算机作图参考实验二十八“吸光光度法测定水和废水中的总磷”。

续表

序号	操　　作	原理或注意事项
2	**实验条件：** **吸收曲线的制作和测量波长的选择：** (1)用吸量管吸取0.0mL和1.0mL铁标准溶液分别注入两个50mL容量瓶(或比色管中)，各加入1mL盐酸羟胺溶液。再加入2mL Phen、5mL NaAc，用水稀释至刻度，摇匀。 (2)放置10min后，用1cm比色皿，以试剂空白(即0.0mL铁标准溶液)为参比溶液，在440~560nm之间，每隔10nm测一次吸光度，在最大吸收峰附近，每隔5nm测量一次吸光度。 (3)以波长λ为横坐标，吸光度A为纵坐标，绘制A与λ关系的吸收曲线。从吸收曲线上选择测定Fe的适宜波长，一般选用最大吸收波长λ_{max}。	1. 进行各个条件实验时应注意，在考察某一因素的影响时，其他条件必须保持一致，如考察酸度的影响，每个容量瓶中只改变NaOH的加入量，其他试剂用量以及波长、显色时间等均需保持一致。 2. 每次改变波长都应重新将参比的透光率调整为100%($A=0$)； 3. 为什么选择最大吸收波长作为测定物质浓度的工作波长？ 4. 为什么以试剂空白(即0.0mL铁标准溶液)为参比溶液？
3	**溶液酸度的选择：** (1)取8个50mL容量瓶(或比色管)，用吸量管分别加入1mL铁标准溶液和1mL盐酸羟胺，摇匀，再加入2mL Phen，摇匀。用5mL吸量管分别加入0.0mL、0.2mL、0.5mL、1.0mL、1.5mL、2.0mL、2.5mL、3.0mL的1mol·L^{-1} NaOH溶液，用水稀释至刻度，摇匀。 (2)放置10min，用1cm比色皿，以蒸馏水为参比溶液，在选择的波长下测定各溶液的吸光度。同时，用pH计测量各溶液的pH值。 (3)以pH值为横坐标，吸光度A为纵坐标，绘制A与pH值关系的酸度影响曲线，得出测定铁的适宜酸度范围。	1. 为保证结果精确，应**同时加入8个样**。 2. 实验前应选取合适量程及数量的吸量管。 3. 注意摇匀操作，避免样品损失。 4. 测吸光度时，比色皿表面应擦干，手持比色皿磨砂的一侧，**比色皿中所装液体体积应在总体积的1/2~2/3。** **5. 实验时应爱惜仪器：分光光度计，样品池内不要弄污！** **6. pH计的使用应注意轻拿轻放，电极不用时应置于饱和氯化钾溶液中，注意不要弄碎电极头部球泡。** 7. 改变酸度，测定不同pH值下溶液的吸光度，应选择吸收曲线中微小的pH值变化对吸光度几乎无影响的区域。
4	**显色剂用量的选择：** (1)取6个50mL容量瓶(或比色管)，用吸量管各加入1mL铁标准溶液和1mL盐酸羟胺，摇匀。再分别加入0.1mL、0.3mL、0.5mL、0.8mL、1.0mL、2.0mL、4.0mL Phen和5mL NaAc溶液，用水稀释至刻度，摇匀。放置10min，用1cm比色皿，以蒸馏水为参比溶液，在选择的波长下测定各溶液的吸光度。 (2)以所取Phen溶液体积V为横坐标，吸光度A为纵坐标，绘制A与V关系的显色剂用量影响曲线，得出测定铁时显色剂的最适宜用量。	1. 因为换装溶液，所以应用待测液润洗比色皿3次。 2. 为保证结果精确，应同时加入6个样。 3. 注意摇匀操作，避免样品损失。 4. 放置10min，保证反应时间。 5. 改变显色剂用量，测定溶液的吸光度，应选择显色剂用量改变对吸光度几乎无影响的区域。
5	**显色时间：** (1)在一个50mL容量瓶(或比色管)中，用吸量管各加入1mL铁标准溶液和1mL盐酸羟胺，摇匀。再加入2mL Phen，5mL NaAc，以水稀释至刻度，摇匀。 (2)立即用1cm比色皿，以蒸馏水为参比溶液，在选择的波长下测定吸光度，然后依次测量放置5min、10min、30min、60min、120min后的吸光度。 (3)以时间t为横坐标，吸光度A为纵坐标，绘制A与t关系的显色时间影响曲线，得出铁与邻二氮菲显色反应完全所需要的适宜时间。	1. 因为换装溶液，所以应用待测液润洗比色皿3次。 2. 注意摇匀操作，避免样品损失。 3. 配制完样品应立即测试，减少因操作耽误的时间而产生的误差。 4. 画好表格，数据详实记录，以便后续处理数据。 **5. 在做溶液酸度选择部分的同时，显色时间部分要同时准备，否则耽误实验时间！** 6. 与酸度选择类似，其他条件不变，测定不同显色时间的溶液吸光度，选择吸光度无明显变化的时间区间即为适宜的显色时间。

续表

序号	操　作	原理或注意事项
6	**标准曲线的制作：** **(1)配制不同浓度的 Fe 溶液：** ①用移液管吸取 10mL 100μg·mL^{-1} 铁标准溶液于 100mL 容量瓶中，加入 2mL 6mol·L^{-1} HCl 溶液，用水稀释至刻度，摇匀(此溶液 Fe^{3+} 的浓度为 10μg·mL^{-1})。 ②在 6 个 50mL 容量瓶(或比色管)中，用吸量管分别加入 0.00mL、2.00mL、4.00mL、6.00mL、8.00mL、10.00mL 10μg/mL 铁标准溶液，均加入 1mL 盐酸羟胺，摇匀。再加入 2mL Phen、5mL NaAc 溶液，摇匀。用水稀释至刻度，摇匀后放置 10min。	1. 配制不同浓度的 Fe 溶液时，各溶液的加入顺序不能颠倒→加入铁标准液后，随后加入盐酸羟胺的目的是什么？ (Fe^{3+} 能与邻二氮菲生成 3∶1 的淡蓝色配合物) $2Fe^{3+}+2NH_2OH \cdot HCl \longrightarrow 2Fe^{2+}+N_2\uparrow+4H^++2H_2O+2Cl^-$ 再加邻二氮菲则形成稳定的配合物。在 pH＝2～9 的溶液中，Fe^{2+} 与邻二氮菲(Phen)生成稳定的橘红色配合物 $Fe(Phen)_3^{2+}$，用缓冲溶液调整 pH 值后会形成明显的颜色，可用于测定。如果加错顺序，如先加入 NaAc(缓冲溶液)，再加入盐酸羟胺等试剂，会产生什么现象？ 2. 最好两人配合，一人依次在几个容量瓶中加入 Fe 标准溶液，另一人随后依次加入盐酸羟胺，然后再依次加入其他试剂，这样不会造成混乱或忘记加液的情况。 3. 容量瓶(或比色管)应该编号，防止测定时弄混。 4. 溶液的配制过程中注意吸量管不能混用。
7	**(2)制作标准曲线：** ①用 1cm 比色皿，以试剂空白(即 0.00mL 铁标准溶液)为参比溶液，在所选择的波长下，测量各溶液的吸光度。 ②以含铁量为横坐标，吸光度 *A* 为纵坐标，绘制标准曲线。 ③由绘制的标准曲线，查出某一适中铁浓度相应的吸光度，计算 Fe^{2+}-Phen 络合物的摩尔吸光系数 ε。	1. 利用上述实验确定的波长，在波长不变的情况下测定其余几个溶液的吸光度，利用不同浓度的溶液所对应的吸光度作图，得到标准曲线。 2. 最佳波长选择好后不应再改变。 3. 每次测量前注意应对仪器进行调零。
8	**铁含量的测定：** 准确吸取适量试液于 50mL 容量瓶(或比色管)中，按标准曲线的制作步骤，加入各种试剂，测量吸光度。从标准曲线上查出和计算试液中铁的含量(单位为 μg·mL^{-1})。	条件和上述一致。

二、课堂提问

(1) 本实验的基本原理？
(2) 为什么绘制标准曲线和测定样品要在相同条件下进行？相同条件指的是哪些？
(3) 在吸收曲线的制作中，若以蒸馏水作为参比溶液，是否可行？
(4) 若共存离子量大(或者有干扰离子)，应采取什么措施？
(5) 制作吸收曲线(即选择波长)或标准曲线测定溶液的吸光度时，每次是否应调零？
(6) 制作标准曲线和进行其他条件实验时，加入试剂的顺序能否任意改变？为什么？
(7) 在“溶液 pH 的影响”实验中，为什么在碱性范围内，测试体系的吸光度逐渐降低？
(8) 盐酸羟胺的分子式？其作用是什么？
(9) 如果用配制已久的盐酸羟胺溶液，对分析结果有何影响？
(10) 醋酸钠溶液的作用？可否用 NaOH 代替 NaAc？为什么？
(11) 本实验量取各种试剂时，应分别采用何种量器较为合适？为什么？

(12) 为什么选择最大吸收波长作为测定物质浓度的工作波长？

(13) 试对所做条件实验进行讨论并选择适宜的测量条件：

① 最大吸收波长在 510nm。

② 显色的酸度控制在 pH=5.9~7.3 之间。

③ 显色剂用量选择为 0.85mL。

④ 显色后放置时间为 10min 以上。

三、参考资料

1. 分光光度法

见实验九“碘酸铜溶度积的测定”参考资料。

本实验通过对邻二氮菲-Fe^{2+}显色体系几个基本条件实验的研究，学习分光光度法测定条件的选择及实际样品的测定方法。

本实验方法的选择性很高，相当于 Fe 含量的 40 倍的Sn^{2+}、Al^{3+}、Ca^{2+}、Mg^{2+}、Zn^{2+}、$S_2O_3^{2-}$，20 倍的Cr^{3+}、Mn^{2+}、V(Ⅴ)、PO_4^{3-}，5 倍的Co^{2+}、Cu^{2+}等均不干扰测定。

2. 吸收曲线

吸收(光谱)曲线(absorption curve)是物质的特征性曲线，它和分子结构有严格的对应关系，故可作为定性分析的依据。

物质的吸收光谱曲线是通过实验获得的，具体方法是：将不同波长的单色光依次通过某一固定浓度和厚度的有色溶液，分别测出它们对各种波长光的吸收程度(用吸光度 A 表示)，以入射光的不同波长为横坐标，各相应的吸光度为纵坐标作图，画出曲线。此曲线即称为该物质的光吸收曲线(又称吸收光谱曲线)。它描述了物质对不同波长光的吸收程度。

最大吸收波长处测量物质浓度具有最高的灵敏度，同时，最大吸收波长处于吸收曲线的“拐点”，波长选择稍有误差对结果影响不明显。因此，测定物质的吸光度一般选择最大吸收波长。但是，如果在最大吸收波长处存在其他吸光物质干扰，则应根据“吸收最大、干扰最小”的原则选择入射光波长。

3. 标准曲线

见实验九“碘酸铜溶度积的测定”参考资料。

4. 参比溶液

参比溶液又称空白溶液，是指测量时用作比较的、不含被测物质但其基体尽可能与待测溶液相似的溶液。通常，用参比溶液扫描的曲线应是一条平坦的直线。有时，基体中虽不含被测物质，但含有别的物质，这时必须保证其不影响测试。若试剂空白中含有被测物质，必须经过纯化将其除去，否则将影响测定结果。

用分光光度计测量的通常是稀释后的液体试样中溶质吸光度，而溶剂也是有影响的，所以要有参比，以参比溶液调节零点，以去除溶剂对溶质吸光度的影响。

注意事项：

在进行光度测量时，利用参比溶液来调节仪器的零点，可以消除由于吸收池(比色皿)壁及溶剂对入射光的反射和吸收带来的误差，并扣除干扰的影响。参比溶液可根据下列情况来选择。

(1) 当试剂及显色剂均无色时，可用蒸馏水作参比溶液。

(2) 显色剂为无色，而被测试液中存在其他有色离子，可用不加显色剂的被测试液作为参比溶液。

(3) 显色剂有颜色，可选用不加被测试液而加入显色剂的溶液作为参比溶液。

(4) 显色剂和试液均有颜色，可将一份试液加入合适的掩蔽剂，将被测组分掩蔽起来，使之不再与显色剂作用，而显色剂及其他试剂均按试液测定方法加入，以此作为参比溶液，这样就可以消除显色剂和一些共存组分的干扰。

(5) 改变加入试剂的顺序，使被测组分不发生显色反应，可以把此溶液作为参比溶液消除干扰。

溶液选择：

(1) 溶剂：试样组成简单，共存组分对测定波长的光无吸收。

(2) 试液：试样基体溶液在测定波长有吸收，显色剂自身无色，可按与显色反应相同的条件处理试样，只是不加入显色剂。

(3) 试剂：显色剂或其他试剂对测定波长有吸收，按显色反应相同的条件，不加入试样的试剂。

(4) 平行操作参比：用不含被测组分的试样，在相同的条件下与被测试样同时进行处理，得到平行操作参比溶液。

如在进行某种药物浓度监测时，取正常人的血样与待测血药浓度的血样进行平行操作处理，前者得到的溶液即可作为平行操作参比溶液。

5. 邻二氮菲

邻二氮菲(1,10-phenanthroline)，即“1,10-邻二氮杂菲”(1,10-phenanthroline monohydrate)，也称邻菲罗啉、邻菲啰啉、邻菲咯啉，是一种常用的氧化还原指示剂。它是一个双齿杂环化合物配体，类似于2,2′-联吡啶，是晶态材料构筑中常用的辅助配体，具有很强的螯合作用，会与大多数金属离子形成很稳定的配合物。

邻二氮菲固体呈浅黄色粉末状，吸收水形成结晶水后颜色略有加深，溶于水形成浅黄至黄色溶液。其水合物为白色粉末晶体。用水重结晶时，含一分子结晶水；熔点91.5℃(102℃)；用苯重结晶时，不含结晶水，熔点98~100℃(117℃)；沸点360℃以上；溶于乙醇、苯、丙酮，不溶于石油醚。可用作铜、铁的定量比色试剂，又可作为用硫酸铈滴定铁盐的指示剂，还可用作动物性纤维的染料。

实验二十八　吸光光度法测定水和废水中的总磷

一、操作详解及注意事项

序号	操　　作	原理或注意事项
0	**(1)需准备的仪器**：50mL比色管、30mm比色皿、吸量管、锥形瓶等。 **(2)需配制的溶液**：6mol·L^{-1}氢氧化钠溶液，50g·L^{-1}过硫酸钾溶液，标准水样。	1. 预习过硫酸钾氧化——钼锑抗钼蓝光度法测定总磷。 2. 预习吸光光度法、标准曲线的制作等。
1	**过硫酸钾溶液的配制**： 称取过硫酸钾1g溶于20mL水中。	20℃时过硫酸钾的溶解度是________g/100mL水。

序号	操　作	原理或注意事项
2	**标准水样的配制：** 打开标准水样玻璃安瓶，用移液管精确移取10.00mL标样溶液于250mL容量瓶中，摇匀，稀释至刻线，置于实验室指定位置，贴好标签，备用。	勿将吸取水样所用的移液管与其他管混用，以免造成污染。
3	**水样预处理：** 从水样瓶中吸取适量混匀水样（含磷不超过30μg）于150mL锥形瓶中，加水至50mL，加数粒玻璃珠，加1mL（3∶7）H_2SO_4溶液和5mL 50g·L^{-1}过硫酸钾溶液。加热至沸，保持微沸30~40min，至体积约10mL止。	1. 在微沸（最好在高压釜内经120℃加热）条件下，过硫酸钾将试样中不同形态的磷氧化为磷酸根： $2K_2S_2O_8+2H_2O \longrightarrow 4KHSO_4+O_2$　① P（缩合磷酸盐或有机磷中的磷）$+2O_2 \longrightarrow PO_4^{3-}$　② 磷酸根在硫酸介质中同钼酸铵生成磷钼杂多酸： $PO_4^{3-}+12MoO_4^{2-}+24H^++3NH_4^+ \longrightarrow (NH_4)_3PO_4 \cdot 12MoO_3+12H_2O$　③ 2. 玻璃珠的作用是防止________。 3. **加过硫酸钾目的**：消解，破坏有机物、溶解悬浮物，将各种形态（价态）的磷氧化成单一的高价态，以便测定。
4	放冷，加1滴酚酞指示剂，边摇边滴加氢氧化钠溶液至微红色，再滴加1mol·L^{-1}硫酸溶液使红色刚好褪去。如溶液不澄清，则用滤纸过滤于50mL比色管中，用水洗涤锥形瓶和滤纸，洗涤液并入比色管中，加水至标线，供分析用。	1. 溶液呈微红色时的pH值约为________。 2."滴加1mol·L^{-1}硫酸溶液使红色刚好褪去"的目的是________。 3."如溶液不澄清"，此时的沉淀是________。 4. 洗涤锥形瓶和滤纸后的洗涤液为什么要并入比色管？
5	**标准曲线的制作：** 取7支50mL比色管，分别加入磷标准操作溶液0mL、0.50mL、1.00mL、3.00mL、5.00mL、10.00mL、15.00mL，加水至50mL。 （1）显色：向比色管中加入1mL抗坏血酸溶液，混匀。30s后加2mL钼酸盐溶液，充分混匀，放置15min。 （2）测量：使用光程为30mm比色皿，于700nm波长处，以试剂空白溶液为参比，测量吸光度。绘制标准曲线。	1. 在一定酸度及一定温度下，加入钼酸铵，则磷酸和钼酸作用生成黄色磷钼杂多酸络合物——磷钼黄： $H_3PO_4+12H_2MoO_4 = H_3[PMo_{12}O_{40}]+12H_2O$ 然后用还原剂如$SnCl_2$或抗坏血酸还原磷钼杂多酸络合物分子中的部分配位钼原子，生成磷钼蓝络合物。一般认为磷钼蓝络合物的组成可能为：$H_3PO_4 \cdot 10MoO_3 \cdot Mo_2O_5$或$H_3PO_4 \cdot 8MoO_3 \cdot 2Mo_2O_5$⟶磷钼蓝络合物的蓝色深度和磷含量成正比，可以在波长700nm处用光度法测定磷的含量。 2. 拿取比色皿时，手指只能捏住比色皿的毛玻璃面，而不能碰比色皿透明的光面；比色皿不能用碱溶液或氧化性强的洗涤液洗涤，也不能用毛刷清洗。比色皿外壁附着的水或溶液应用擦镜纸或细而软的吸水纸吸干，不要擦拭，以免损伤它的光学表面。见实验九"碘酸铜溶度积的测定"操作详解部分。
6	**试样测定：** 将消解后并稀释至标线的水样，按标准曲线制作步骤进行显色和测定。从标准曲线上查出含磷量，计算水样中总磷的含量（$P_总$以mg·L^{-1}表示）。	通过标准曲线的回归方程，可计算出水样中总磷的含量。

二、课堂提问

(1) 在天然水和废水中，磷的主要存在形式是什么？

(2) 什么是富营养化？

(3) 过硫酸钾氧化——钼锑抗钼蓝光度法测定总磷的基本原理？

(4) 钼蓝是什么？在本实验中起到什么作用？

(5) 抗坏血酸的作用是什么？

(6) 比色皿的使用注意事项是什么？

(7) 本实验用到的参比溶液是什么？为什么选择用这种溶液？

(8) 过硫酸钾的作用是什么？

(9) 消解的目的是什么？

(10) 本方法检出的最低和最高浓度分别是多少？

(11) 用钼锑抗分光光度法测磷时，主要有哪些干扰？应怎样消除？

(12) 除了用钼锑抗分光光度法测磷，还可选用什么方法，它们的特点分别是什么？

三、参考资料

1. 分光光度法

见实验九“碘酸铜溶度积的测定”参考资料。

2. 吸收曲线

见实验二十七“邻二氮菲吸光光度法测定铁”参考资料。

3. 标准曲线

见实验二十七“邻二氮菲吸光光度法测定铁”参考资料。

4. 过硫酸钾

过硫酸钾(potassium persulfate)，别称：过氧化二硫酸钾，高硫酸钾，过二硫酸钾；化学式：$K_2S_2O_8$；分子量：270.32；熔点：1067℃；沸点：1689℃；水溶性：5g/100mL(20℃)；相对密度：2.477；白色结晶，无气味，有潮解性；助燃，具刺激性。

能逐渐分解失去有效氧，湿气中能促使其分解，高温时分解较快；在约488℃时分解为焦硫酸钾($K_2S_2O_7$)和氧气；该物质能溶于约50份水(40℃时溶于25份水)，不溶于乙醇，水溶液呈酸性；与有机物摩擦或撞击能引起燃烧。

主要用途：

(1) 主要用作消毒剂和织物漂白剂；

(2) 用作乙酸乙烯酯、丙烯酸酯类、丙烯腈、苯乙烯、氯乙烯等单体乳液聚合的引发剂(使用温度60~85℃)，以及合成树脂聚合促进剂；

(3) 用作油井压裂液的破胶剂；在合成树脂、合成橡胶工业中作为乳液聚合的引发剂，用于丁苯橡胶的合成；

(4) 过硫酸钾是电解法制过氧化氢的中间体，经分解生成过氧化氢；

(5) 过硫酸钾用于钢及合金的氧化溶液中及铜的蚀刻与粗化处理，也可用于溶液杂质的处理；

(6) 用作分析试剂，化工生产中用作氧化剂、引发剂；还用于胶片洗印，用作硫代硫酸钠脱除剂等。

储存注意事项：储存区阴凉、干燥、通风良好；远离火种、热源；包装密封；应与还原剂、活性金属粉末、碱类、醇类等分开存放，切忌混储；储区应备有合适的材料收容泄漏物。

5. 钼蓝

钼蓝(molybdenum blue)，杂多蓝的一种，是钼以混合价态所形成的一系列氧化物和氢氧化物混合型化合物之总称，因呈深蓝色，故名钼蓝；通常指磷钼蓝；是一种由磷酸、五价钼和六价钼离子组成的复杂混合物。

例如，用钼磷酸盐和还原剂(二氯化锡或锌)作用，杂多酸中六价钼被还原为五价钼，生成具有特征的蓝色化合物。通常把含磷化合物转变为磷酸，使其反应生成钼蓝后，用比色法测定钼蓝的浓度。

用于定量分析钢铁、土壤、化肥、农作物中磷的含量。

钼的平均化合价在5~6之间。用不同的还原方式可以得到不同状态的钼蓝。由温和的还原剂(如二价锡、二氧化硫、联氨或硫化氢等)还原微酸性的钼酸盐稀溶液时，得到悬胶状的钼蓝；后者用于钼的比色测定。由氢化铝锂还原氧化钼，则得到晶体钼蓝，例如：$Mo_4O_{10}(OH)_2$及$Mo_8O_{15}(OH)_6$等。

6. 实验数据的处理(Origin 专业作图软件作图)

在本实验的实验数据处理(标准曲线的制作)时，可采用传统的坐标纸(了解即可)，要求使用电脑软件(Excel、Origin 等)作图，可以获得更为准确的结果。初入大学的同学通常都用过 Excel 作图，这里针对 Origin 作图做一个简单的演示。

(1) 以 Origin8.5 为例，打开软件后，呈现的是一个表格的形式(图 28-1)。

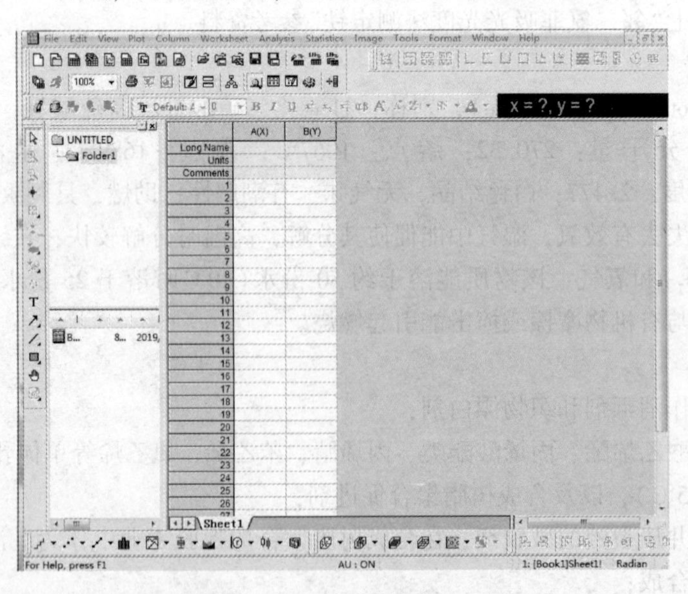

图 28-1 Origin 软件数据导入页面

(2) 在第一列[A(X)]输入溶液浓度(或含磷的质量)，第二列[B(Y)]输入所获得吸光度，如图 28-2 所示。

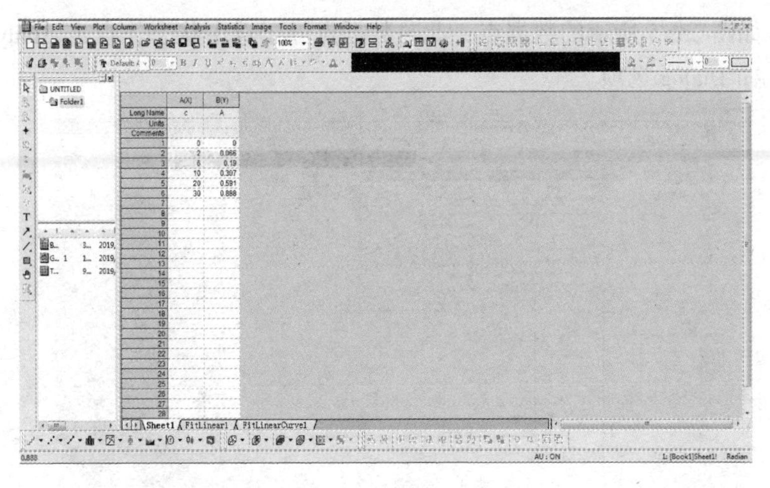

图 28-2　Origin 软件数据导入方法

（3）将数据全选后，点击如图 28-3 中箭头指示的图标(Scatter)，得到一个点图，如图 28-4 所示。

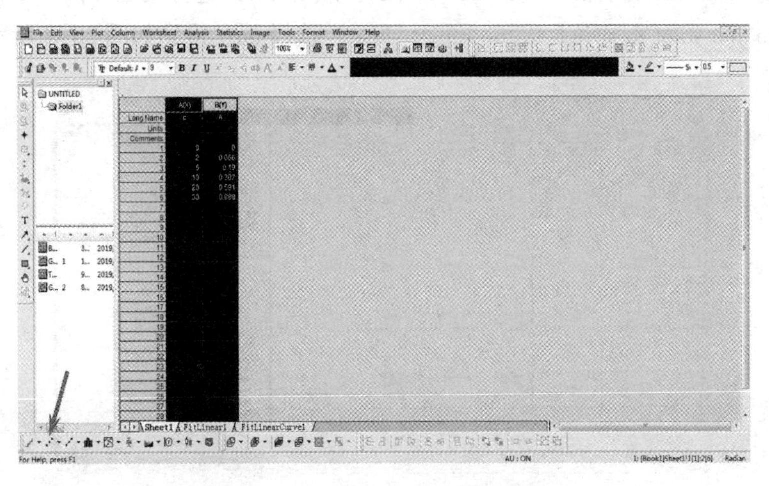

图 28-3　Origin 软件绘制散点图

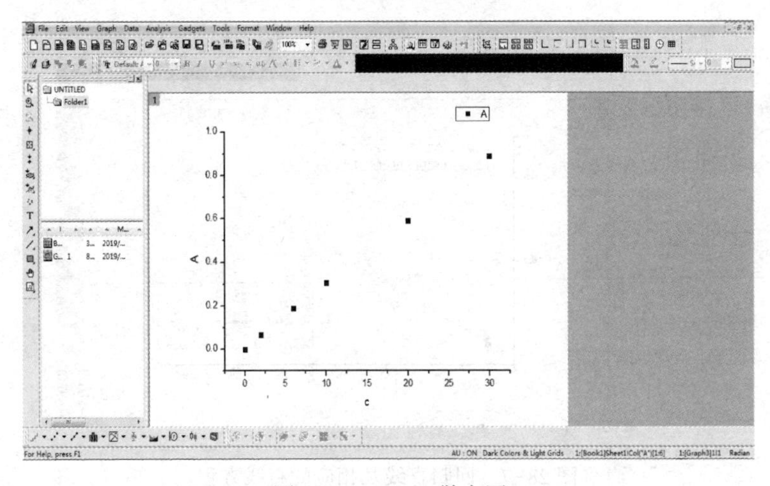

图 28-4　Origin 散点图

（4）点击如图 28-5 所示的数据点，此时数据点处于选中状态，点击 Analysis→Fitting→Linear Fit→Open Dialog 选项。

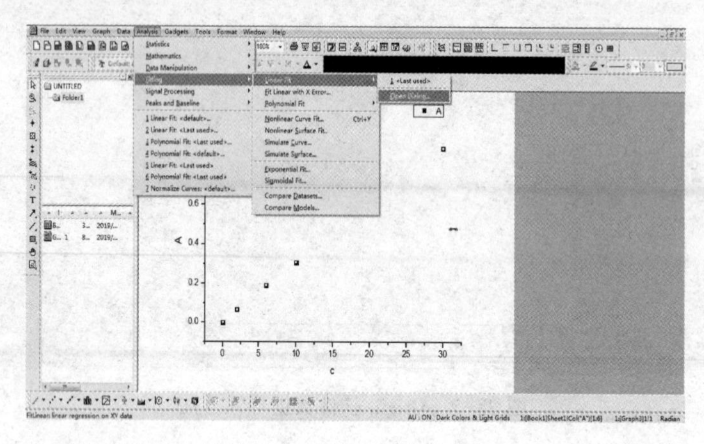

图 28-5　Origin 绘制趋势线

（5）出现 Linear Fit 对话框，如图 28-6 所示，点击 OK，进行线性回归，Reminder Message 窗口，提示 Do you want to switch to the report sheet？选择 no；得到如图 28-7 所示的回归直线。

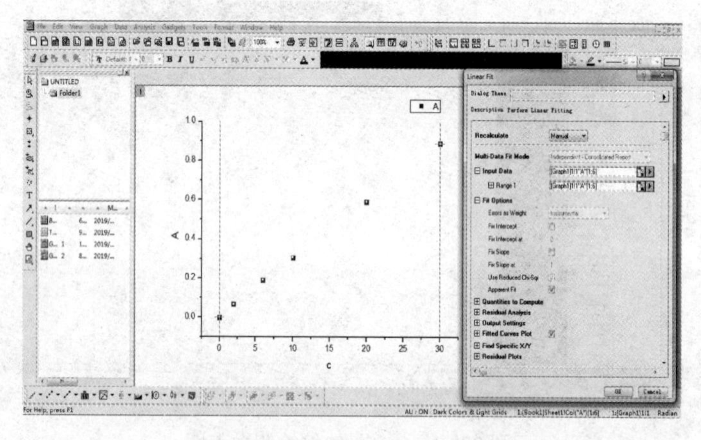

图 28-6　Origin 绘制趋势线

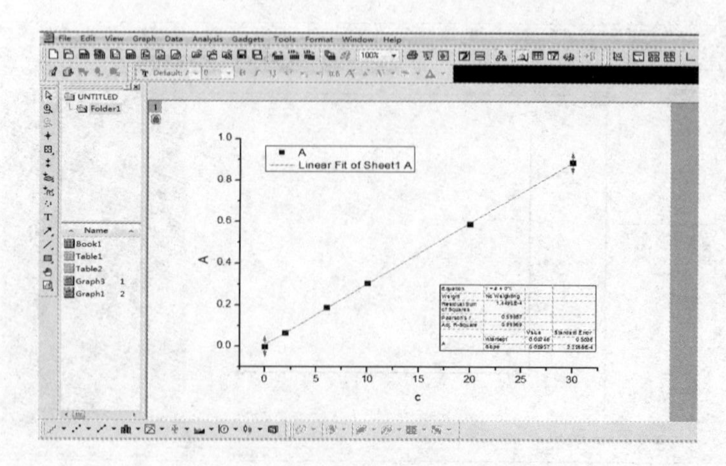

图 28-7　回归直线及相应的直线方程

得到图 28-7 所示的回归直线后，双击图 28-7 右下方的图表，得到图 28-8 所示的放大图表，其所示的 $y=a+b*x$ 即为直线方程，b 为斜率，a 为截距，可知 a 和 b 分别为 0.00746 和 0.02937，可简化为两位有效数字。

Update Table

	A	B	C	D
1	Equation	y=a+b*x		
2	Weight	No Weighting		
3	Residual Sum of Squares	1.4495E-4		
4	Pearson's r	0.99987		
5	Adj.R-Square	0.99969		
6			Value	Standard Error
7	A	Intercept	0.00746	0.0036
8		Slope	0.02937	2.3268E-4

图 28-8　回归直线对应的直线方程数据

双击图 28-7 中纵坐标轴上任意位置，打开 Y Axis-layer 1 对话框，如图 28-9 所示。

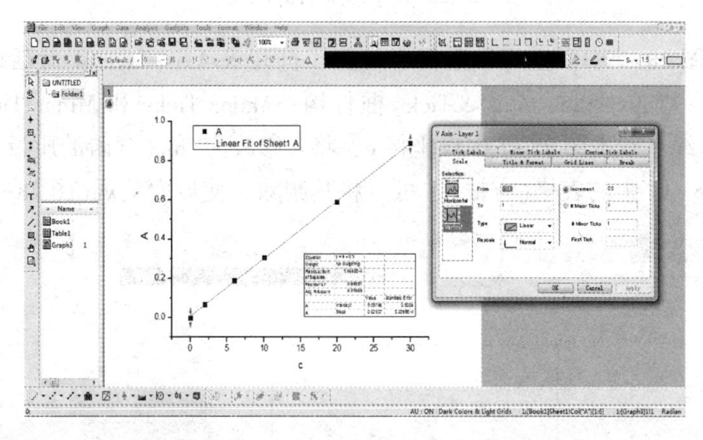

图 28-9　打开 Y Axis-layer 1 对话框

在 Y Axis-layer 1 对话框中，选择 Title &Format→Selection→Right→Show Axis &Ticks 框打钩→Major Ticks 和 Minor Ticks 均选 None→OK，如图 28-10 所示。

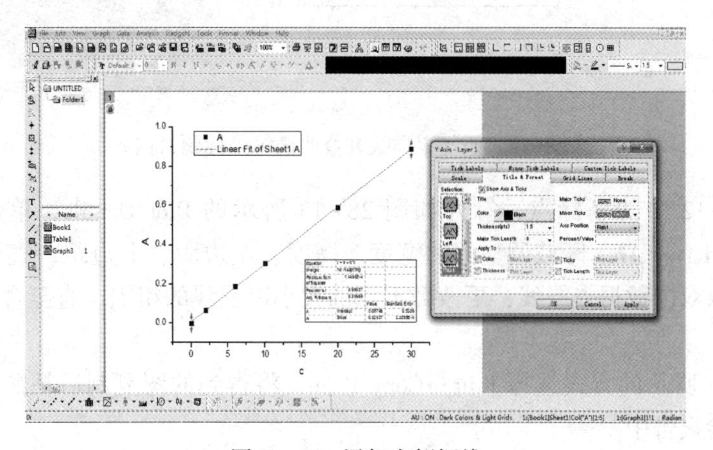

图 28-10　添加右侧框线

得到图 28-11，添加好的右侧框线。

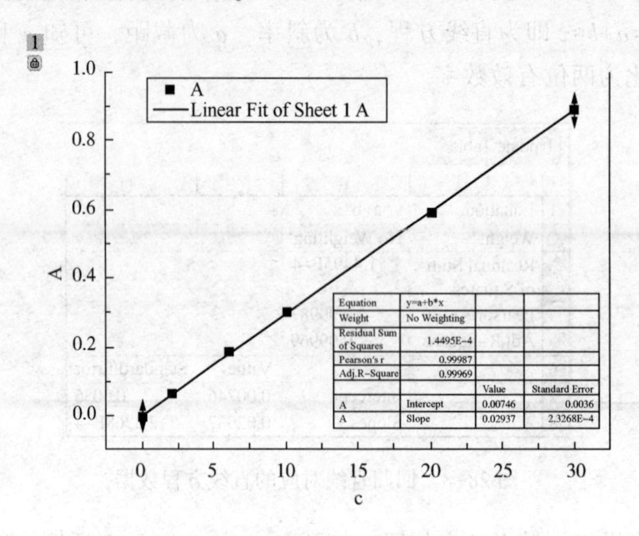

图 28-11　添加右侧框线

同理，双击图 28-7 中横坐标轴上任意位置，打开 X Axis-layer 1 对话框，选择 Title & Format→Selection→Top→Show Axis &Ticks 框打钩→Major Ticks 和 Minor Ticks 均选 None→OK，可添加上框线；双击图 28-7 中横坐标 c，将 c 修改为“m_P(含磷的质量)”，并注明单位(μg)；选中图 28-11 中的表格(方框)，可以将其删除，使界面美观(图 28-12)。

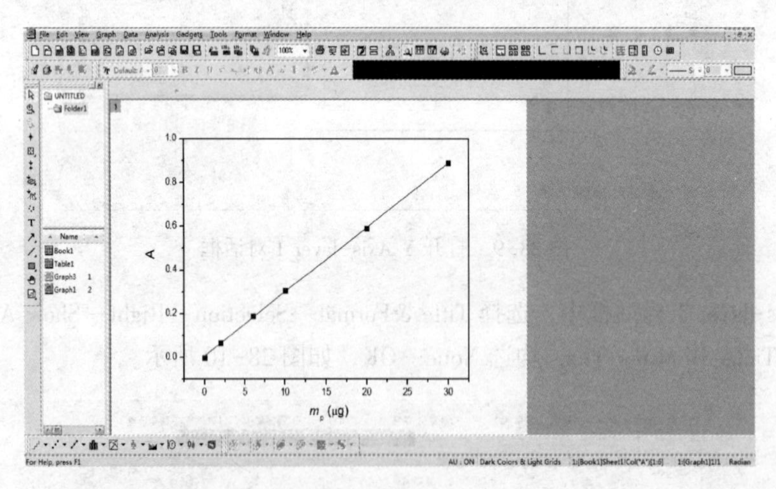

图 28-12　添加上框线并修改横纵坐标题目内容

双击图 28-12 中的坐标点，打开如图 28-13 所示的 Plot Details，单击 Layer1，选择 Size/Speed，在 Layer Area 区域调整图的宽度、高度、左边距、上边距，直至合适的比例和大小；同时可以双击数据点或线，更改数据点的大小以及线的粗细，直至合适的比例，如图 28-14 所示。

按图 28-15 所示的方式选择 Edit→Copy Page，将得到的图复制后粘贴于 word 文档中，直接打印到实验报告中。

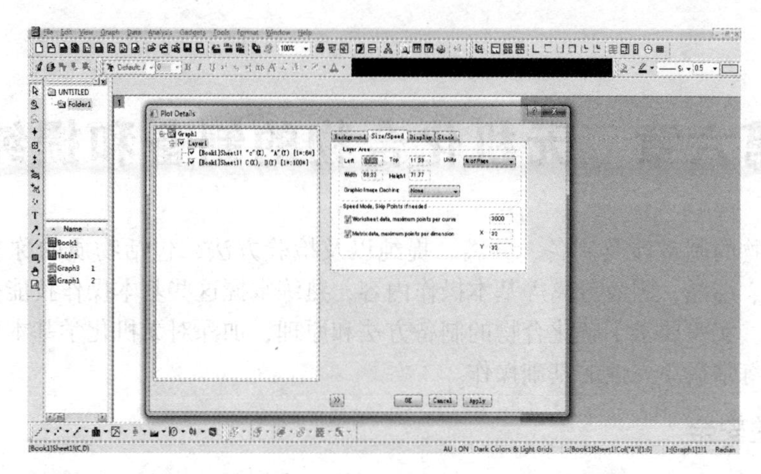

图 28-13　调整图的宽度、高度、左边距、上边距

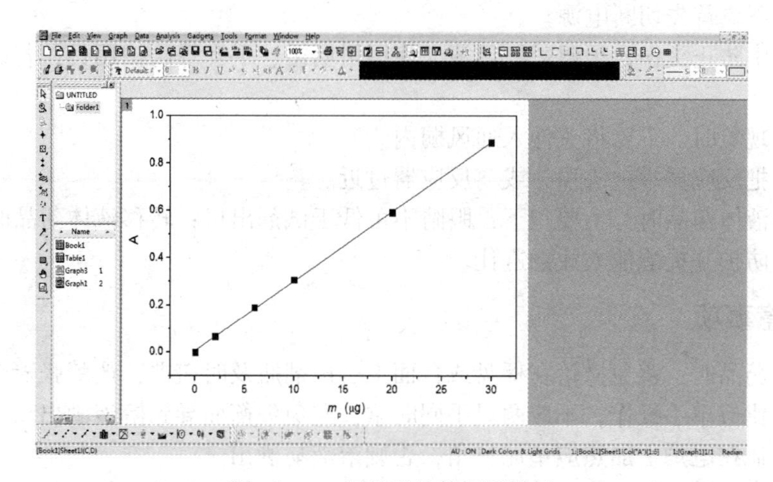

图 28-14　调整后的数据图样例

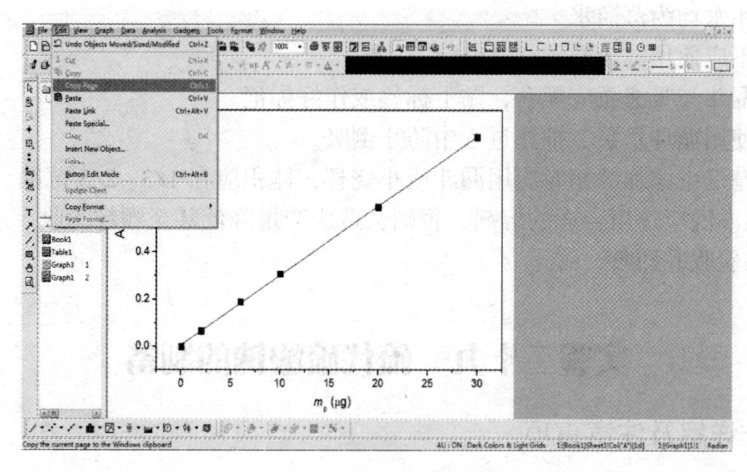

图 28-15　复制线图用于粘贴

7. 文献资料

蔡秀萍．分光光度法测定水中总磷的若干影响因素[J]．江苏农业科学，2011，39(4)：436-438.

第六章　无机化合物的制备和提纯

无机化合物的制备涉及制备、分离、提纯以及检验方法，包括物质的称量、加热、溶解、蒸发浓缩、结晶、固液分离等基本操作内容，熟练掌握这些基本操作技能是无机化学实验的重要环节。实验要求了解化合物的制备方法和原理，加深对无机化学基本概念和基本原理的理解，熟练掌握单元性的基础操作。

一、实验安全

（1）注意用电安全，正确使用电热板、电炉等加热设备，注意电源线不要搭在电炉面板上，紧急情况下应首先切断电源。

（2）加热中防止烫伤，须佩戴护目镜，使用坩埚钳、手套等防护用具，若烫伤及时涂抹烫伤膏。

（3）观察现象时，不要将头伸入通风橱内。

（4）不要把反应器举过头顶，或离反应器过近。

（5）取用液体药品时，不要蹲下，眼睛不可低于试剂出口；转移液体药品时不要快速走动，同时注意防护并提醒他人注意避让。

二、注意事项

（1）称量药品时，避免撒落在秤盘或台面上，试剂瓶及时盖严，严禁张冠李戴。

（2）坩埚钳应单手操作，不应两只手同时拿，避免失衡而导致溶液洒出。

（3）蒸发皿在电炉上加热应垫泥三角，否则溶液易洒出。

（4）蒸发皿盛装体积应小于体积的2/3，若过满，蒸发浓缩时容易溢出。

（5）实验用水均为蒸馏水。

（6）加热不应使用漏斗架。

（7）布氏漏斗与吸滤瓶应配套，贴上标签或作好标记。

（8）正确使用循环水泵，抽滤过程中防止倒吸。

（9）向酒精灯中添加酒精时应用漏斗或小烧杯，体积应在1/3~2/3范围。

（10）产品淋洗应选用合适的溶剂，否则会造成产量降低甚至颗粒无收。

（11）产品验收并回收。

实验二十九　硫代硫酸钠的制备

一、操作详解及注意事项

序号	操　作	原理和注意事项
0	**实验前准备**：100mL烧杯至少2个，10mL、50mL(或100mL)量筒各一个，蒸发皿，抽滤瓶、布氏漏斗、滤纸，玻璃棒，酒精灯等。	1. 实验前预习称量、溶解、结晶和固液分离等内容；重点：蒸发和浓缩、结晶和重结晶、减压过滤。 2. 本实验属于制备实验，两人一组。 3. 提醒：布氏漏斗要求预热！

续表

序号	操　作	原理和注意事项
1	**硫代硫酸钠的制备：** 称2g硫粉，研磨碎。	1. 若硫粉呈粉末状，研磨步骤可省略。 2. 预习研钵的使用注意事项。
2	转移至100mL烧杯中，加1~2mL乙醇使其润湿。	乙醇的作用？中间介质（硫不溶于水，溶于乙醇，水和乙醇互溶）→降低表面张力，增大接触面积，从而提高______。
3	加入6g Na_2SO_3，30mL蒸馏水。	Na_2SO_3和硫粉哪种过量？为什么？
4	加热，不断搅拌，至微沸后小火，至少40min。	加热可以使用电炉，但要注意温度的控制，开始可以用较高的温度（如400~600℃），一旦开始微微沸腾，改为较低温度（要根据实际情况调节，目的就是控制溶液始终在微沸状态下，所谓的微沸就是连续有气泡缓缓升起的一种状态），保持40~50min。
5	直至仅剩下少许硫粉在溶液中悬浮。	反应完全的标志。
6	溶液体积保持在20mL左右。	体积过小→产物可能析出→产品损失；体积过大→延长蒸发浓缩时间，因此应保持合适的体积。
7	趁热减压过滤。	1. 减压过滤的注意事项见参考资料。 2. 布氏漏斗要预热。 3. 引流。 4. 先过滤上层清液，再过滤下层固体。口诀："先倒稀（溶液/母液），后倒干（沉淀），试剂洗涤壁不粘。"即刚开始倾倒时倾倒上层的溶液，待稀溶液快流尽时，再倾倒沉淀，这样过滤速度较快；否则，若待过滤试样颗粒较细，溶液与沉淀混合后可能容易堵塞滤纸，将延长过滤时间。洗涤沉淀时，应将粘壁的固体物质完全冲下。
8	将滤液转移至蒸发皿中，水浴加热，蒸发滤液直至溶液呈微黄色、黏稠状为止。 小贴士：滤液转移应从上口倒出，吸滤瓶支管口应朝上，口诀"**走大口，躲（避）小口，防止溶液会溜走**"。	该步骤非常关键，直接关系到本次实验的成败！水浴加热耗时长，为加快速度（课时有限），可用电炉或酒精灯加热，但应注意温度的控制，另外： 1. 酒精灯的使用必须规范，否则容易引起火灾或爆炸。 2. 因为酒精灯加热比较快，因此，**一旦溶液中出现晶膜，立即将酒精灯移开，利用余热继续加热至微黄色、黏稠状**，这个"度"较难掌握，一旦蒸发过度，水量不足以满足后续冷却过程晶体析出所需→结晶水不够→产品易凝结成块、粘结在蒸发皿上。 3. 蒸发溶液至"微黄色"应保证颜色不要过深，如果变黄则说明________________________________。 4. 此时溶液体积约为12~13mL为宜。
9	冷却至室温，即有大量晶体析出（如冷却时间较长无晶体析出可投入一粒硫代硫酸钠晶体）。	1. 结晶过程是否需要搅拌？参见结晶和重结晶部分。 2. 刚开始结晶时，不一定有大量晶体析出，静静等待，待充分冷却后，晶体即大量析出。 3. 加入硫代硫酸钠晶体的目的是什么？
10	如果冷至室温后，溶液仍然较多，可用自来水进一步冷却，即可将自来水装入一个大小合适的烧杯中，冷却蒸发皿中的溶液。	1. 深冷要充分，不用搅拌，搅拌虽然促进晶核形成，加速晶体析出，但会导致产物呈细碎、粉状，晶体颗粒小。 2. 该步骤应根据实际情况选用。

续表

序号	操　作	原理和注意事项
11	如果晶体析出后结成硬块、牢牢地粘在蒸发皿上，应采取补救措施。	1. 为什么？说明____________________。 2. 补救措施：重新加蒸馏水溶解、加热、冷却，即重复步骤8、9。
12	减压过滤，少量乙醇淋洗。	1. 过滤后用乙醇淋洗产品，可否用蒸馏水淋洗？ 2. 淋洗时，使用滴管将产品淋洗完全即可。
13	抽干后，置于表面皿上或烧杯中，低温烘干，称重，计算产率。	产品称重后回收。
14	**性质实验：** **(1)硫代硫酸钠的还原性：** ①在盛有0.5mL $Na_2S_2O_3$溶液的试管中滴加碘水。观察现象，写出反应方程式。 ②向0.5mL $Na_2S_2O_3$溶液中加入数滴氯水。检验反应中生成的SO_4^{2-}(注意：不要放置太久才检查SO_4^{2-}，否则有少量$Na_2S_2O_3$被分解而析出硫，从而使溶液变得浑浊，妨碍检查SO_4^{2-})。	1. 该性质实验部分可以选做，并在实验报告上记录清楚现象并分析、讨论。 2. $Na_2S_2O_3$与碘水反应的方程式为： ____________________。 3. $Na_2S_2O_3$溶液中加入数滴氯水的反应方程式为： $S_2O_3^{2-}+4Cl_2+5H_2O = 2SO_4^{2-}+10H^++8Cl^-$
15	**(2)硫代硫酸的生成和分解：** 在硫代硫酸钠溶液中加入1mol·L^{-1} HCl溶液，观察现象。	1. 反应方程式为： $S_2O_3^{2-}+2H^+ = S\downarrow+SO_2+H_2O$
16	**(3)硫代硫酸的配位反应：** 取5滴0.1mol·L^{-1} $AgNO_3$溶液于试管中，逐滴加入0.1mol·L^{-1} $Na_2S_2O_3$溶液，边滴加边振荡，直至生成的沉淀完全溶解。	1. 反应方程式为： ____________________。 2. 此反应过程中会有一系列不同的实验现象产生，注意硫代硫酸钠溶液的滴加速度。

二、课堂提问

(1) 减压过滤操作中的注意事项：

① 制作滤纸的注意事项；

② 布氏漏斗的使用注意事项；

③ 减压过滤的主要流程；

④ 减压过滤时的注意事项；

⑤ 倾倒滤液时的注意事项。

(2) 本次硫代硫酸钠制备的反应方程式，硫代硫酸钠溶于自身结晶水及脱水的温度分别是多少？

(3) 酒精灯的使用注意事项。

(4) 结晶的定义？基本原理？

(5) 结晶的方法一般有2种，是什么？

(6) 搅拌溶液和静置溶液对结晶的影响相同吗？具体谈谈其相同及不同点。

三、参考资料

1. 减压过滤

减压过滤操作也称抽滤，利用抽气泵使抽滤瓶中的压强降低，达到固液分离的目的。

装置：布氏漏斗、抽滤瓶、胶管、抽气泵等。

减压过滤可加快过滤速度，并使沉淀抽吸得较干燥，但不宜过滤胶状沉淀和颗粒太小的沉淀，因为胶状沉淀易穿透滤纸，沉淀颗粒太小易在滤纸上形成一层致密的沉淀、堵塞滤纸，溶液不易透过。

循环水真空泵使吸滤瓶内减压，由于瓶内与布氏漏斗液面上形成压力差，因而加快了过滤速度。安装时应注意使漏斗的斜口与吸滤瓶的支管口相对(口诀："两口相对"→"对口")。

布氏漏斗上有许多小孔，滤纸应剪成比漏斗的内径略小，但又能把瓷孔全部覆盖的大小。用少量水润湿滤纸，打开水泵，减压使滤纸与漏斗贴紧，然后开始过滤(口诀："剪滤纸，堵住眼，不能过大往上卷")。

当停止吸滤时，需先拔掉连接吸滤瓶和泵之间的橡皮管，再关泵，以防倒吸。为了防止倒吸现象，一般在吸滤瓶和泵之间，装上一个安全瓶。

过程：

(1) 安装仪器，检查布氏漏斗与抽滤瓶之间连接是否紧密，抽气泵连接口是否漏气。

(2) 修剪滤纸，使其略小于布氏漏斗，但要把所有的孔都覆盖住，并滴加蒸馏水使滤纸与漏斗贴紧。

(3) 将固液混合物转移到滤纸上，先倾倒上层的溶液，再倾倒沉淀。洗涤沉淀时，应将粘壁的固体物质完全冲下。口诀："先倒稀(溶液/母液)，后倒干(沉淀)，试剂洗涤壁不粘。"

(4) 打开抽气泵开关，开始抽滤。

(5) 过滤完之后，先拔掉抽滤瓶接管，后关抽气泵(口诀："先开泵，后插管，过滤完毕正相反")。

(6) 尽量使待过滤的物质处在布氏漏斗中央，防止其未经过滤，直接通过漏斗和滤纸之间的缝隙流下。

(7) 过滤完毕，滤液转移应从上口倒出，吸滤瓶支管口应朝上。口诀："走大口，躲(避)小口，防止溶液会溜走。"

2. 酒精灯

酒精灯(alcohol lamp)的加热温度达到400~1000℃以上，分为挂式酒精喷灯和坐式酒精喷灯以及常规酒精灯，实验室一般以玻璃材质居多。

结构：灯体、棉灯绳、瓷灯芯、灯帽。

火焰：正常使用的酒精灯火焰应分为焰心、内焰和外焰三部分；加热时应用外焰加热。研究表明：酒精灯火焰温度的高低顺序为：外焰>内焰>焰心。理论上一般认为酒精灯的外焰温度最高，由于外焰与外界大气充分接触，燃烧时与环境的能量交换最容易，热量释放最多，致使外焰温度高于内焰。

1) 酒精灯使用

(1) 新购置的酒精灯应首先配制灯芯。灯芯通常是用多股棉纱线拧在一起，插进灯芯瓷套管中。灯芯不要太短，一般浸入酒精后还要长4~5cm。

对于旧灯，特别是长时间未用的灯，在取下灯帽后，应提起灯芯瓷套管，用洗耳球或嘴轻轻地向灯内吹一下，以赶走其中聚集的酒精蒸气，再放下套管检查灯芯，若灯芯不齐或烧焦都应用剪刀修整为平头等长。

（2）新灯或旧灯壶内酒精少于其容积 1/4 的都应添加酒精。酒精不能装得太满，以不超过灯壶容积的 2/3 为宜。（酒精量太少则灯壶中酒精蒸气过多，易引起爆燃；酒精量太多则受热膨胀，易使酒精溢出，发生事故）。添加酒精时一定要借助小漏斗，以免将酒精洒出。燃着的酒精灯，若需添加酒精，必须熄灭火焰。决不允许燃着时加酒精，否则，很容易着火，造成事故。一旦洒出的酒精在桌上燃烧起来，要立即用灭火毯或湿布铺盖灭。

（3）新灯加完酒精后须将新灯芯放入酒精中浸泡，而且移动灯芯套管使每端灯芯都浸透，然后调节长度适宜，才能点燃。因为未浸过酒精的灯芯，一经点燃就会烧焦。

（4）点燃酒精灯一定要用燃着的火柴，决不能用一盏酒精灯去点燃另一盏酒精灯。否则易将酒精洒出，引起火灾。

（5）加热时若无特殊要求，一般用外焰来加热器具。加热的器具与灯焰的距离要合适，过高或过低都不正确。与灯焰的距离通常用灯的垫木或铁环的高低来调节。被加热的器具必须放在支撑物（三脚架、铁环等）上或用坩埚钳、试管夹夹持，决不允许手拿仪器加热。

（6）加热完毕或要添加酒精需熄灭灯焰时，可用灯帽将其盖灭，盖灭后需再重盖一次，放走酒精蒸气，让空气进入，以免冷却后盖内造成负压使盖打不开。决不允许用嘴吹灭！以免引起灯内酒精燃烧，发生危险。

（7）酒精灯不用时，应盖上灯帽，以免酒精挥发，因为酒精灯中的酒精，不是纯酒精，所以挥发后，会有水在灯芯上，致使酒精灯无法点燃。如长期不用，灯内的酒精应倒出，以免挥发；同时在灯帽与灯颈之间应夹小纸条，以防粘连。

（8）要用酒精灯的外焰加热，给玻璃仪器加热时应把仪器外壁擦干，否则仪器炸裂。加热试管中的药品时，首先必须预热，然后在对着药品部位加热。加热时不能让试管接触灯芯，否则试管会炸裂。

2）物质加热

（1）用酒精灯加热液体时，可用试管、烧瓶、烧杯、蒸发皿等；在加热固体时，可用干燥的试管、蒸发皿等，有些仪器如集气瓶、量筒、漏斗等不允许用酒精灯加热（烧杯、烧瓶不可直接放在火焰上加热，应放在石棉网上加热）。

（2）如果被加热的玻璃容器外壁有水，应在加热前擦拭干净，然后加热，以免容器炸裂。

（3）加热时，不要使玻璃容器的底部与灯芯接触，也不要离得过远，距离过近或过远都会影响加热效果。烧得很热的玻璃容器，不要立即用冷水冲洗，否则可能破裂，也不要立即放在实验台上，以免烫坏实验台。

（4）给试管里的固体加热，应行进行预热。预热的方法是：在火焰上来回移动试管，对已固定的试管，可移动酒精灯，待试管均匀受热后，再把灯焰固定在放固体的部位加热。

（5）给试管里的液体加热，也要进行预热。同时注意液体体积不应超过试管体积的1/3，加热时，使试管斜一定角度（45°左右），在加热时要不时地移动试管，为避免试管里的液体沸腾喷出伤人，加热时切不可将试管口朝向自己和有人的方向，试管夹应夹在试管的中上部，手应该持试管夹的长柄部分，以免大拇指将短柄按下，造成试管脱落。

（6）特别注意在夹持时应该从试管底部往上套，撤除时也应该由试管底部撤出。

3）使用注意事项

（1）酒精灯的灯芯要平整，如烧焦或不平整，要用剪刀修正。

（2）添加酒精时，应在酒精灯容积的1/3~2/3范围。

（3）禁止向燃着的酒精灯里添加酒精，以免失火。

（4）禁止用酒精灯引燃另一只酒精灯，要用火柴点燃。

（5）用完酒精灯，必须用灯帽盖灭，不可用嘴去吹。

（6）一旦酒精洒出、在桌上燃烧起来，应立即用湿布或灭火毯扑盖。

（7）勿将酒精灯的外焰受到侧风，一旦外焰进入灯内，将会爆炸。

4）不能吹灭酒精灯的原因

当用嘴吹灭酒精灯的时候，由于往灯壶内吹入了空气，灯壶内的酒精蒸气和空气在灯壶内迅速燃烧，形成很大气流往外猛冲，同时有闷响声，这时候就形成了“火雨”，造成危险。而且酒精灯中的酒精越少，留下的空间越大，在天气炎热的时候，也会在灯壶内形成酒精蒸气和空气的混合物，会给下次点燃酒精灯带来不安全因素。因此，不能用嘴吹灭酒精灯。

因为酒精易挥发，挥发后的酒精和空气的混合气体可能燃烧或爆炸，用嘴吹的话，可能使高温的空气倒流入瓶内，引起爆炸。

最好用灯帽将其盖住，切断氧气来灭火，然后再盖一次，放走酒精蒸气，让空气进入，以免冷却后灯帽内造成负压使灯帽打不开。

3. 结晶

在化学里面，热的饱和溶液冷却后，溶质以晶体的形式析出，这一过程叫结晶(crystallization)。

1）释义

（1）物质从液态(溶液或熔融状态)或气态形成晶体。

（2）晶体，即原子、离子或分子按一定的空间次序排列而形成的固体，也叫结晶体。一般由纯物质生成，具有固定的熔点、旋光度。

结晶是指固体溶质从(过)饱和溶液中析出的过程。从溶液中析出的溶质大致可分为晶形沉淀和无定形沉淀。晶形沉淀易于从溶液中滤出。晶体的颗粒越大且均匀时，夹带母液少，易于洗涤；结晶太细和参差不齐的晶体，往往会形成稠糊状物，夹带母液较多，不仅不易洗涤甚至难以过滤，有时还会透过滤纸。

2）结晶原理

溶质从溶液中析出的过程，可分为晶核生成(成核)和晶体生长两个阶段，两个阶段的推动力都是溶液的过饱和度(溶液中溶质的浓度超过其饱和溶解度之值)。晶核的生成有三种形式：即初级均相成核、初级非均相成核及二次成核。在高过饱和度下，溶液自发地生成晶核的过程，称为初级均相成核；溶液在外来物(如大气中的微尘)的诱导下生成晶核的过程，称为初级非均相成核；而在含有溶质晶体的溶液中的成核过程，称为二次成核。二次成核也属于非均相成核过程，它是在晶体之间或晶体与其他固体(器壁、搅拌器等)碰撞时所产生的微小晶粒的诱导下发生的。

对结晶操作的要求是制取纯净而又有一定粒度分布的晶体。晶体产品的粒度及其分布，主要取决于晶核生成速率(单位时间内单位体积溶液中产生的晶核数)、晶体生长速率(单位时间内晶体某线性尺寸的增加量)及晶体在结晶器中的平均停留时间。溶液的过饱和度，与晶核生成速率和晶体生长速率都有关系，因而对结晶产品的粒度及其分布有重要影响。在低过饱和度的溶液中，晶体生长速率与晶核生成速率之比值较大，因而所得晶体较大，晶形也较完整，但结晶速率很慢。在工业结晶器内，过饱和度通常控制在介稳区内，此时结晶器具有较高的生产能力，又可得到一定大小的晶体产品，使结晶完整。

晶体在一定条件下所形成的特定晶形，称为晶习。向溶液添加或从溶液中除去某种物质(称为晶习改变剂)可以改变晶习，使所得晶体具有另一种形状，这对工业结晶有一定的意义。晶习改变剂通常是一些表面活性物质以及金属或非金属离子。

晶体在溶液中形成的过程称为结晶。结晶的方法一般有两种：一种是蒸发溶剂法，它适用于温度对溶解度影响不大的物质。沿海地区“晒盐”就是利用的这种方法。另一种是冷却热饱和溶液法。此法适用于温度升高，溶解度随之增加的物质。如北方地区的盐湖，夏天温度高，湖面上无晶体出现；每到冬季，气温降低，石碱($Na_2CO_3 \cdot 10H_2O$)、芒硝($Na_2SO_4 \cdot 10H_2O$)等物质就从盐湖里析出来。在实验室里为获得较大的完整晶体，常使用缓慢降低温度，减慢结晶速率的方法。

人们不能同时看到物质在溶液中溶解和结晶的宏观现象，但是溶液中实际上同时存在着组成物质的微粒在溶液中溶解与结晶的两种可逆的运动。通过改变温度或减少溶剂的办法，可以使某一温度下溶质微粒的结晶速率大于溶解的速率，这样溶质便会从溶液中结晶析出。

4. 五水硫代硫酸钠

五水硫代硫酸钠(sodium thiosulfate pentahydrate)，别称：大苏打，海波，硫代硫酸钠五水合物，脱氯剂，五水合硫代硫酸钠；化学式：$Na_2S_2O_3 \cdot 5H_2O$；分子量：248.17；熔点：48.5℃；水溶性：$680g \cdot L^{-1}$(20℃)；外观：无色单斜晶系结晶。

1）物理性质

性状：无色单斜晶系结晶，无臭，有清凉带苦的味道。

相对密度：1.729(17℃)，加热至100℃，失去5个结晶水。

溶解性：易溶于水，水溶液呈弱碱性；溶于松节油及氨；不溶于乙醇。

在酸性溶液中分解，具有强烈的还原性。在33℃以上的干燥空气中易风化，在潮湿空气中有潮解性。

2）化学性质

还原性：硫代硫酸钠还具有较强的还原性，能将氯气等物质还原。

$$Na_2S_2O_3+4Cl_2+5H_2O = 2H_2SO_4+2NaCl+6HCl$$

所以，它可以作为棉织物漂白后的脱氯剂。类似的道理，织物上的碘渍也可用它除去。另外，硫代硫酸钠还用于鞣制皮革、电镀以及由矿石中提取银等。

络合性：硫代硫酸钠具有很强的络合能力，能与溴化银形成络合物。反应方程式：

$$AgBr+2Na_2S_2O_3 = NaBr+Na_3[Ag(S_2O_3)_2]$$

根据这一性质，它可以作定影剂。洗相时，过量的硫代硫酸钠与底片上未感光部分的溴化银反应，转化为可溶的$Na_3[Ag(S_2O_3)_2]$，把AgBr除掉，使显影部分固定下来。

3）作用用途

用于照相、电影、纺织、化纤、造纸、制革、农药工业等。

(1) 感光工业用作照相定影剂。

(2) 造纸工业用作纸浆漂白后的除氯剂。

(3) 印染工业用作棉织品漂白后的脱氯剂。

(4) 分析化学用作色层分析、容量分析用试剂。

(5) 医药上用作洗涤剂、消毒剂。

(6) 食品工业用作螯合剂、抗氧化剂等。

(7) 解氰化物中毒及升汞中毒。

(8) 用于皮肤瘙痒症、慢性荨麻疹、药疹。

4) 制备方法

(1) 亚硫酸钠法：将纯碱溶解后，与(硫黄燃烧生成的)二氧化硫作用生成亚硫酸钠，再加入硫黄沸腾反应，经过滤、浓缩、结晶，制得硫代硫酸钠。化学方程式如下：

$$Na_2CO_3+SO_2 = Na_2SO_3+CO_2$$

$$Na_2SO_3+S+5H_2O = Na_2S_2O_3 \cdot 5H_2O$$

(2) 硫化碱法：利用硫化碱蒸发残渣、硫化钡废水中的碳酸钠和硫化钠与硫黄废气中的二氧化硫反应，经吸硫、蒸发、结晶，制得硫代硫酸钠。化学方程式如下：

$$2Na_2S+Na_2CO_3+4SO_2 = 3Na_2S_2O_3+CO_2$$

(3) 氧化、亚硫酸钠和重结晶法：由含硫化钠、亚硫酸钠和烧碱的液体经加硫、氧化；亚硫酸氢钠经加硫及粗制硫代硫酸钠重结晶三者所得硫代硫酸钠混合、浓缩、结晶，制得硫代硫酸钠。化学方程式如下：

$$2Na_2S+S+3O_2 = 2Na_2S_2O_3$$

$$Na_2SO_3+S = Na_2S_2O_3$$

(4) 重结晶法：将粗制硫代硫酸钠晶体溶解(或用粗制硫代硫酸钠溶液)，经除杂、浓缩、结晶，制得硫代硫酸钠。

(5) 砷碱法净化气体副产品法：利用焦炉煤气砷碱法脱硫过程中的下脚(含 $Na_2S_2O_3$)，经吸滤、浓缩、结晶后，制得硫代硫酸钠。

实验三十　粗食盐的提纯

一、操作详解及注意事项

序号	操　作	原理或注意事项
0	**实验前准备**：烧杯(200mL)、普通漏斗、漏斗架、吸滤瓶、布氏漏斗、瓷蒸发皿等。	1. 查找实验中出现的化合物的溶度积常数或不同温度下的溶解度。 2. 重点：蒸发和浓缩、结晶和重结晶、减压过滤。 3. 粗盐的杂质组分：泥沙等不溶性杂质；K^+、Ca^{2+}、Mg^{2+} 和 SO_4^{2-} 等可溶性杂质。 4. 本实验属于制备实验，两人一组。
1	**粗盐的溶解**： 用 100mL 烧杯直接称取 10g 粗盐，加入 40mL 蒸馏水，加热搅拌使之溶解。	加热溶解可使用电炉小功率加热，用玻璃棒搅拌时不应发出碰撞声。

续表

序号	操　作	原理或注意事项
2	**除 SO_4^{2-}：** （1）继续将溶液加热至近沸腾，一边搅拌一边加入 $1mol \cdot L^{-1}$ $BaCl_2$ 溶液（约需 3～5mL），继续加热 5min，至全部生成白色 $BaSO_4$ 沉淀停止。 （2）检查是否沉淀完全。将烧杯从电炉上取下（置于实验台上的石棉网上），待沉淀沉降后，沿烧杯壁滴加 1～2 滴 $BaCl_2$ 溶液，观察上层清液内是否仍有浑浊现象。如无浑浊，则说明已沉淀完全。如有浑浊，则要继续滴加 $BaCl_2$ 溶液，直至沉淀完全为止。 （3）沉淀完全后继续加热煮沸数分钟，使沉淀易于过滤。用布氏漏斗抽滤，弃去沉淀。	1. 加热至近沸腾是为了加速____________。 2. 加热时烧杯底部不要有水或溶剂→防止烧杯炸裂。 3. “需 3～5mL”→不要取用过多。 4. 继续加热的目的→降低表面能→聚成大颗粒→易于沉降→便于过滤。 5. 将烧杯转移到实验台时，实验台上应垫上石棉网。 6. 减压过滤时，单层滤纸过滤容易穿滤、过滤效果差，可用两层滤纸过滤；可能会出现滤液浑浊现象，可能原因有： ①穿滤→重新过滤； ②继续加热时间不足→颗粒小、滤纸滤不掉→可采用常压方式过滤； ③其他原因。 7. 计算好实验需要的滤纸用量，一次多剪几张备用。
3	**除 Mg^{2+}、Ca^{2+}、Ba^{2+}：** （1）将滤液转移至干净的 200mL 烧杯中，加热至沸，用 NaOH（$2mol \cdot L^{-1}$）和 Na_2CO_3（饱和）所组成的 1∶1（体积比）混合溶液，将上述滤液的 pH 值调至 11 左右，便有大量胶状沉淀生成。 （2）当检查沉淀完全后，继续煮沸 5min，减压过滤，弃去沉淀。	1. 调 pH 值需要用到 pH 试纸，用镊子夹取试纸于点滴板上，用玻璃棒蘸取少量溶液滴于试纸上，观察颜色变化，并与比色卡进行比对，得出 pH 值。 2. 加 $NaOH-Na_2CO_3$ 混合溶液要逐滴加→不要忘记搅拌！→可以过量/pH>11→为什么？ 3. 检查沉淀是否完全：静置、向上层清液滴中滴几滴 Na_2CO_3 溶液，若浑浊，则说明仍存在上述杂质离子，需继续滴加至不再产生浑浊。 4. 减压过滤要**留滤液，不是固体沉淀！**
4	**除 CO_3^{2-}：** 向滤液中滴加 HCl（$6mol \cdot L^{-1}$），调 pH 值至 4～5。	1. 因有 HCl 挥发出，该步骤必须在通风橱内进行。 2. 若已经调 pH 值至 1～2，不可往回调，为什么？
5	**除 K^+：** （1）将溶液转移到一个大小合适的瓷蒸发皿中，小火蒸发浓缩至糊状稠液为止（不要停止搅拌）。 （2）冷却，用布氏漏斗抽滤至干。 小贴士：减压过滤后，用乙醇淋洗。可否用蒸馏水淋洗？	1. 在电炉上放置一个泥三角，并将蒸发皿置于泥三角上。 2. 可先用较高温加热，有溶质析出或近沸后改为较低温度加热；自行调节温度：一般控制通常控制电炉温度在 400W 档位左右较适宜，较低温度在 100～200W 档位较适宜→形成的糊状稠液是固体+少量溶液的状态→能不能蒸干？为什么？ 3. 蒸发浓缩过程中蒸发皿边缘会有晶体析出，应将把这部分晶体拨入溶液中。 4. 产品是过滤后的固体，但要求称量**母液质量**→目的？→计算损失的产品量→结果讨论部分用。
6	将晶体转至蒸发皿中，在石棉网上小火慢慢烘干。冷却、称重并计算产率。	1. 理论产量以及实际产率。 2. 称重时应请教师签字。

二、课堂提问

（1）减压过滤操作中的注意事项：

① 制作滤纸的注意事项；

② 布氏漏斗的使用注意事项；

③ 减压过滤的主要流程；

④ 减压过滤时的注意事项；

⑤ 倾倒滤液时的注意事项。

（2）本次实验基本原理、反应方程式。

（3）蒸发结晶与蒸发浓缩冷却结晶过滤有什么不同？

（4）要想得到带结晶水的晶体应该用什么方法？

（5）重结晶和冷却结晶的区别是什么？氯化钠能否用重结晶(冷却结晶)的方法纯化？

（6）沉淀溶解平衡的定义及特点。

（7）溶度积和溶解度的关系。

（8）蒸发结束，为防止蒸发皿因急冷而发生炸裂，应如何操作？

（9）用 NaOH 和 Na_2CO_3组成的 1∶1 混合溶液调 pH 值至 11 左右，稍过量会不会影响实验结果？

（10）用 HCl 调 pH 值至 4~5，稍过量会不会影响实验结果？

三、参考资料

1. *蒸发结晶与蒸发浓缩冷却结晶过滤有什么不同？要想得到带结晶水的晶体应该用什么方法？*

（1）蒸发浓缩指蒸发溶液中的溶剂，从而使溶质浓度增大。

（2）冷却结晶是将热溶液冷却，使晶体由于温度降低，导致溶解度下降而析出。

（3）蒸发结晶是在较高温度下析出结晶，主要是用于溶解度随温度变化较小的物质。

（4）蒸发浓缩冷却结晶是在较低温度下结晶，主要用于溶解度随温度变化较大的物质。

通常结晶温度越低，晶体含结晶水越多，硫酸钠就是个典型的例子。

2. *浓缩与结晶*

将调整 pH 值后的溶液转移至蒸发皿，在电炉上加热蒸发，浓缩至溶液明显变稠(观察有大量晶体生成)时停止加热，注意蒸发皿底部尚有余热，若溶液剩余过少，余热会将溶液蒸干，使可溶性的钾盐留在产品中。

浓缩至溶液量较少时，要注意降低电炉温度并不断搅拌，否则会因局部过热而导致液体迸溅，造成损失。加热结束，从电炉上取下的蒸发皿最好放在石棉网上，直接接触过冷的实验台可能导致蒸发皿因温度变化剧烈而炸裂。

3. *重结晶和冷却结晶的区别*

冷却结晶，是将热溶液冷却，使晶体由于温度下降，导致溶解度下降而析出。

重结晶是提纯物质的方法，第一次结晶后，再加溶剂溶解后再结晶，可以使析出的晶体杂质减少，纯度提高。重结晶可以是冷却结晶，也可以是蒸发结晶，要视具体情况而定。

4. *沉淀溶解平衡*

在一定温度下，难溶电解质晶体与溶解在溶液中的离子之间存在溶解和结晶的平衡，称为沉淀溶解平衡，也称多项离子平衡。

以 AgCl 为例，尽管 AgCl 在水中溶解度很小，但并不是完全不溶解。

从固体溶解平衡角度认识：AgCl 在溶液中存在下述两个过程：

① 在水分子作用下，少量 Ag^+和Cl^-脱离 AgCl 表面溶入水中；

② 溶液中的 Ag^+和Cl^-受 AgCl 表面正负离子的吸引，回到 AgCl 表面，析出沉淀。

在一定温度下，当沉淀溶解和沉淀生成的速率相等时，得到 AgCl 的饱和溶液，即建立下列动态平衡：

$$AgCl(s) \rightleftharpoons Ag^+(aq) + Cl^-(aq)$$

溶解平衡的特点是动态平衡，即溶解速率等于结晶速率，且不等于零。

其平衡常数 K_{sp} 称为溶解平衡常数；它只是温度的函数，即一定温度下 K_{sp} 一定。

5. 溶度积

见实验九“碘酸铜溶度积的测定”参考资料。

6. 物质的溶解性区分

参见表 30-1。

表 30-1　物质的溶解性区分(每 100g 水)

溶解性	溶解度(20℃)	溶解性	溶解度(20℃)
易溶	≥10g	微溶	0.01(含等于)~1g
可溶	1(含等于)~10g	难溶	<0.01g

实验三十一　硝酸钾的制备和提纯

一、操作详解及注意事项

序号	操作	原理或注意事项
0	**实验前准备**：沸水；50mL 烧杯、100mL 烧杯；滤纸(本实验共 3 次过滤，每次用两层滤纸，至少准备 6 份滤纸)等。	1. 为了避免实验过程加热源紧张，可提前用烧杯加热蒸馏水(步骤 2 用到 7.5mL)。 2. 布氏漏斗和吸滤瓶需提前预热。
1	**KNO_3的制备(粗制)：** 称取 8.5g $NaNO_3$、7.5g KCl 放于 100mL 烧杯中，加水 15mL，用小火加热，使其中的盐全部溶解，再继续加热，蒸发至原液体体积的 2/3，观察现象(有晶体析出)，趁热快速过滤。 小贴士： (1) 趁热过滤前，漏斗应预热。 (2) 热过滤是否用玻璃棒引流？最好不用。为什么？ (3) 为什么趁热过滤要快速？ (4) **润湿滤纸不可用过多蒸馏水**，否则会如何？	反应方程式：$NaNO_3 + KCl \xlongequal{} KNO_3 + NaCl$ 1. $NaNO_3$ 8.5g 和 KCl 7.5g 用什么称量？ 2. 二者哪个过量？ 3. 小火加热→酒精灯、电炉均可→温度不宜过高，缓慢加热。 4. 不要忘记搅拌。 5. **蒸发至原体积的 2/3≠蒸发掉原体积的 2/3→**即溶液留下 2/3；应弄清楚溶解后的固体相当于多少毫升，再估算 2/3 体积是多少，做到心中有数。 6. 此时析出的晶体是什么？NaCl，称重。 7. 趁热快速过滤指的是提前将过滤装置准备就绪、滤纸润湿完毕、泵已打开，快速趁热过滤。
2	滤液中立即有晶体析出。另取沸水 7.5mL，倒入滤瓶中，则晶体完全溶解。	滤液中析出的晶体是什么？KNO_3+NaCl(少量)。

续表

序号	操　作	原理或注意事项
3	(1)将滤液转移到烧杯中，蒸发至原体积的3/4。静置，充分冷却，待结晶完全后，减压过滤，将晶体尽量抽干，称重，计算产率。 (2)将晶体保留少许(约0.2g)，供纯度检验，其余进行下面重结晶。	1. 充分冷却时间不能过短，可适当用流水冷却。 2. 为什么是蒸发到原体积的3/4而不是待到有晶膜出现？从溶解度角度考虑。 3. 减压过滤要的是沉淀还是滤液？ 4. 晶体应尽量抽干，否则含水过多，最后可用少量乙醇淋洗。
4	**KNO_3的提纯：** 按质量比 $m(KNO_3):m(H_2O)=2:1$ 的比例，将粗产品溶于蒸馏水中，加热，搅拌，待溶液刚刚沸腾后即停止加热(此时，若晶体还未完全溶解，可以加适量水，使其刚好溶解)，自然冷却至室温后，抽滤、水浴烘干、称重。	1. H_2O的质量按照1计算即可；**个别同学会把比例弄反，提醒注意！** 2. 慢冷却→慢结晶→尽量自然冷却至室温，结晶时间越长，产品更纯、产率更高、晶体越美观。 3. 为什么不能急速冷却？→防止包裹和夹带氯化钠→共沉淀→影响晶形。 4. 需要称**母液质量**！ 5. 重结晶最好用**蒸发皿**，前两步用小烧杯。
5	**产品纯度检验：** 取粗产品和重结晶后的KNO_3晶体各0.2g，分别置于二支试管中，各加1mL水配成溶液，然后各滴2滴HNO_3($2mol\cdot L^{-1}$)和2滴$AgNO_3$($0.1mol\cdot L^{-1}$)，观察现象，进行对比。	1. 注意HNO_3的使用安全，不要滴溅到皮肤上。 2. 结果讨论部分应包含主产物、副产物及溶液残留几个部分。 3. 实验现象应及时记录在报告上。 4. 两次产量和实验现象均需要教师签字。

二、课堂提问

(1) 复分解反应的定义？实质是什么？

(2) 重结晶的原理是什么？有几种方法？

(3) 本次实验的原理是什么？

(4) 从外观上，硝酸钾和氯化钠如何区分？

三、参考资料

1. 复分解反应

复分解反应(double decomposition reaction)是由两种化合物互相交换成分，生成另外两种化合物的反应。复分解反应的实质是发生复分解反应的两种物质在水溶液中交换离子，结合成难电离的物质——沉淀、气体或弱电解质(最常见的为水)，使溶液中离子浓度降低，化学反应即向着离子浓度降低的方向进行。可简记为 $AB+CD = AD+CB$。

其特点有二：(1)反应后，阴阳离子相互交换；(2)反应前后，元素化合价不变。

其他几种反应类型如下：

化合反应(combination reaction)：由两种或两种以上的物质反应生成一种新物质的反应。其中部分反应为氧化还原反应，部分为非氧化还原反应。此外，化合反应一般释放出能量。可简记为 $A+B = AB$。

分解反应(decomposition reaction)：由一种物质生成两种或两种以上其他物质的反应，是化合反应的逆反应。可简记为 $AB = A+B$。只有化合物才能发生分解反应。

置换反应（single displacement reaction）：一种单质与化合物反应生成另外一种单质和化合物的化学反应，是化学中四大基本反应类型之一，包括金属与金属盐的反应，金属与酸的反应等。可简记为 $AB+C = A+CB$。

2. 重结晶

重结晶（recrystallization）是将晶体溶于溶剂或熔融以后，又重新从溶液或熔体中结晶的过程。重结晶可以使不纯净的物质获得纯化，或使混合在一起的盐类彼此分离。

意义：从合成反应分离出来的固体粗产物往往含有未反应的原料、副产物及杂质，必须加以分离纯化。重结晶是分离提纯固体化合物的一种重要的、常用的分离方法之一。

原理：利用混合物中各组分在某种溶剂中溶解度不同或在同一溶剂中不同温度时的溶解度不同而使它们相互分离。固体物质在溶剂中的溶解度随温度的变化易改变，通常温度升高，溶解度增大；反之，则溶解度降低。对于前一种常见的情况，加热使溶质溶解于溶剂中，当温度降低，其溶解度下降，溶液变成过饱和，从而析出结晶。由于被提纯化合物及杂质的溶解度的不同，可以分离纯化所需物质。

适用范围：产品与杂质性质差别较大、产品中杂质含量小于5%的体系。

3. 蒸发结晶与蒸发浓缩冷却结晶过滤有什么不同？要想得到带结晶水的晶体应该用什么方法？

见实验二十九“粗食盐的提纯”参考资料。

4. 重结晶和冷却结晶的区别？

见实验二十九“粗食盐的提纯”参考资料。

5. 硝酸钾

硝酸钾（potassium nitrate），别名：硝石、盐硝、火硝；化学式：KNO_3；分子量：101.10；为无色透明斜方晶体或菱形晶体或白色粉末，无臭、无毒，有咸味和清凉感；在空气中吸湿微小，不易结块；相对密度为2.019（16℃）；熔点：334℃；沸点：400℃。

管制类型：易制爆；水溶液 pH 值：室温下为7。硝酸钾是一种无氯氮钾复肥，具有高溶解性，其有效成分氮和钾均能迅速被作物吸收，无化学物质残留；宜施于蔬菜、水果和花卉，及一些氯敏感作物（如马铃薯、草莓、豆类、洋白菜、莴苣、花生、胡萝卜、洋葱、蓝莓、烟草、杏、柚子和鳄梨等）。硝酸钾施用于烟草肥效高，易吸收，促进幼苗早发，增加烟草产量，对提高烟草品质有着重要作用。硝酸钾是强氧化剂，与有机物接触能引起燃烧和爆炸。因此，硝酸钾应储于阴凉干燥处，远离火种、热源，切忌与还原剂、酸类、易（可）燃物、金属粉末共储混运。

1）物理性质

性状：无色透明棱柱状或白色颗粒或结晶性粉末；味辛辣而咸、有凉感；微潮解，潮解性比硝酸钠微小。

溶解性：易溶于水，溶解度随温度升高而迅速增大；溶于水时吸热，溶液温度降低；不溶于无水乙醇、乙醚；能溶于液氨和甘油。

2）化学性质

（1）可参与氧化还原反应：

$$S+2KNO_3+3C = K_2S+N_2\uparrow+3CO_2\uparrow$$（黑火药反应，硫和硝酸钾是氧化剂）

（2）酸性环境下具有氧化性：

$$6FeSO_4+2KNO_3(\text{浓})+4H_2SO_4 = K_2SO_4+3Fe_2(SO_4)_3+2NO\uparrow+4H_2O$$

(3) 加热分解生成氧气：

$$2KNO_3 \xlongequal{\triangle} 2KNO_2 + O_2 \uparrow$$

(4) 该品与有机物、磷、硫接触或撞击加热能引起燃烧和爆炸；具刺激性。

3) 应用

(1) 用作分析试剂和氧化剂，也用于钾盐的合成和配制炸药。

(2) 在食品工业用作发色剂、护色剂、抗微生物剂、防腐剂，如用于腌肉，在午餐肉中起防腐作用；它在肉制品中由于细菌作用被还原成亚硝酸钾而起护色和抑菌的作用；中国规定可用于肉类制品，最大使用量 0.5g/kg，残留量不得超过 0.03g/kg。

(3) 是制造黑色火药(如矿山火药、引火线、爆竹)、火柴等的原料；用于焰火以产生紫色火花；机械热处理作淬火的盐浴；陶瓷工业用于制造瓷釉彩药。

(4) 用作玻璃澄清剂；用于制造汽车灯玻壳、光学玻璃显像管玻壳等。

(5) 医药工业用于生产青霉素钾盐、利福平等药物；用于制卷烟纸；用作催化剂、选矿剂；用作农作物和花卉的复合肥料。

(6) 工业硝酸钾还广泛应用于强化玻璃制作工艺。

4) 工业上 KNO_3 的制备

目前，国内硝酸钾的主要生产方法有：以硝酸钠、氯化钾为原料的复分解循环法，硝酸分解氯化钾法，以硝酸铵、氯化钾为原料的离子交换法。

6. 硝酸钠

硝酸钠(sodium nitrate)，别称：钠硝石、智利硝石；化学式：$NaNO_3$；分子量：84.9947；无色透明或白微带黄色菱形晶体；其味苦咸。

熔点为 306.8℃；沸点：380℃，分解；闪点：不可燃；密度为 2.257g/cm^3(20℃时)；易溶于水[水溶性：91.2g/100mL(25℃)]和液氨，微溶于甘油和乙醇中，易潮解，特别在含有极少量氯化钠杂质时，硝酸钠潮解性就大为增加；当溶解于水时其溶液温度降低，溶液呈中性。

1) 化学性质

溶解于水时能吸收热；加热到 380℃以上即分解成亚硝酸钠和氧气，400~600℃时放出氮气和氧气，700℃时放出一氧化氮，775~865℃时才有少量二氧化氮和一氧化二氮生成；与硫酸共热，则生成硝酸及硫酸氢钠；与盐类能起复分解作用；与木屑、布、油类等有机物接触，能引起燃烧和爆炸；硝酸钠可助燃，须存储在阴凉通风的地方；有氧化性，与有机物摩擦或撞击能引起燃烧或爆炸；有刺激性，毒性很小，但对人体有危害！

2) 应用

(1) 搪瓷工业用作助熔剂、氧化剂和用于配制珐琅粉的原料。

(2) 玻璃工业用作各种玻璃及制品的脱色剂、消泡剂、澄清剂及氧化助熔剂。

(3) 无机工业用作熔融烧碱的脱色剂和用于制造其他硝酸盐。

(4) 食品工业用作肉类加工的发色剂，可防止肉类变质，并能起调味作用。

(5) 化肥工业用作适用酸性土壤的速效肥料，特别适用块根作物，如甜菜、萝卜等。

(6) 染料工业用作生产苦味酸和染料的原料。

(7) 冶金工业用作炼钢、铝合金的热处理剂。

(8) 机械工业用作金属清洗剂和配制黑色金属发蓝剂。

(9) 医药工业用作青霉素的培养基。

(10) 卷烟工业用作烟草的助燃剂。

(11) 分析化学中用作化学试剂。

(12) 用于生产炸药；

(13) 化学纯的硝酸钠用于镀锌层的低铬酸钝化和镁合金的氧化溶液中。

7. 氯化钾

氯化钾(potassium chloride)，中文别名：缓释钾，补达秀；英文别名：sylvite，muriate of potash，potassium chloride，kaochlor，kalcorid，kalitabs；化学式为 KCl，是一种无色细长菱形，或立方晶体，或白色结晶小颗粒粉末，外观如同食盐，无臭、味咸。常用于低钠盐、矿物质水的添加剂。

1) 化学性质

性质基本同氯化钠，氯化钾可用作工业制备金属钾的原料，用金属钠在 850℃高温条件下置换：

$$KCl+Na = K+NaCl$$

这是个可逆反应，从热力学性质上来讲有利于可逆反应的进行，因为钾达到沸点温度 774℃时变成钾蒸气溢出，有利于反应方向右移。

电解氯化钾溶液制备苛性钾、可以被银离子沉淀氯离子、被四苯硼钠沉淀钾离子。氯化钾与浓硫酸反应生成硫酸氢钾和氯化氢($H_2SO_4+KCl = KHSO_4+HCl$)，还可以用作有机反应；基准氯化钾用于标定硝酸银标准液。

2) 物理性质

易溶于水、醚、甘油及碱类，微溶于乙醇，但不溶于无水乙醇，有吸湿性，易结块；在水中的溶解度随温度的升高而迅速地增加，与钠盐常起复分解作用而生成新的钾盐；密度：1.98(25℃)；熔点：770℃；沸点：1420℃；闪点：1500℃；水溶解性：340g · L^{-1}(20℃)。

3) 主要用途

(1) 主要用于无机工业，是制造各种钾盐或碱，如氢氧化钾、硫酸钾、硝酸钾、氯酸钾、红矾钾等的基本原料。

(2) 医药工业用作利尿剂及防治缺钾症的药物。

(3) 染料工业用于生产 G 盐、活性染料等。

(4) 农业上则是一种钾肥；其肥效快，直接施用于农田，能使土壤下层水分上升，有抗旱的作用；但在盐碱地及对烟草、甘薯、甜菜等作物不宜施用。

(5) 氯化钾口感上与氯化钠相近(苦涩)，也用作低钠盐或矿物质水的添加剂。

(6) 用于制造枪口或炮口的消焰剂、钢铁热处理剂以及用于照相。

(7) 用于医药、科学应用、食品加工，食盐里面也可以以部分氯化钾取代氯化钠，以降低高血压的可能性；氯化钾是临床常用的电解质平衡调节药，临床疗效确切，广泛用于临床各科。用于治疗和预防各种原因(进食不足、呕吐、严重腹泻、应用排钾利尿药或长期应用糖皮质刺激素和肾上腺皮质刺激素、失钾性肾病、Bartter 综合症等)引起的低钾血症，亦可用于心、肾性水肿以及洋地黄等强心甙中毒引起的频发性、多源性早搏或快速心率失常。

口服过量氯化钾有毒；它对心肌的严重副作用值得注意，高剂量会导致心脏停跳和猝死；注射死刑就是利用氯化钾过量静脉注射会导致心脏停跳的原理。

第七章　综合实验

综合实验是将分散的单元操作实验有机地整合成为综合性的系列复合实验。综合实验的特征应体现在：实验内容的复合性，同一个实验中包含两个或两个以上知识点的有机结合与渗透；实验方法的多元性，综合运用两种或两种以上方法来完成同一个实验，旨在强化知识、方法的综合运用。

综合实验是在学生已经掌握基本实验技能和基础理论知识的基础上，进一步提升独立实验能力和创新意识的重要环节，能够加深学生对无机及分析化学基本理论知识的理解，同时加强巩固所学的各种基本操作。

本教材的综合实验多数是以无机化合物合成为基础，进一步对合成的产物进行组成分析、性能测定等的综合实验。本章包含4个综合实验。

实验三十二　铁化合物的制备及其组成测定

I　硫酸亚铁铵的制备

一、操作详解及注意事项

序号	操　作	原理或注意事项
0	**实验前准备**：减压过滤装置、蒸发皿、表面皿、玻璃棒、250mL锥形瓶等。 两人一组。	1. 本系列实验属于综合性实验，主要流程是：以废铁屑为原料→制备硫酸亚铁铵产品→以硫酸亚铁铵为原料→合成三草酸合铁酸钾产品→确定三草酸合铁酸钾的化学式→分析三草酸合铁酸钾中的铁含量，每个实验各自独立，又相互联系，环环相扣。 2. 本实验以废铁屑为原料制备硫酸亚铁铵，为后续实验合成三草酸合铁酸钾提供原料。 3. 实验前可将水浴提前打开，设为90℃左右。
1	**铁屑的净化(去油污)**： 称取4.2g铁屑放在锥形瓶中，加入20mL 10% Na_2CO_3溶液，小火加热并适当搅拌约5~10min，以除去铁屑上的油污，用倾析法将碱液倒出，用纯水把铁屑反复冲洗干净。	1. 废铁屑一般来自工厂车床的切削废料，表面粘有油污，反应前需洗净。 2. 煮沸过程中易产生大量气泡，应注意控制电炉温度，防止溶液溢出。 3. 注意补水，防止蒸干。
2	**硫酸亚铁的制备**： (1)将25mL 3mol·L^{-1}的硫酸加入盛有铁屑的锥形瓶中(此时，应**记住溶液体积在锥形瓶中的具体位置，做到心中有数，以方便后续补水操作**)；通风橱内水浴加热，经常取出锥形瓶摇荡，并适当补充水分，直到反应完全(无氢气气泡冒出)。	**操作注意事项**： 1. 该反应在教师讲课前开始进行，反应时间约60min，注意要**计时**，讲课与反应同时进行。 2. 反应中有刺激性气体生成，应在通风橱内操作！ 3. 讲课过程中，**间隔一段时间去通风橱摇荡和搅拌正在反应的混合物，适当保持体积；适当补充水分的原因**：若水量过多，溶液过稀、酸度降低→反应速度慢，还可能导致硫酸亚铁水解(见参考资料2)；若水量过少，溶液过浓，硫酸亚铁易析出，不利于反应进行。

序号	操　作	原理或注意事项
2	(2)反应后期，反应速度变慢，可将锥形瓶转移到电炉上，加热至近沸，具体加热时间、温度设定要根据锥形瓶内的溶液体积适当调整，偏多，则增加加热时间→保持适当体积。	4. 反应后期，反应变慢，可适当补加 3 ~ 5mL 3mol · L^{-1} 硫酸。 5. 刺激性气味是什么？ 6. 为什么不用浓硫酸？防止亚铁离子被________。 7. 加热至沸的目的有二：保证反应充分进行，为趁热过滤创造条件。 **思考：** 1. 反应方程式？哪种反应物过量？ 2. 为什么用锥形瓶，而不用其他容器？锥形瓶有利于防止反应过程中液体溅出，可以一定程度上抑制水分蒸发。 3. 水浴加热的目的是什么？为了提高________。 4. 反应终点的标志是什么？
3	**准备滤纸**：实验中需要减压过滤两次，要求用两层滤纸过滤(单层滤纸很容易穿滤)，计算好实验需要的滤纸用量，剪好后，**硫酸亚铁制备中趁热过滤时用的滤纸要称重、记录。**	滤纸称重的目的？ 为了计算残渣的质量→残渣粘附在滤纸上→难以剥离。
4	**过滤装置预热**。	剪完滤纸后，将过滤装置放入烘箱预热。
5	**减压过滤：** (1)减压过滤时，将锥形瓶中的溶液转移到布氏漏斗中，此时锥形瓶内壁会有挂壁的残留物，需冲下并过滤，按“少量多次”原则冲洗，可以将锥形瓶倒置过来冲洗，效果较好，若水量过多→蒸发浓缩时间变长。 (2)滤液转移到蒸发皿内。 (3)过滤后滤纸和残渣同时转移到烧杯中，于烘箱烘干半小时以上，称量**滤纸和残渣的总质**量，算出已反应的铁屑的质量，并根据方程式计算理论产量。	1. **趁热减压过滤**，必须是趁热，否则将有产物析出→补救：加热水。 2. 锥形瓶较热，操作时可用烧杯夹夹锥形瓶。 3. 滤纸和残渣的总重量减去步骤 3 称量的滤纸质量，得到残渣质量→利用残渣质量可计算铁屑中参与反应的铁的质量→根据反应计量比和铁的质量可计算所需加入的硫酸铵的质量。 4. 若滤液有浑浊，可滴入硫酸酸化。
6	**硫酸亚铁铵的制备：** 根据溶液中硫酸亚铁的量，称取所需固体硫酸铵，并配成饱和溶液加到硫酸亚铁溶液中(也可直接将称好的硫酸铵固体投放到蒸发皿中，此时应视蒸发皿中溶液的体积而定，加热直到溶解为止，需搅拌)，在水浴锅中加热浓缩至表面出现晶膜，放置，充分冷却至室温后，即析出硫酸亚铁铵晶体。 小贴士： (1)加热过程中，蒸发皿中溶液周围往往会出现固体析出，用玻璃棒将其拨回溶液中，避免局部过热→产物分解，同时减少损失。 (2)玻璃棒的放置很关键，当不用玻璃棒时，应保证玻璃棒不受到污染→可能造成溶液颜色异常。 (3)酒精灯加热时，由于蒸发皿底部受热，溶液中始终有小气泡冒出，影响晶膜形成→撤掉热源即可。	1. 搅拌的目的是________________。 2. “加热浓缩”要特别**注意温度控制→反应成败的关键！**水浴加热效果好但耗时长，因此通常选用电炉或酒精灯等来加快蒸发速度。总原则：温度**由高→低的顺序**，电炉→酒精灯→水浴，加热时间、具体条件应自行掌握。**温度控制的重点就是避免过度加热**→温度过高会导致产品分解等。 3. 电炉加热过快、效果并不是特别好，可采**用酒精灯加热**，需要注意的是： (1)酒精灯的使用必须遵守规范，否则容易引起火灾或爆炸，参见实验二十九“硫代硫酸钠的制备”参考资料； (2)**酒精灯加热控制的要求是微沸(文火)**，调整火焰高度合适； (3)溶液的变化过程一般为：**出现晶纹/水纹**→溶液表面有雪花状**小晶粒**、溶液中有晶纹→**晶膜出现→大面积晶膜出现、生长→溶液表面长满晶膜**→**撤掉热源**→**静置并充分降至室温**(**结晶过程中不应被扰动**→观察硫酸亚铁铵晶体的生成，见封三图 6、图 7。 4. 若溶液中水量稍偏多，可进一步用自来水冷却。 5. 若溶液出现白色浑浊，可能是什么物质？________。为什么会出现这样的现象？________。 6. 若溶液变黄→Fe^{2+}转变成 Fe^{3+}→可能是酸度降低或温度过高所致→可稍加酸补救。

续表

序号	操　作	原理或注意事项
7	减压抽滤，称量母液(滤液)的质量，用无水乙醇淋洗晶体2~3次，将其转移至表面皿上晾干。观察产品颜色和晶形，称量，计算产率。	1. 洗涤之前，为什么要称量母液(滤液)的质量？根据工艺要求，应将母液弃掉；然而，由于母液是饱和溶液，根据它的质量(g)，利用溶解度(g/100g H_2O)，可以计算出母液中残留产品的质量$m_{残留}$，这样在结果讨论部分，可将母液中产品的质量加上实际得到的产品质量($m_{残留}+m_{产品}$)，与理论产率进行对比，并进行讨论。 2. 为什么不是量母液的体积？根据体积(mL)，需要知道母液密度，计算相对麻烦。
8	**产品检验：** **Fe^{3+}的限量分析：**称取1g产品(准确到0.001g)倒入25mL的比色管中，用15mL去离子水溶解，再加入2mL 3mol·L^{-1} HCl和1mL 25% KSCN溶液，最后用去离子水稀释至刻度，摇匀，与标准溶液(由实验室提供)进行目视比色，确定产品的等级。	1. 纯度检验的原理？ 2. 目视比色法见实验三十五"味精中氯化物和铁含量的测定"参考资料。
9	**产品保存：**将称重后的产品装入产品包装袋中。	贴标签，写上姓名，统一保管。
10	报告要求计算两种理论产量、产率和铁屑中的铁含量。	1. 分别是考虑残渣的理论产率和不考虑残渣的理论产率，详见参考资料7。 2. 铁屑中铁的转化率应根据残渣质量计算。

二、课堂提问

(1) 本实验涉及的两个主要反应的方程式。

(2) 为什么在0~60℃内，很容易从硫酸亚铁和硫酸铵的混合溶液中制备结晶的摩尔盐？硫酸亚铁铵、硫酸亚铁、硫酸铵的溶解度分别是多少？

(3) 本实验中前后两次水浴加热的目的有何不同？

(4) 本实验计算理论产率的方法有几种？

(5) 本实验计算产品的产率时，以硫酸亚铁的量为准是否正确？为什么？

(6) 复盐的定义是什么？

三、参考资料

1. 原料

1) 生铁

生铁(pig iron)是含碳量大于2%的铁碳合金，工业生铁含碳量一般在2.11%~4.3%，并含C、Si、Mn、S、P等元素，是用铁矿石经高炉冶炼的产品。根据生铁里碳存在形态的不同，又可分为炼钢生铁、铸造生铁和球墨铸铁等几种。生铁性能坚硬、耐磨、铸造性好，但生铁脆，不能锻压。

(1) 炼钢生铁。含硅量较低，一般不大于1.75%。是平炉、转炉炼钢的主要原料，在生铁产量中占80%~90%。炼钢生铁硬而脆，铁和碳处于化合状态，以渗碳体(Fe_3C)形式存在，其断口呈银白色，所以也叫作白口铁。轧辊、犁铧铁等都是白口铁。

(2) 铸造生铁。含硅量很大，一般为1.25%~3.6%。由于熔点低、流动性好，常用来铸造各种铸件，故也叫铸铁。铸造生铁中的碳以石墨形式存在，其断口呈灰色，性软，易切削加工，所以也叫灰铸铁。如床身、箱体、管道、管件及各种连接件等都是由铸造生铁制作。

2) 熟铁

熟铁(wrought iron)又名纯铁，是含碳量低于0.04%的铁碳合金，含铁约99.9%，杂质总含量约0.1%。纯铁的用途主要是作为电工材料，具有高的磁导率，可用于各种铁芯。纯铁还用作高级合金钢的原料。纯铁很少用作结构材料，这是由于它质地柔软，强度不高；另外，纯铁要求碳、磷、硫等杂质元素含量很低，其冶炼难度较大，制造成本远大于生铁和钢。

实验提供的废铁原料有两种：一种是铁屑，属于生铁，含碳等杂质较多，纯度约为80%；另一种是铁丝，属于熟铁，含碳量低。

2. 硫酸亚铁与氧气和水反应

$$12FeSO_4+6H_2O+3O_2 = 4Fe_2(SO_4)_3+4Fe(OH)_3\downarrow$$

其实这个反应是分三步的，首先，硫酸亚铁水解生成不稳定的氢氧化亚铁[反应(1)]；然后，氢氧化亚铁被水中的氧氧化为氢氧化铁[反应(2)]；最后，氢氧化铁和硫酸反应生成硫酸铁[反应(3)]。

$$FeSO_4+H_2O \rightleftharpoons Fe(OH)_2+H_2SO_4 \tag{1}$$

$$4Fe(OH)_2+2H_2O+O_2 = 4Fe(OH)_3 \tag{2}$$

$$2Fe(OH)_3+3H_2SO_4 = Fe_2(SO_4)_3 \tag{3}$$

所以，酸化的$FeSO_4$可以防止氧化。

碱式硫酸铁化学式是$Fe_4(OH)_2(SO_4)_5$，不是$Fe(OH)SO_4$，不同于稳定的碱式硫酸铜，碱式硫酸铁在水中极不稳定，很快就完全生成$Fe_2(SO_4)_3$和$Fe(OH)_3$，工业上用碱式硫酸铁来作为净水剂。虽然$Fe_2(SO_4)_3$也水解，但毕竟是少量的，所以最终产物应该写成$Fe_2(SO_4)_3$和$Fe(OH)_3$，不应该有碱式硫酸铁、H_2SO_4等中间产物。

3. 硫酸亚铁

硫酸亚铁(ferric sulphate)，蓝绿色单斜结晶或颗粒，无气味；在干燥空气中风化，在潮湿空气中表面氧化成棕色的碱式硫酸铁；在56.6℃成为四水合物，在65℃时成为一水合物。溶于水，几乎不溶于乙醇。其水溶液冷时在空气中缓慢氧化，在热时较快氧化；加入碱或见光能加速其氧化；相对密度：1.897；有刺激性；无水硫酸亚铁是白色粉末，含结晶水的是浅绿色晶体，晶体俗称“绿矾”，溶于水，水溶液为浅绿色。硫酸亚铁可用于色谱分析试剂、滴定分析测定铂、硒、亚硝酸盐和硝酸盐，还可以作为还原剂、制造铁氧体、净水、聚合催化剂、照相制版等。

化学性质：具有还原性；受高热分解放出有毒的气体；在实验室中，可以用硫酸铜溶液与铁反应获得；在干燥空气中会风化；在潮湿空气中易氧化成难溶于水的棕黄色的碱式硫酸铁。10%水溶液对石蕊呈酸性(pH值约3.7)。加热至70~73℃失去3分子水，至80~123℃失去6分子水，至156℃以上转变成碱式硫酸铁。

4. 硫酸亚铁铵

硫酸亚铁铵，俗名为莫尔盐、摩尔盐，简称FAS，是一种蓝绿色的无机复盐，分子式为$(NH_4)_2Fe(SO_4)_2\cdot 6H_2O$。其俗名来源于德国化学家莫尔(Karl Friedrich Mohr)；可溶于水，在 100~110℃时分解，可用于电镀。

中文名称：马尔氏盐，亚铁铵矾，六水合硫酸亚铁铵，硫酸亚铁铵，六水合硫酸铁铵，六水合硫酸铁(Ⅱ)铵。

英文名称：Ferrous alum，Ferrous ammonium sulfate，Mohr'salt，Ferrous ammonium sulfate。

5. 硫酸铵

无色结晶或白色颗粒；无气味；280℃以上分解；水中溶解度：0℃时 70.6g，100℃时 103.8g；不溶于乙醇和丙酮；0.1mol · L^{-1} 水溶液的 pH = 5.5；相对密度 1.77；折射率 1.521。硫酸铵主要用作肥料，适用于各种土壤和作物，还可用于纺织、皮革、医药等方面。

化学性质：纯品为无色透明斜方晶系结晶，水溶液呈酸性；不溶于醇、丙酮和氨水；有吸湿性，吸湿后固结成块；加热到 513℃以上完全分解成氨气、氮气、二氧化硫及水；与碱类作用则放出氨气；与氯化钡溶液反应生成硫酸钡沉淀；也可以使蛋白质发生盐析。

6. 本实验中前后两次水浴加热的目的有何不同？

前者为合成反应，升温可加快反应速度；后者是蒸发浓缩，为了减少水分。

7. 硫酸亚铁的制备的反应过程中，铁屑和硫酸哪一种应该过量，为什么？

两种情况均可，本实验是硫酸过量。

Fe 过量是为了防止 Fe^{2+} 的氧化，保证没有 Fe^{3+} 生成；

$$2Fe^{3+} + Fe = 3Fe^{2+}$$

而若 H_2SO_4 过量是为了提供酸性条件，保证 Fe^{2+} 不发生水解、产生沉淀，进而被氧化成 Fe^{3+}，见参考资料 2。

8. 本实验计算理论的产率的方法有几种？

两种。

(1) 根据称取的铁屑质量 $m_{铁屑}$，不考虑铁纯度，认为铁屑完全参与反应，根据反应计量比计算理论产率。

(2) 称量残渣质量 $m_{残渣}$，认为($m_{铁屑} - m_{残渣}$)即为参与反应的铁的质量，根据反应计量比计算理论产率。所以，理论产率有两个，一个是不考虑残渣的理论产率，一个是考虑残渣的理论产率。

9. 复盐

复盐：由两种金属离子(或铵根离子)和一种酸根离子构成的盐。

举例：例如硫酸铝钾[$KAl(SO_4)_2$]，十二水合硫酸铝钾[$KAl(SO_4)_2 \cdot 12H_2O$]俗称明矾。明矾是无色晶体，溶于水完全电离产生三种离子，Al^{3+} 水解形成 $Al(OH)_3$ 胶体，水溶液呈酸性。$Al(OH)_3$ 有很强的吸附能力，它吸附水中悬浮的杂质形成沉淀。因此，明矾可作净水剂，还可作收敛剂和媒染剂。

氯化镁钾[$KMgCl_3$]也是复盐。自然界的 $KCl \cdot MgCl_2 \cdot 6H_2O$，俗称光卤石，易溶于水。从光卤石可提取 KCl 和 $MgCl_2$。复盐和复盐的水合物都属于纯净物。

复盐中含有大小相近、适合相同晶格的一些离子。例如，明矾(硫酸铝钾)是 $KAl(SO_4)_2 \cdot 12H_2O$，莫尔盐(硫酸亚铁铵)是 $(NH_4)_2Fe(SO_4)_2 \cdot 6H_2O$，铁钾矾(硫酸铁钾)是 $KFe(SO_4)_2 \cdot 12H_2O$。

复盐溶于水时，电离出的离子与组成它的简单盐电离出的离子相同。使两种简单盐的混合饱和溶液结晶，可以制得复盐。例如，使 $CuSO_4$ 和 $(NH_4)_2SO_4$ 的溶液混合结晶，能制得硫酸铜铵[$(NH_4)_2SO_4 \cdot CuSO_4 \cdot 6H_2O$]。

实验三十二　铁化合物的制备及其组成测定

Ⅱ　三草酸合铁(Ⅲ)酸钾的制备

一、操作详解及注意事项

序号	操　作	原理或注意事项
0	**实验前准备**：烧杯（100mL、200mL）、量筒（10mL、100mL）、布氏漏斗、吸滤瓶、温度计（0~100℃）、表面皿等。	**课前操作**：水浴设为40℃；烘箱设为110℃。
0	将两个 ϕ20mm×30mm 的称量瓶放入烘箱内，在110℃下加热1.5h，然后置于干燥器中冷至室温，称量。重复上述操作至恒重(即两次称量相差不超过0.3mg)。 小贴士：称量瓶盖子在烘箱内应该如何放置？	1. 标签纸在烘干时容易掉落，可在烘干前用**记号笔作好标记**。 2. 烘于1.5h，稍降温后，戴手套转移至干燥器中，充分冷至室温。 3. 分析天平准确称量，不要忘记戴手套，记录(下次报告中体现)，将称量瓶放回指定的干燥器中。
1	**$FeC_2O_4 \cdot 2H_2O$ 的制备**： **称样**：称取5.0g上次实验自制的 $(NH_4)_2Fe(SO_4)_2 \cdot 6H_2O$ 固体于100mL烧杯中； **溶解**：加40mL蒸馏水和5滴 $2mol \cdot L^{-1}$ 硫酸，加热溶解。	1. 加热的目的是什么？为了加速______________。 2. 加硫酸是为了防止 Fe^{2+} 水解。 3. 尽量用小烧杯，为什么？烧杯过大不利于后续倾析操作。 4. **个别同学用坩埚钳夹烧杯沿转移到实验台→易碎**→要求夹烧杯中间并用石棉网拖住底部，安全转移！
2	**反应**：加入2.0g $H_2C_2O_4 \cdot 2H_2O$ 固体，加热至沸，不断搅拌。静置，得黄色的 $FeC_2O_4 \cdot 2H_2O$ 晶体。 **倾析**：沉降后倾析法弃去上层清液。	1. **不断搅拌**，沉淀因局部过热→容易崩溅→产率降低→可能伤人。 2. $(NH_4)_2Fe(SO_4)_2 \cdot 6H_2O+H_2C_2O_4 \cdot 2H_2O =\!=\!=$ $FeC_2O_4 \cdot 2H_2O\downarrow+(NH_4)_2SO_4+H_2SO_4+6H_2O$(**反应1**) 3. 什么是倾析法？为什么用倾析法？对于沉淀相对密度较大或晶体颗粒较大、静止沉降快的情况，倾析法简便高效；倾析法尽量用**"小烧杯"**，为什么？ 4. 倾析时用**玻璃棒引流；整个过程尽量平稳，手不要乱晃，保证沉淀不损失**；也可用干净的吸管吸。
3	**清洗**：往沉淀中加入20mL蒸馏水，搅拌并温热，静置，再弃去清液。	1. 目的是为了清洗沉淀，洗的是什么？ 2. 温热→大约40~50℃即可。
4	**$K_3[Fe(C_2O_4)_3] \cdot 3H_2O$ 的制备**： 于上述沉淀中，加水15mL，边搅拌边加入3.5g $K_2C_2O_4 \cdot H_2O$ 固体，水浴加热至约40℃。	加入3.5g $K_2C_2O_4 \cdot H_2O$ 固体的目的？提供 K^+、配体；碱性环境下 Fe^{2+} 更容易被 H_2O_2 氧化成 Fe^{3+}，可查阅手册：碱性条件下的标准电极电势。
5	用滴管慢慢加入12mL质量分数6%的 H_2O_2，不断搅拌并保持温度在40℃左右(此时会有氢氧化铁沉淀)。	1. 反应式：$6FeC_2O_4+3H_2O_2+6K_2C_2O_4 =\!=\!=$ $4K_3[Fe(C_2O_4)_3]+2Fe(OH)_3$(**反应2**) 2. **该步是关键步骤：要领"慢滴快搅"：滴一滴 H_2O_2，摇一摇，振荡几圈，使得氧化完全；再滴一滴 H_2O_2，振荡几圈，直到加完12mL**；若速度过快，局部浓度过高，将导致 H_2O_2 分子来不及反应，就已经分解。 3. **温度控制：40℃最佳**；若超过40℃，H_2O_2 分解速度加快(过渡金属，如Fe、Co、Ni等，会起到催化分解的作用)，部分 Fe^{2+} 氧化不上去，造成产率下降；若温度低，反应速度慢。

序号	操　作	原理或注意事项
6	将溶液加热至近沸，分批慢慢加入 1.0g $H_2C_2O_4 \cdot 2H_2O$ 固体，搅拌使固体溶解至体系呈澄清透明的翠绿色溶液，若溶液不澄清可过滤。	1. 反应式：$2Fe(OH)_3+3H_2C_2O_4+3K_2C_2O_4 = 2K_3[Fe(C_2O_4)_3]+6H_2O$（**反应 3**） 2. 加热至近沸的目的？使过量的______分解；使配位反应可以正常进行。 3. 如果草酸固体呈块状，需要研磨碎，或在表面皿中用玻璃钉捣碎，再称量。
7	温热，使生成的晶体溶解，放置一段时间即有晶体析出。	1. 若剩余溶液的体积较大、产品难以析出，可加入 10mL 95%乙醇→正常情况不用加；加乙醇的目的？降低产品溶解度，利于产物析出； 2. 当天实验得到的产物是液体（封三图 8a），需要放置一周，**小烧杯上贴好标签、敞口**（挥发，利于析出），统一保管。 3. 预测产品质量： （1）估测溶液体积，产品析出需要合适的溶液体积。 （2）测溶液的 pH 值，一般为 4~5 左右，pH 值反映加入草酸量的多少，不小于 3 即可；小于 3 说明草酸过量，酸度大→产物不稳定、伴生副产物；pH>5 条件下，Fe^{3+} 易水解，同样不利于得到高品质的产物。通常，**溶液的体积合适，pH 值适中，就会得到品质较好的产物。**
8	减压过滤、乙醇淋洗、摊开到表面皿上晾干、记录产品外观、称重、计算产率。	1. 下次实验课在教师讲课前处理产品，因此应在本次课准备好滤纸，备用。 2. 讲课之后再称重，完成本实验的报告。
9	下次实验做“三草酸合铁（Ⅲ）酸钾化学式的确定”，分两次，第一次做到高锰酸钾的标定；第二次做到铁含量的测定。	下两次实验写成一份报告，但所有实验记录表格在下次实验前应提前画好。

二、课堂提问

（1）三草酸合铁（Ⅲ）酸钾的主要用途。

（2）本实验中涉及的三个反应方程式。

（3）本实验中涉及几种化学平衡？分别是什么？

（4）草酸亚铁的颜色和分解温度。

（5）怎样证明 K^+ 是外界？

三、参考资料

1. 三草酸合铁（Ⅲ）酸钾

三草酸合铁（Ⅲ）酸钾（tripotassium trioxalatoferrate），化学式：$K_3[Fe(C_2O_4)_3] \cdot 3H_2O$；分子量：491.26。为翠绿色单斜晶体，溶于水（0℃时，4.7g/100g 水；100℃时 117.7g/100g 水），难溶于乙醇；110℃下失去三分子结晶水而成为 $K_3[Fe(C_2O_4)_3]$，230℃时分解；该配合物对光敏感，光照下即发生分解。

光解方程式：$2K_3[Fe(C_2O_4)_3]\cdot 3H_2O = 3K_2C_2O_4+2FeC_2O_4+2CO_2\uparrow+6H_2O$

三草酸合铁(Ⅲ)酸钾是制备负载型活性铁催化剂的主要原料，也是一些有机反应很好的催化剂，因而具有工业生产价值。

合成三草酸合铁(Ⅲ)酸钾的工艺路线有多种。例如，可以铁为原料制得硫酸亚铁铵，加草酸钾制得草酸亚铁后经氧化制得三草酸合铁(Ⅲ)酸钾；或以硫酸铁与草酸钾为原料直接合成三草酸合铁(Ⅲ)酸钾，亦可以三氯化铁与草酸钾直接合成三草酸合铁(Ⅲ)酸钾。本实验采用硫酸亚铁加草酸钾形成草酸亚铁经氧化、结晶得三草酸合铁(Ⅲ)酸钾。

2. 本实验涉及的四大化学平衡

本实验的综合性很强，涉及四大化学平衡，包括沉淀(反应1)、氧化还原(反应2)、酸碱(反应3)、配位平衡(反应2、反应3)。

$$(NH_4)_2Fe(SO_4)_2\cdot 6H_2O+H_2C_2O_4\cdot 2H_2O = FeC_2O_4\cdot 2H_2O\downarrow+(NH_4)_2SO_4+H_2SO_4+6H_2O \quad \text{(反应1)}$$

$$6FeC_2O_4+3H_2O_2+6K_2C_2O_4 = 4K_3[Fe(C_2O_4)_3]+2Fe(OH)_3 \quad \text{(反应2)}$$

$$2Fe(OH)_3+3H_2C_2O_4+3K_2C_2O_4 = 2K_3[Fe(C_2O_4)_3]+6H_2O \quad \text{(反应3)}$$

3. 草酸

草酸(oxalic acid，ethanedioic acid)，化学式：$H_2C_2O_4\cdot 2H_2O$，又名乙二酸，是无色的柱状晶体，易溶于水而不溶于乙醚等有机溶剂，草酸根有很强的配合作用，是植物源食品中另一类金属螯合剂；当草酸与一些碱土金属元素结合时，其溶解性大大降低，如草酸钙几乎不溶于水，因此草酸的存在对必需矿质的生物有效性有很大影响；当草酸与一些过渡性金属元素结合时，由于草酸的配合作用，形成了可溶性的配合物，其溶解性大大增加。

无色单斜片状或棱柱体结晶或白色粉末，氧化法草酸无气味，合成法草酸有味；150~160℃升华；在高热干燥空气中能风化；1g溶于7mL水、2mL沸水、2.5mL乙醇、1.8mL沸乙醇、100mL乙醚、5.5mL甘油，不溶于苯、氯仿和石油醚；$0.1mol\cdot L^{-1}$溶液的pH值为1.3；相对密度：1.653；熔点101~102℃(187℃，无水)；低毒。

草酸在100℃开始升华，125℃时迅速升华，157℃时大量升华，并开始分解。可与碱反应，可以发生酯化、酰卤化、酰胺化反应，也可发生还原反应，受热发生脱羧反应；无水草酸有吸湿性。

酸性：草酸是有机酸中的强酸。其一级电离常数 $K_{a1}=5.9\times10^{-2}$，二级电离常数 $K_{a2}=6.4\times10^{-5}$；具有酸的通性；能与碱发生中和，能使指示剂变色，能与碳酸根作用放出二氧化碳。

例如：

$$H_2C_2O_4+Na_2CO_3 = Na_2C_2O_4+CO_2\uparrow+H_2O$$

$$H_2C_2O_4+Zn = ZnC_2O_4+H_2\uparrow$$

还原性：草酸根具有很强的还原性，与氧化剂作用易被氧化成二氧化碳和水；可以使酸性高锰酸钾($KMnO_4$)溶液褪色，并将其还原成2价锰离子。这一反应在定量分析中被用作测定高锰酸钾浓度的方法。草酸还可以洗去溅在布条上的墨水迹。

$$2KMnO_4+5H_2C_2O_4+3H_2SO_4 = K_2SO_4+2MnSO_4+10CO_2\uparrow+8H_2O$$

$$H_2C_2O_4+NaClO = NaCl+2CO_2\uparrow+H_2O$$

不稳定性：草酸在189.5℃或遇浓硫酸会分解生成二氧化碳、一氧化碳和水。

$$H_2C_2O_4 \xlongequal{\quad} CO_2\uparrow + CO\uparrow + H_2O$$

实验室可以利用此反应来制取一氧化碳气体。

草酸氢铵200℃时分解为二氧化碳、一氧化碳、氨气和水。

毒性：草酸有毒；对皮肤、黏膜有刺激及腐蚀作用，极易经表皮、黏膜吸收引起中毒；空气中最高容许浓度为$1mg/m^3$。

草酸是生物体的一种代谢产物，广泛分布于植物、动物和真菌体中，并在不同的生命体中发挥不同的功能。研究发现百余种植物富含草酸，尤以菠菜、苋菜、甜菜、马齿苋、芋头、甘薯和大黄等植物中含量最高，由于草酸可降低矿质元素的生物利用率，在人体中容易与钙离子形成草酸钙导致肾结石，所以草酸往往被认为是一种矿质元素吸收利用的拮抗物。

4. 草酸亚铁

草酸亚铁(iron(Ⅱ)oxalate)，中文别名：乙二酸亚铁；乙二酸铁(Ⅱ)盐(1∶1)；性状：淡黄色结晶性粉末，稍有轻微刺激性；熔点：160℃(分解)；振实密度：$1.25g/cm^3$，松装密度：$0.8g/cm^3$。

溶解性：真空下于142℃失去结晶水；冷水中溶解0.022g/100g水，热水中0.026g/100g水，难溶于水，不溶于冷盐溶液。

加热分解：草酸亚铁加热分解为氧化亚铁、一氧化碳、二氧化碳

$$FeC_2O_4 \xlongequal{\triangle} FeO + CO\uparrow + CO_2\uparrow$$

用途：草酸亚铁用作照相显影剂，用于制药工业；电池级草酸亚铁可作为电池正极材料磷酸铁锂的原料，2008年北京奥运会使用的电动车其中锂离子电池的正极材料就是磷酸铁锂。

5. 配合物

配合物是配位化合物(coordination complex, metal complex)的简称，也叫络合物，是由一定数量的配位体(有孤电子或电子对的负离子或分子)通过配位键(由成键一方单独提供电子而形成的共价键)结合于中心离子(或中心原子)的周围而形成的一个复杂离子(或分子)，并与原来各组分的性质不同。配合物在晶体和溶液中能稳定的存在，有些稳定的配合离子在溶液中很少离解。配合物都具有一定的空间构型，有特定的理、化性质。实验室中用于元素的分离、提纯，在工业中用于催化、电镀等。

稳定性：

稳定常数(stability constant)指配位平衡的平衡常数，通常指配合物的累积稳定常数，用$K_{稳}$表示。例如：对具有相同配位体数目的同类型配合物来说，$K_{稳}$值愈大，表示形成配离子的倾向越大，配合物愈稳定。

配合物在溶液中的稳定性与中心原子的半径、电荷及其在周期表中的位置有关，也就是该配合物的离子势：$\phi = Z/r$；ϕ为离子势，Z为电荷数，r为半径。过渡金属的核电荷高，半径小，有空的d轨道和自由的d电子，容易接受配位体的电子对，又容易将d电子反馈给配位体。因此，它们都能形成稳定的配合物。碱金属和碱土金属恰好与过渡金属相反，它们的极化性低，具有惰性气体结构，形成配合物的能力较差，它们的配合物的稳定性也差。配合物的稳定性符合软硬亲和理论，即软亲软、硬亲硬。

6. 配体

配体(ligand，也称为配基)表示可与中心原子(金属或类金属)产生键合的原子、分子或

离子。一般而言，配体在参与键合时至少会提供一个电子。配体通常扮演路易斯碱的角色，但在少数情况中配体接受电子，充当路易斯酸。

在有机化学中，配体常用来保护其他的官能团(例如配体 BH_3 可保护 PH_3)或是稳定一些容易反应的化合物(如四氢呋喃作为 BH_3 的配体)。中心原子和配体组合而成的化合物称为配合物。

配体中能提供孤对电子直接与中心原子形成配位键的原子称为配位原子，如 CO 中的 C 等。配位原子的最外电子层都有孤对电子，常见的是电负性较大的非金属元素的原子，如 N、O、C、S 及卤素等。

一般配体可依其带电、大小、可提供电子数及其原子特性加以分类。

按配体中配位原子的多少，可将配体分为单齿配体和多齿配体。

单齿配体：一个配体中只有一个配位原子的配体。如 NH_3、F^-、H_2O 等。

多齿配体：一个配体中有两个或两个以上配位原子的配体。如二亚乙基三胺 $H_2NCH_2CH_2NHCH_2CH_2NH_2$(简写为 DEN)和乙二胺四乙酸根(简写为 EDTA)。

两可配体：有些配体虽然含有两对孤对电子，但由于两个配位原子靠得太近，每一配体只能选择其中一个配位原子与一个中心原子形成配键，这种配体称为两可配体。两可配体仍属单齿配体，如 SCN^-。

实验三十二　铁化合物的制备及其组成测定
Ⅲ　三草酸合铁(Ⅲ)酸钾化学式的确定(一)

一、操作详解及注意事项

序号	操　作	原理或注意事项
0	**(1)实验前准备**：滴定管、称量瓶、表面皿、布氏漏斗、吸滤瓶等。 **(2)处理产品**：减压过滤分离上次实验得到的固液混合物产品，乙醇淋洗干净，在表面皿上摊开晾干并记录产品外观。析出晶体后的溶液及过滤后的晶体参见封三图 8b~8d。	1. 教师讲课前进行产品处理。 2.“三草酸合铁(Ⅲ)酸钾化学式的确定”，实验分两次，第一次做到高锰酸钾的标定；第二次做到铁含量的测定。 3. 水浴设为 80℃。
0	台秤上称重、计算产率，产品备用!	讲课之后再称重，记录到上次课的实验报告上，完成“三草酸合铁(III)酸钾的制备”实验报告。
1	**产物化学式的确定**： 将产物用研钵研成粉状(或用玻璃钉在表面皿上压碎)，储存待用。	1. 研细的目的？为了烘干充分更容易、产物更容易失水。 2. 研磨过程不可过于剧烈，否则摩擦生热，可能造成产物分解。
2	**结晶水的测定**： (1)将清洗干净的称量瓶 2 个置于烘箱中烘干，保持 110℃ 1.5h 以上，再放于干燥器中冷至室温，称量。重复干燥、冷却、称量等操作，直到恒重。	1. 该部分上次实验已经完成，称量瓶在干燥器中。 2. 取用时注意应戴白手套，不要将称量瓶放到不清洁的台面上。

续表

序号	操　作	原理或注意事项
3	(2)精确称取0.9~1.0g产物1份，放入已恒重的称量瓶中，于烘箱内110℃下加热1.5h，再放入干燥器中冷至室温、称量。重复干燥、冷却、称量等操作，直到恒重。 (3)根据称量结果，计算结晶水含量(每克无水盐所对应的结晶水的n，单位为mol/g)；称量后将**装有产物的称量瓶放回干燥器内，以免吸潮，以备下次课之用。**	1. 烘箱内称量瓶盖应该如何放置？ 2. 该步操作要尽快，因为加热时间是从最后一个将称量瓶放入烘箱时开始计时的。 3. 烘干前(m_1)、烘干后(m_2)均是使用**分析天平精确称量！** 4. 结晶水含量的计算公式是什么？
4	**草酸根含量的测定：** **(1)0.02mol·L^{-1}高锰酸钾溶液的配制：** 称取配制300mL浓度为0.02mol·L^{-1} $KMnO_4$所需的固体$KMnO_4$(用什么天平称量?)，置于500mL烧杯中，加入200mL去离子水，加热至沸，以使固体溶解。冷却后，将溶液倒入棕色试剂瓶中，稀释至约300mL摇匀。在暗处放6~7天(使水中的还原性杂质与$KMnO_4$充分作用)，用玻璃砂芯漏斗过滤，除去MnO_2沉淀，滤液储存在棕色试剂瓶中，摇匀后即可标定和使用。	实验室提供，但配制方法需掌握，应在实验报告中将高锰酸钾溶液的配制过程表述清楚。
5	**(2)0.02mol·L^{-1}高锰酸钾溶液的标定：** 精确称取3份草酸钠(0.15~0.18g)，分别放在250mL锥形瓶中，并加入50mL水，使$Na_2C_2O_4$溶解。	1. 反应方程式： $2MnO_4^- + 5C_2O_4^{2-} + 16H^+ = 2Mn^{2+} + 10CO_2 + 8H_2O$ 2. 草酸钠的作用？基准物质，用什么天平称量？ 3. 指示剂是什么？ 4. 若草酸钠不溶解，可微微加热。
6	加入15mL浓度为2mol·L^{-1}的H_2SO_4，从滴定管中放出约10mL待标定的高锰酸钾溶液到锥形瓶中，加热(70~85℃)直到紫红色消失。	1. 为什么先放出约10mL待标定的高锰酸钾溶液到锥形瓶中？为什么加热(70~85℃，水浴即可)？影响反应速率的几大因素：温度、浓度、催化剂(Mn^{2+})、酸度，放出高锰酸钾溶液的目的是增加浓度且生成的Mn^{2+}作为反应催化剂。 2. 放出的约10mL用不用很精确？为什么？ 3. 从滴定管中放出约10mL溶液后，是否需要重新加满溶液？不用。为什么？ 4. **无论褪色与否，一定要趁热滴定！**为什么？提供温度。
7	用高锰酸钾溶液**滴定热溶液**直到微红色在30s内不消褪，记录消耗的溶液体积，计算准确浓度。	1. 滴定操作要逐份进行！为什么？ 2. **趁热滴定**，速度要先慢后快，但也不要滴成线，做到“见滴成串”即可，保持滴定速度和褪色速度相匹配。 3. 读数时应读弯月面最低点还是弯月面两端的最高点？
小贴士1：	**高锰酸钾溶液的使用应节约**：共用的高锰酸钾溶液供两次实验之用，应节约使用。	**润洗要少量多次**，2~3次，5~10mL/次。
小贴士2：	若溶液出现浑浊，什么原因？ 温度、浓度、催化剂(Mn^{2+})、酸度控制好不会出现这种情况。	三种情况： 1. 发生在滴定终点前，原因是什么？可能是溶液酸度不够，忘记加硫酸，该次滴定反应失败。 2. 还可能是加高锰酸钾之后没有充分摇动锥形瓶，反应不均匀。 3. 发生在滴定终点后，原因是什么？高锰酸钾过量，发生归中反应：$2MnO_4^- + 3Mn^{2+} + 2H_2O = 5MnO_2\downarrow + 4H^+$

二、课堂提问

(1) 失重法的定义。

(2) 失重法和热重法之间的区别。

(3) 分析化学中有四大滴定，本实验的滴定属于哪类滴定？氧化剂和还原剂分别是什么。

(4) $Na_2C_2O_4$标定 $KMnO_4$的基本原理。

(5) 用 $Na_2C_2O_4$标定 $KMnO_4$时，为什么必须在 H_2SO_4介质中进行？酸度过高或过低有何影响？可以用硝酸或盐酸调节酸度吗？

(6) 用 $Na_2C_2O_4$标定 $KMnO_4$时，为什么要加热到 70~80℃，溶液温度过高或过低有何影响？

三、参考资料

1. 失重法

失重法是指测量物质样品质量变化、研究物质热分解性质的方法。

失重法分为等温和不等温(温度以某一恒定速度上升)热失重两种。

等温热失重法采用普通天平就可以测定热分解的失重过程。通常将被测物放置于恒温箱中，定期取出称重。

不等温热失重法的特点是反应环境温度是变化的，并且以一定速度上升，物质的质量变化则通过电子仪器转换成为电讯号并自动记录在记录仪上。对记录下来的热失重曲线进行动力学分析，了解物质的热分解特性。

2. 热重法

热重法是在程序控制温度下，测量物质质量与温度关系的一种技术。热重法实验得到的曲线称为热重曲线(即 TG 曲线)。TG 曲线以质量作纵坐标，从上向下表示质量减少；以温度(或时间)作横坐标，自左至右表示温度(或时间)增加。

从热重法可派生出微商热重法(DTG)和二阶微商热重法(DDTG)，前者是 TG 曲线对温度(或时间)的一阶导数，后者是 TG 曲线对温度(或时间)的二阶导数。

3. 滴定法

化学分析中常见的几种滴定法：酸碱滴定法，配位滴定法，氧化还原滴定法，沉淀滴定法。

根据标准溶液和待测组分之间的反应类型的不同，可将滴定法分为四类：

(1) 酸碱滴定法：以质子传递反应为基础的一种滴定分析方法。例如，氢氧化钠测定醋酸。

(2) 配位滴定法：以配位反应为基础的一种滴定分析方法。例如，EDTA 测定水的硬度。

(3) 氧化还原滴定法：以氧化还原反应为基础的一种滴定分析方法。例如，高锰酸钾测定铁含量。

(4) 沉淀滴定法：以沉淀反应为基础的一种滴定分析方法。例如，食盐中氯的测定。

四大滴定的区分主要根据反应的类型，以及是否便于测定。例如，氧化还原滴定主要用于氧化还原反应，沉淀滴定主要用于反应中产生沉淀的反应，酸碱滴定主要用于酸性物质与碱性物质的反应或者广义上的路易斯酸(Lewis acid)，而配位滴定则主要用于络合反应的滴定。

4. MnO_4^-在不同pH值下的反应式

强酸性条件：$MnO_4^- + 5e + 8H^+ \longrightarrow Mn^{2+} + 4H_2O$

弱酸、中性、弱碱条件：$MnO_4^- + 3e + 2H_2O \longrightarrow MnO_2\downarrow + 4OH^-$

强碱性条件：$MnO_4^- + e \longrightarrow MnO_4^{2-}$(溶液绿色)

5. 归中反应

归中反应(comproportionation)就是指同种元素组成的不同物质(可以是单质和化合物，也可以是化合物和化合物)发生氧化还原反应，元素的两种化合价向中间靠拢。归中反应与歧化反应相对。

例如，硫化氢和二氧化硫反应：$SO_2 + 2H_2S = 3S\downarrow + 2H_2O$

铁和铁离子反应：$Fe + 2Fe^{3+} = 3Fe^{2+}$

次氯酸钠和浓盐酸反应：$NaClO + 2HCl(浓) = Cl_2\uparrow + NaCl + H_2O$

6. 歧化反应

歧化反应(disproportionation reaction)：在反应中，若氧化作用和还原作用发生在同一分子内部处于同一氧化态的元素上，使该元素的原子(或离子)一部分被氧化，另一部分被还原。这种自身的氧化还原反应称为歧化反应。歧化反应是化学反应的一种，反应中某个元素的化合价既有上升又有下降。与归中反应相对。

例如，氯气溶于水时一半被氧化，一半被还原，生成次氯酸和盐酸，化学方程式：

$$Cl_2 + H_2O = HClO + HCl$$

实验三十二　铁化合物的制备及其组成测定

Ⅳ　三草酸合铁(Ⅲ)酸钾化学式的确定(二)

一、操作详解及注意事项

序号	操　作	原理或注意事项
0	**实验前准备**：过滤装置、足量剪好的滤纸备用。	1.“三草酸合铁(Ⅲ)酸钾化学式的确定：实验分两次，上次做到高锰酸钾的标定；本次做到铁含量的测定。 2. **实验报告两次写成一份**。 3. 水浴设为80℃。
1	**草酸根含量的测定**： 将合成的三草酸合铁酸钾粉末在110℃下干燥1.5h，置于干燥器中，冷至室温，备用。	上次实验课已经完成。
2	精确称取3份三草酸合铁酸钾(0.18～0.22g)，分别放在250mL锥形瓶中。	1.“精确称取”是用台秤还是分析天平称取？ 2. 三草酸合铁酸钾在边台干燥器内。

续表

序号	操作	原理或注意事项
3	加入 50mL 水、15mL 2mol · L^{-1} H_2SO_4 溶液，从滴定管中放出约 10mL 待标定的高锰酸钾溶液于锥形瓶中，加热(70~85℃)直到紫红色消失。	1. 为什么先放出约 10mL 待标定的高锰酸钾溶液到锥形瓶中？为什么加热(70~85℃，水浴即可)？影响反应速率的几大因素：温度、浓度、催化剂(Mn^{2+})、酸度，放出高锰酸钾溶液的目的是增加浓度且生成的 Mn^{2+} 作为反应催化剂。 2. 放出的约 10mL 用不用很精确？为什么？ 3. 从滴定管中放出约 10mL 溶液后，是否需要重新加满溶液？不用，为什么？ 4. **无论褪色与否，一定要趁热滴定！**为什么？提供温度。
4	用高锰酸钾溶液滴定热溶液直到微红色在 30s 内不消褪，记录体积，计算每克无水化合物所含草酸根的 n_1 值。滴定完的 3 份溶液保留待用。 小贴士：有色的滴定液读数读的是弯月面最低点吗？	1. 反应方程式： $2MnO_4^- + 5C_2O_4^{2-} + 16H^+ = 2Mn^{2+} + 10CO_2 + 8H_2O$ 2. 指示剂是什么？ 3. 滴定操作要逐份进行！为什么？ 4. **趁热滴定**，速度要先慢后快，但也不要滴成线，做到“见滴成串”即可，保持滴定速度和褪色速度相匹配。 5. 读数时应读弯月面最低点还是弯月面两端的最高点？
5	**铁含量的测定**： 在上述保留的溶液中加入还原锌粉(1.0g)，加热溶液直到黄色消失，使 Fe^{3+} 还原为 Fe^{2+}，过滤除去多余的锌粉，滤液放入干净的锥形瓶中，洗涤锌粉，使 Fe^{2+} 定量转移到滤液中。 小贴士： (1)滴定前：**将滴定管中的高锰酸钾加至零刻线**。 (2)转移的锥形瓶要干净！**原锥形瓶适合再转移滤液吗**？不适合，为什么？	1. 直接加 1.0g 还原锌粉，哪种反应物过量？ 2. 反应方程式：$Zn + 2Fe^{3+} = Zn^{2+} + 2Fe^{2+}$ 3. 加热溶液至黄色消失即可，为什么？**反应时间不宜过长**！为什么？锌粉过量，将 Fe^{3+} 还原完毕后，**会继续消耗硫酸，造成酸度下降**，影响后续的滴定反应！黄色是哪种离子的颜色？Fe^{3+}，**微热至黄色消失标志着什么？**____。**加热时人不可离开！** 4. 提前准备好过滤装置和滤纸，过滤时保证不能穿滤，过滤后应留下的是滤液还是固体？滤液，因此**要保证准备好的吸滤瓶是干净**的。 5. 转移后吸滤瓶是否需要清洗？需要，清洗时注意蒸馏水用量尽量少，保证锥形瓶中不会有太多的液体影响滴定。 6. 洗涤锌粉时要注意**蒸馏水用量应尽量少**，否则影响滴定。
6	再用标准高锰酸钾溶液滴定至微红色。计算每克无水化学物所含铁的 n_2 值。	1. 反应方程式： $MnO_4^- + 5Fe^{2+} + 8H^+ = 2Mn^{2+} + 5Fe^{3+} + 4H_2O$ 2. **此次滴定不用先放 10mL 高锰酸钾溶液**，为什么？样品中的 Fe 含量较少。 3. **本组滴定消耗滴定液体积较小，注意滴定不要太快！** 4. 一旦滴定过量，怎么办？可补救，重新再加锌粉，还原回来，重新操作。
7	由测得的 n_1 值和 n_2 值计算所含钾的 n_3 值，然后计算 $n_3 : n_2 : n_1 : n$ 的值，进而可确定化合物的化学式。	实验报告要求有计算过程，**比值要保留到小数点后一位，如，2.1 : 5.9 : 1.0 : 3.0≈2 : 6 : 1 : 3**
	小贴士：高锰酸钾溶液的使用应节约：共用的高锰酸钾溶液供两次实验之用，应节约使用。	**润洗要少量多次**，2~3 次，5~10mL/次。

二、课堂提问

(1) 本实验中草酸根含量是如何测定的?

(2) 铁含量测定的原理是什么?

(3) 钾含量测定的原理是什么? 还有什么其他方法可以测定钾的含量?

三、参考资料

锌粉

锌粉(zinc powder/dust); 中文别名: 亚铅粉; 分子式: Zn; 分子量: 65.38。

健康危害: 吸入锌在高温下形成的氧化锌烟雾可致金属烟雾热, 症状有口中金属味、口渴、胸部紧束感、干咳、头痛、头晕、高热、寒战等; 粉尘对眼睛有刺激性; 口服刺激胃肠道; 长期反复接触对皮肤有刺激性。

燃爆危险: 本品遇湿易燃, 具刺激性。

急救措施:

皮肤接触: 脱去污染的衣着, 用肥皂水和清水彻底冲洗皮肤。

眼睛接触: 提起眼睑, 用流动清水或生理盐水冲洗, 就医。

吸入: 迅速脱离现场至空气新鲜处, 保持呼吸道通畅, 如呼吸困难, 给输氧; 如呼吸停止, 立即进行人工呼吸; 就医。

食入: 饮足量温水, 催吐; 就医。

危险特性: 具有强还原性; 与水、酸类或碱金属氢氧化物接触能放出易燃的氢气; 与氧化剂、硫黄反应会引起燃烧或爆炸; 粉末与空气能形成爆炸性混合物, 易被明火点燃引起爆炸, 潮湿粉尘在空气中易自发燃烧。有害燃烧产物: 氧化锌。灭火方法: 采用干粉、干沙灭火; 禁止用水和泡沫灭火。

实验三十二 铁化合物的制备及其组成测定 V 分光光度法测定铁及摩尔电导率的测定

一、操作详解及注意事项

序号	操　作	原理或注意事项
0	**(1)需准备的仪器**: 100mL 烧杯、50mL 容量瓶、25mL 移液管等。 **(2)准备 50mL 烧杯一个, 在烘箱烘干备用**(常压过滤用)。 两人一组。	1. 吸量管必须专管专用, 禁止混用; 以体积为标识, 无须润洗, 铁标准溶液除外。 2. 铁标准溶液润洗时, 应做到少量多次。 3. 比色皿不要装太满, 防止溶液洒入样品室内, 以总体积 1/2~2/3 为宜。 4. 相关要求见实验九"碘酸铜溶度积的测定"和实验二十七"邻二氮菲吸光光度法测定铁"。
1	**吸收曲线的绘制:** (1)用吸量管吸取 0.0mL 和 1.0mL 铁标准溶液分别注入两个 50mL 容量瓶, 各加入 1mL 维生素 C(Vc)溶液, 再加入 2mL 邻二氮菲(Phen)、5mL NaAc, 用水稀释至刻度, 摇匀。	1. Vc(或盐酸羟胺)的作用: 还原剂。 $Fe^{3+}+NH_2OH \cdot HCl \longrightarrow Fe^{2+}+N_2\uparrow+H^++H_2O+Cl^-$ 2. Phen 的作用是什么?

续表

序号	操　作	原理或注意事项
1	(2)放置10min后，用1cm比色皿、以试剂空白(即0.0mL铁标准溶液)为参比溶液，在440~560nm之间，每隔10nm测一次吸光度，在最大吸收峰附近，每隔5nm测量一次吸光度。 (3)以波长λ为横坐标、吸光度A为纵坐标，绘制A与λ关系的吸收曲线。从吸收曲线上选择测定Fe的适宜波长，一般选用最大吸收波长λ_{max}。	3. NaAc与铁标准溶液中的盐酸形成HAc-NaAc缓冲溶液，控制溶液的pH=5~6；当pH=2~9，Fe^{2+}与邻二氮菲生成稳定的橘红色配合物$Fe(Phen)_3{}^{2+}$。 4. 每次改变波长都应重新将参比的透光率调整为100%(A=0)。 5. 为什么选择最大吸收波长作为测定物质浓度的工作波长？在最大吸收波长λ_{max}下测定灵敏，结果准确，误差小。 6. 为什么以试剂空白(即0.0mL铁标准溶液)为参比溶液？
2	**铁含量的测定：** **标准曲线的制作：** (1)用移液管吸取10mL 100μg·mL^{-1}铁标准溶液于100mL容量瓶中，加入2mL 6mol·L^{-1} HCl溶液，用水稀释至刻度，摇匀。此溶液Fe^{3+}的浓度为10μg·mL^{-1}。 (2)在6个50mL容量瓶中，用吸量管分别加入0mL、2mL、4mL、6mL、8mL、10mL 10μg·mL^{-1}铁标准溶液，然后加入1mL Vc，摇匀。再加入2mL Phen和5mL NaAc溶液，摇匀。以水稀释至刻度，摇匀后放置10min。用1cm比色皿，以试剂空白(即0.0mL铁标准溶液)为参比溶液，在选择的波长下测量各溶液的吸光度。 (3)以铁含量(c)为横坐标，吸光度(A)为纵坐标，绘制标准曲线。由绘制的标准曲线，重新查出某一适中铁浓度相应的吸光度，计算Fe^{2+}-Phen配合物的摩尔吸光系数ε。	1. 利用上述实验确定的波长，在波长不变的情况下测定其余几个溶液的吸光度，利用不同浓度的溶液所对应的吸光度作图，得到标准曲线。 2. 注意移液管的正确使用。 3. 小体积标准溶液移取时注意引流！因为体积小，相对误差大。 4. 配制不同浓度的Fe溶液时，各溶液的加入顺序不能颠倒→加入铁标准液后，随后加入Vc的作用是什么？ 5. 两人配合，一人依次在几个容量瓶中加入Fe标准溶液，另一人随后依次加入Vc，然后再依次加入其他试剂，这样不会造成混乱或忘记加液的情况。 6. 容量瓶应该编号，防止测定时弄混。 7. 作A-c图，直线的斜率即为ε。
3	**试样中铁含量的测定：** (1)准确称取0.12~0.13g干燥过的化合物于50mL烧杯中，溶解后定溶于250mL容量瓶中。 (2)用移液管吸取1mL溶液于50mL容量瓶中，然后按标准曲线的制作步骤，加入各种试剂，测量吸光度A。 (3)从标准曲线上查出和计算试液中铁的含量(单位为μg·mL^{-1})，计算每克无水化合物所含铁的n_2值，与滴定法比较准确度，并总结两种方法测定铁含量的优缺点。	1. 条件和操作2一致。 2. 产物直接溶解定容，不能加HCl→以免影响后续电导率的测定。 3. "按标准曲线的制作步骤，加入各种试剂"，包括"加入2mL 6mol·L^{-1}HCl"，否则不能形成缓冲溶液。 4. 分光光度法与前面的滴定分析法进行比较，从测定分析的全过程加以说明。
4	**化合物摩尔电导率测定：** 根据自己初步判断的配合物化学式，配制1.0×10^{-3}mol·L^{-1}样品溶液(用上述溶液)，测定其25℃时的电导率，求出摩尔电导率(Λm)，对照表32-1中数据进一步确定化合物的类型。	1. 上述产物的纯溶液一定不含HCl，否则导致电导率测定错误！ 2. 电导率与温度存在线性关系：$K_T=K_0[1+\alpha(T-T_0)]$。 3. 测定溶液的电导率，换算成摩尔电导率(Λm)，对照表33-1中数据进一步确定化合物的类型。

表 32-1 不同类型化合物的摩尔电导率

类 型	摩尔电导率/$S \cdot cm^2 \cdot mol^{-1}$	离子数目
MA 型	118~131	2
M_2A 型或 MA_2	235~273	3
M_3A 型或 MA_3	408~442	4
M_4A 型或 MA_4	523~558	5

二、课堂提问

(1) 本实验的基本原理。
(2) 为什么绘制标准曲线和测定样品要在相同条件下进行？相同条件指的是哪些？
(3) 在吸收曲线的制作中，若以蒸馏水作为参比溶液，是否可行？
(4) 若共存离子量大(或者有干扰离子)，应采取什么措施？
(5) 制作吸收曲线(即选择波长)或标准曲线测定溶液的吸光度时，每次是否应调零？
(6) 制作标准曲线和进行其他条件实验时，加入试剂的顺序能否任意改变？为什么？
(7) 维生素 C 的作用是什么？
(8) 如果用配制已久的维生素 C 溶液，对分析结果有何影响？
(9) 醋酸钠溶液的作用？可否用 NaOH 代替 NaAc？为什么？
(10) 本实验量取各种试剂时，应分别采用何种量器较为合适？为什么？
(11) 为什么选择最大吸收波长作为测定物质浓度的工作波长？
(12) 试对所做条件实验进行讨论并选择适宜的测量条件：
① 最大吸收波长在 510nm；
② 显色的酸度控制在 pH=5.9~7.3 之间；
③ 显色剂用量选择为 0.85mL；
④ 显色后放置时间为 10min 以上。
(13) 总结化学滴定法与本方法测定铁含量的优缺点。

三、参考资料

1. 分光光度法

见实验九“碘酸铜溶度积的测定”参考资料。

2. 吸收曲线

见实验二十七“邻二氮菲吸光光度法测定铁”参考资料。

3. 标准曲线

见实验九“碘酸铜溶度积的测定”参考资料。

4. 参比溶液

见实验二十七“邻二氮菲吸光光度法测定铁”参考资料。

5. 邻二氮菲

见实验二十七“邻二氮菲吸光光度法测定铁”参考资料。

6. 电导率

电导率(conductivity/electrical conductance)，物理学概念，也可以称为导电率。在介

质中该量与电场强度 E 之积等于传导电流密度 J。对于各向同性介质，电导率是标量；对于各向异性介质，电导率是张量。生态学中，电导率是以数字表示的溶液传导电流的能力。

电导率是用来描述物质中电荷流动难易程度的参数。在公式中，电导率用希腊字母 κ 来表示。电导率 κ 的标准单位是西门子/米(简写作 S/m)，为电阻率 ρ 的倒数，即 $\kappa=1/\rho$。

当 1 安培(1A)电流通过物体的横截面并存在 1 伏特(1V)电压时，物体的电导就是 1S。西门子实际上等效于 1 安培/伏特。如果 G 是电导(西门子)，I 是电流(安培)，E 是电压(伏特)，则：

$$G=I/E$$

通常，当电压保持不变时，这种直流电电路中的电流与电导成比例关系。如果电导加倍，则电流也加倍；如果电导减少到它初始值的 1/10，电流也会变为原来的 1/10。这个规则也适用于许多低频率的交流电系统，如家庭电路。在一些交流电电路中，尤其是在高频电路中，情况就变得非常复杂，因为这些系统中的组件会存储和释放能量。

电导和电阻也有关系，如果 R 是一个组件和设备的电阻(单位：欧姆 Ω)，电导为 G(西门子 S)，则：$G=1/R$。

电导率测量中采用的是交流电桥法，它直接测量到的是电导值。最常用的仪器设置有常数调节器、温度系数调节器和自动温度补偿器，在一次仪表部分由电导池和温度传感器组成，可以直接测量电解质溶液的电导率。

实验三十三　三氯化六氨合钴(Ⅲ)的合成和组成的测定

一、操作详解及注意事项

序号	操　　作	原理或注意事项
0	**实验前准备**：250mL 锥形瓶、烧杯、滴定管、酒精灯、移液管等。	1. 预习三氯化六氨合钴的制备原理及其组成的测定方法。 2. 了解配合物的形成前后对二价和三价钴稳定性的影响。
1	**三氯化六氨合钴(Ⅲ)的制备：** 在 100mL 锥形瓶中加入 6g 研细的氯化亚钴 $CoCl_2 \cdot 6H_2O$、4g 氯化铵和 7mL 蒸馏水，加热溶解。	1. 加热保证固体充分溶解，但不能加热过度，否则______ ______________。 2. 加入氯化铵的作用： (1)控制酸碱度，防止生成 $Co(OH)_2$沉淀； (2)为反应提供外界氯离子。
	加入 0.3g 活性炭，冷却，加 14mL 浓氨水，冷却至 283K 以下，缓慢滴加 14mL 6%(质量) H_2O_2，水浴加热至 333K 左右并恒温 20min(适当摇动锥形瓶)。	1. 氨水和 H_2O_2都具有很强的挥发性，所以需在低温下进行，在通风橱中操作。 2. H_2O_2的作用？H_2O_2应用滴管慢慢滴加，如果加入过快，部分 H_2O_2分解，氧化反应不完全。 3. 反应温度控制在 60℃左右，温度过高→因为温度不同，产物不同→不能加热至沸腾→产物分解。 4. 保持恒温 20min→提高反应速率→保证反应完全。$[Co(NH_3)_6]^{2+}$是外轨型配合物，$[Co(NH_3)_6]^{3+}$是内轨型配合物，要把外轨向内轨转型，速度比较慢，需要热量，应恒温较长时间。

续表

序号	操　作	原理或注意事项
1	(1)取出，先用自来水冷却，后用冰水冷却。抽滤，将沉淀溶解于含有 2mL 浓盐酸的 50mL 沸水中，趁热过滤。 (2)在滤液中慢慢加入 7mL 浓盐酸，冰水冷却，过滤，洗涤，抽干，在真空干燥器中干燥或在 378K 以下烘干，称重，计算产率。	1. 冷却后即有晶体(混有活性炭的粗产品)析出。 2. 过滤后的固体为活性炭，弃去。 3. 浓 HCl 提供产物的外界，在高酸度下、冰浴冷却后结晶析出。 4. 产物洗涤时用什么试剂？为什么？ 5. 产品烘干温度不宜过高，否则容易分解。
2	**产物组成的测定：** **氨含量的测定：** (1)在 250mL 锥形瓶中加入 0.2g(准确至 0.1mg)待测的三氯化六氨合钴(Ⅲ)晶体，加入 80mL 蒸馏水，摇动，溶解，然后加入 10mL 10%(质量)NaOH 溶液。在接收瓶(锥形瓶)中准确加入 30.00~35.00mL 0.5mol·L^{-1}标准 HCl 溶液，接收瓶浸入冰水槽中。在锥形瓶中的碱封管内注入 3~5mL 10%(质量)NaOH 溶液，将各部分用导管连接，安装好装置。 (2)大火加热样品溶液至沸后，改用小火，微沸 50~60min，使氨全部蒸出，并通过导管被标准 HCl 溶液吸收，停止加热，取出接收瓶，用少量蒸馏水将导管内外可能黏附的盐酸溶液冲洗入接收瓶内，用 0.5mol·L^{-1}标准 NaOH 溶液滴定剩余的盐酸，记录数据。	1. 由于氨有挥发性，因此，整套装置在反应前必须试漏，保证装置的气密性良好。 2. 为何将接收瓶浸入冰水槽中？ 3. $[Co(NH_3)_6]Cl_3$在强碱作用下(冷时)或强酸的作用下基本不被分解，只有在沸热条件下才被强碱分解： $2[Co(NH_3)_6]Cl_3+6NaOH \xlongequal{} 2Co(OH)_3+12NH_3+6NaCl$ 4. 加热不宜剧烈，否则氨大量溢出吸收效果不好。 5. 因氨的测定需要定量，所以吸收液盐酸的量必须准确，用定量的标准盐酸溶液吸收溢出的氨，剩余的盐酸用标准 NaOH 溶液进行返滴定，这样即可测出氨的含量。
	0.5mol·L^{-1} HCl 标准溶液浓度的标定： (1)用称量瓶准确称取 0.80~1.00g 无水 Na_2CO_3 3 份，分别倒入 250mL 锥形瓶中(称量瓶称样时一定要带盖，以免吸湿)。 (2)然后加入 50mL 水使之溶解，再加入 1~2 滴甲基红指示剂，用待标定的 HCl 溶液滴定至溶液由黄色恰好变为橙色即为终点。计算 HCl 溶液的浓度。	1. “准确称取”用的是台秤还是分析天平？ 2. 先粗称，再准确称量；粗称质量多少？为什么？ 3. **锥形瓶注意编号，贴好标签，以防止弄混。** 4. 化学计量点时的溶液 pH 值是多少？ 5. 甲基红的变色范围是？pH 值______至______，颜色由________色变为________色。 6. 滴定颜色是从黄色到橙红色，滴定终点应是微微变色且 30s 不变色即可，颜色深说明滴定过量。注意溶液终点颜色突变较难控制，可与空白样品对比。
	0.5mol·L^{-1} NaOH 标准溶液浓度的标定： (1)用差减法准确称取邻苯二甲酸氢钾 3 份，每份 2.0~2.2g，分别放入 250mL 锥形瓶中，加入 30mL 蒸馏水溶解。 (2)稍加热，待冷却后，滴加 2 滴酚酞指示剂，用待标定的 NaOH 溶液滴定至溶液呈浅粉色，30s 内不褪色即为终点。两次滴定体积相差应不大于 0.05mL，计算出 NaOH 溶液的浓度。	1. 标定的目的是什么？确定 NaOH 溶液的__________。 2. 原理部分参见实验十四“酸碱标准溶液浓度的标定”。 3. 注意溶液终点颜色应呈浅粉色，不可过深。

续表

序号	操　作	原理或注意事项
3	**钴含量的测定：** **0.1mol·L^{-1} $Na_2S_2O_3$标准溶液浓度的标定：** $c_{\frac{1}{6}K_2Cr_2O_7}$=0.1000mol·L^{-1}标准溶液的配制 (1)用指定质量称量法准确称取1.2258g $K_2Cr_2O_7$于小烧杯中，加水溶解，定量转移至250mL容量瓶中，加水稀释至刻度，摇匀。 (2)准确移取25.00mL $K_2Cr_2O_7$标准溶液于锥形瓶中，加入5mL 6mol·L^{-1} HCl溶液、5mL 200g·L^{-1}KI溶液，摇匀，放在暗处5min。 (3)待反应完全后，加入100mL蒸馏水，用待标定的$Na_2S_2O_3$溶液滴定至淡黄色，然后加入2mL 5g·L^{-1}淀粉指示剂，继续滴定至溶液呈现亮绿色为终点。 (4)计算$Na_2S_2O_3$溶液的浓度。重复滴定3次，两次滴定体积相差应小于0.05mL。	1. $K_2Cr_2O_7$必须准确称取，定量完全转移后定容。 2. KI溶液(200g·L^{-1})和6mol·L^{-1} HCl溶液各加5mL即可。 3. 盖小表面皿的目的是什么？防止挥发；注意：提前将小表面皿清洗干净，小表面皿的凸出的部分朝下，**要在凸出部分留一滴蒸馏水**并将其盖到锥形瓶上，待反应结束用洗瓶将其冲入瓶中，目的是什么？为了____________，从而最大限度降低误差。 4. **为什么要放置在暗处5min**？ 使反应：$Cr_2O_7^{2-}+6I^-+14H^+ = 2Cr^{3+}+3I_2+7H_2O$充分进行，小于5min，反应不完全；而时间过长，碘易挥发，造成损失。 5. 反应前后颜色的分别是什么？____和____，分别是什么离子表现出的颜色？反应前显色的是$Cr_2O_7^{2-}$，反应后显色的主要是足量的I_2。 6. 滴定至淡黄色是什么离子表现出的颜色？滴定反应： $I_2+2S_2O_3^{2-} = 2I^-+S_4O_6^{2-}$，滴定至淡黄色，溶液中此时显色的是______。
4	**钴的测定：** (1)取下装样品溶液的锥形瓶，用少量蒸馏水将塞子、碱封管上粘附的溶液冲洗回锥形瓶内。待样品溶液冷却后加入1g固体KI，振荡溶解，再加入12mL 6mol·L^{-1}盐酸酸化后，放在暗处静置10min。 (2)加入60~70mL蒸馏水，用0.1 mol·L^{-1}标准$Na_2S_2O_3$溶液滴定，开始滴定速度可以快些，滴定至溶液淡黄色时加入2mL 5g·L^{-1}淀粉溶液，继续慢慢滴加$Na_2S_2O_3$溶液，滴定至终点，记录数据。	1. 反应方程式： $Co_2O_3+3I^-+6H^+ = 2Co^{2+}+I_3^-+3H_2O$　① $2Na_2S_2O_3+I_3^- = Na_2S_4O_6+2NaI+I^-$　② 2. 见操作3"$Na_2S_2O_3$标准溶液浓度的标定"。 3. 中心离子钴的测定：用强碱破坏掉内界，产生$Co(OH)_3$沉淀，再用盐酸溶液中和、KI还原为Co^{2+}，游离出的I_2采用碘量法测定，进而计算出钴的含量。 4. 滴定过程中不可剧烈摇荡锥形瓶，以防碘挥发。 5. 终点溶液颜色？
5	**氯含量的测定：** **(1)0.1mol·L^{-1} $AgNO_3$标准溶液浓度的标定：** ①准确称取0.50~0.65g NaCl基准物于小烧杯中，用蒸馏水溶解后，转入100mL容量瓶中，稀释至刻度，摇匀。 ②用移液管移取25.00mL NaCl溶液于250mL锥形瓶中，加入25mL水，加入1mL K_2CrO_4溶液，在不断摇动下，用$AgNO_3$溶液滴定至呈现砖红色，即为终点。平行标定3份，根据所消耗$AgNO_3$的体积和NaCl的质量，计算$AgNO_3$的浓度。 **(2)氯的测定(莫尔法)：** 准确称取样品0.2g(准确至0.1mg)，加25mL蒸馏水溶解，加入1mL K_2CrO_4溶液，在不断摇动下，用0.1mol·L^{-1} $AgNO_3$标准溶液滴定至呈现砖红色，即为终点。平行滴定3份，根据所消耗$AgNO_3$的体积计算样品中氯的含量。	1. 反应方程式： $Ag^++Cl^- = AgCl\downarrow$(白色)　① $2Ag^+$(过量)$+CrO_4^{2-} = Ag_2CrO_4\downarrow$(砖红色)　② 2. 基准物称量、定容应准确。 3. K_2CrO_4溶液显黄色，指示剂的用量对终点判断有影响。 4. $AgNO_3$试剂中往往含有水分、金属银、有机物、亚硝酸银、氧化银等杂质，因此，配制的硝酸银溶液在使用前必须标定。 5. 稀释溶液的目的是什么？沉淀滴定中，为了减少沉淀对被测离子的吸附，一般滴定的体积以大些为好，因此需加蒸馏水稀释试液。 6. 滴定必须在中性或弱碱性溶液中进行，最适宜的pH值范围为6.5~10.5。 7. $AgNO_3$有腐蚀性，应注意不要和皮肤接触。 8. 滴定前溶液的颜色为__________色，滴定终点的颜色为______________色。

续表

序号	操　作	原理或注意事项
6	**记录与结果：** (1)以表格形式记录有关数据。 (2)写出产物各种组分测定中的有关反应式，并计算其质量分数。 (3)确定产品的实验式。	1. 课前设计好表格，要求项目全面，表达清晰。 2. 数据处理应有简单的计算过程。 3. 给出正确的化学式。

二、课堂提问

(1) NH_4Cl 在制备三氯化六氨合钴中有何作用？

(2) 活性炭在制备过程中起什么作用？

(3) 为什么要“冷至 283K 以下，用滴管逐滴加入 H_2O_2 液，并在 333K 保持 20min”？能否加热至沸？

(4) 制备过程中为什么要加入 7mL 浓盐酸？

(5) 要使 $[Co(NH_3)_6]Cl_3$ 合成产率高，哪些步骤是比较关键的？为什么？

(6) 测定氨含量时要注意哪些问题？

(7) 碘量法测定金属离子钴(Ⅲ)时要注意哪些问题？

(8) 莫尔法测氯时，为什么溶液的 pH 值须控制在 6.5~10.5？

(9) 以 K_2CrO_4 作指示剂时，指示剂浓度过大或过小对测定有何影响？

(10) 能否用莫尔法以 NaCl 标准溶液直接滴定 Ag^+？为什么？

三、参考资料

1. 三氯化六氨合钴

三氯化六氨合钴(hexaammine cobalt(Ⅲ) chloride)，化学式为 $[Co(NH_3)_6]Cl_3$，黄色或橙黄色单斜晶体，分子量 267.45，密度为 1.71g/cm^3，溶解度(水)为 0.26mol·L^{-1}(20℃)。

在水溶液中，根据标准电极电势 $\varphi^{\ominus}(Co^{3+}/Co^{2+})=1.84V$ 可知，通常情况下，Co(Ⅱ)在水溶液中是稳定的，不易被氧化为 Co(Ⅲ)。相反，Co(Ⅲ)很不稳定，容易氧化水，并放出氧气($\varphi^{\ominus}(Co^{3+}/Co^{2+})=1.84V>\varphi^{\ominus}(O_2/H_2O)=1.229V$)。但在有配合剂氨水存在时，由于形成相应的配合物 $[Co(NH_3)_6]^{2+}$，电极电势 $\varphi^{\ominus}(Co(NH_3)_6^{3+}/Co(NH_3)_6^{2+})=0.1V$，因此，Co(Ⅱ)很容易被氧化为 Co(Ⅲ)，得到较稳定的 Co(Ⅲ)配合物。实验中在大量氨和氯化铵存在下，选择活性炭作为催化剂，采用 H_2O_2 作为氧化剂，将 Co(Ⅱ)氧化为 Co(Ⅲ)来制备三氯化六氨合钴(Ⅲ)配合物，反应式为：

$$2[Co(H_2O)_6]Cl_2+10NH_3+2NH_4Cl+H_2O_2 \longrightarrow 2[Co(NH_3)_6]Cl_3+14H_2O$$

钴(Ⅲ)的氨合物有许多种，主要有三氯化六氨合钴(Ⅲ)$[Co(NH_3)_6]Cl_3$(橙黄色晶体)、三氯化一水五氨合钴(Ⅲ)$[Co(NH_3)_5H_2O]Cl_3$(砖红色晶体)、二氯化一氯五氨合钴(Ⅲ)$[Co(NH_3)_5Cl]Cl_2$(紫红色晶体)等。它们的制备条件各不相同，例如，在没有活性炭存在时，由氯化亚钴与过量氨、氯化铵反应的主要产物是二氯化一氯五氨合钴(Ⅲ)，有活性炭存在时制得的主要产物是三氯化六氨合钴(Ⅲ)，控制不同的条件可得不同的产物。本实验温度控制不好，很可能有紫红色或砖红色产物出现。

将产物溶解在酸性溶液中以除去其中混有的催化剂，抽滤除去活性炭，然后在较浓盐酸存在下使产物结晶析出。

注意事项：

(1) 活性炭应该使用粉状活性炭，有足够细的粒度，比表面积大，催化效果好。

(2) 严格控制每一步的反应条件，因为条件不同，会生成不同的产物。

(3) 控制滴加 H_2O_2 的温度和速度，保温的时间要足够，保证氧化反应完全彻底。

2. 氨含量的测定(酸碱滴定法)

$[Co(NH_3)_6]^{3+}$ 是很稳定的，其稳定常数 $K=1.6\times10^{35}$，因此在强碱的作用下(冷时)或强酸作用下基本不被分解，只有加入强碱并在煮沸的条件下才会按下式分解：

$$2[Co(NH_3)_6]Cl_3+6NaOH = 2Co(OH)_3+12NH_3\uparrow+6NaCl$$

挥发出的氨用过量盐酸标准溶液吸收，再用标准碱滴定过量的盐酸，可测定配体氨的个数(配位数)。

$$NH_3+HCl = NH_4Cl$$

$$HCl+NaOH = NaCl+H_2O$$

3. 钴含量的测定方法简介

钴是一种磁性硬金属，具有熔点高和稳定性好的优良特性，在航空航天、高温合金、电池、电器、机械制造、通信等行业得到极其广泛的应用，被列为国民经济发展的重要战略物资之一。所以，研究金属钴的快速检测具有非常重要的意义。

目前常用于钴含量测定的方法主要有：原子光谱法(原子吸收光谱法、电感耦合等离子体发射光谱法)和紫外-可见分光光度法。原子光谱法具有选择性好、分析速度快的优点，但仪器价格比较昂贵。紫外-可见分光光度法具有分析成本低、方法普及性高等优点，但存在方法选择性差的缺点，显色过程受干扰离子的影响很大，在显色前需要进行预处理以消除干扰离子的影响，通常采用掩蔽剂进行掩蔽。二(2-乙基己基)磷酸酯(P_{204})是一种常用的酸性有机磷萃取剂，与钴离子能形成蓝色水不溶性配合物，将该有色物质用有机溶剂进行萃取，测定有机相的吸光度，可对钴进行定量分析。与传统的紫外-可见分光光度法相比，该方法具有线性范围宽($0\sim250mg\cdot L^{-1}$)、抗干扰能力强等显著优势。通过简单的预处理，可以直接对实际样品中的钴进行测定。

4. 氯含量的测定(莫尔法)

见实验二十五“可溶性氯化物中氯含量的测定”参考资料。

5. 电离类型的确定

配合物溶于水，配制稀度为 1000 的产品溶液 250mL，用电导率仪测定溶液的电导率 κ，并按 $\Lambda_m=\frac{\kappa}{c}\times1000^{-3}$ 计算摩尔电导率，推断化合物类型。可确定外界 Cl 的个数，从而确定配合物的组成。

6. 络合物的类型

络合物，又称配位化合物。凡是由两个或两个以上含有孤对电子(或 π 键)的分子或离子作配位体，与具有空的价电子轨道的中心原子或离子结合而成的结构单元称为络合单元，带有电荷的络合单元称为络离子。电中性的络合单元或络离子与相反电荷的离子组成的化合物都称为络合物。习惯上有时也把络离子称为络合物。随着络合化学的不断发展，络合物的范围也不断扩大，把 NH_4^+、SO_4^{2-}、MnO_4^-等也列入络合物的范围，这可称作广义的络合物。一般情况下，络合物可分为以下几类：

（1）单核络合物，在 1 个中心离子（或原子）周围有规律地分布着一定数量的配位体，如硫酸四氨合铜[$Cu(NH_3)_4$]SO_4、六氰合铁（Ⅱ）酸钾 K_4[$Fe(CN)_6$]、四羰基镍 $Ni(CO)_4$ 等，这种络合物一般无环状结构。

（2）螯合物（又称内络合物），由中心离子（或原子）和多齿配位体络合形成具有环状结构的络合物，如二氨基乙酸合铜，螯合物中一般以五元环或六元环为稳定。

（3）其他特殊络合物，主要有：多核络合物（含两个或两个以上的中心离子或原子）、多酸型络合物、分子氮络合物、π-酸配位体络合物、π-络合物等。

络合物通常又指含有络离子的化合物：

（1）络合物的形成体，常见的是过渡元素的阳离子。

（2）配位体可以是分子，如 NH_3、H_2O 等，也可以是阴离子，如 CN^-、SCN^-、F^-、Cl^-等。

（3）配位数是直接同中心离子（或原子）络合的配位体的数目，最常见的配位数是 6 和 4。

络离子是由中心离子同配位体以配位键结合而成的，是具有一定稳定性的复杂离子。在形成配位键时，中心离子提供空轨道，配位体提供孤对电子。络离子比较稳定，但在水溶液中也存在着电离平衡。

络离子是由一种离子与一种分子，或由两种不同离子所形成的一类复杂离子。络合物一般由内界（络离子）和外界两部分组成。内界由中心离子（如 Fe^{2+}、Fe^{3+}、Cu^{2+}、Ag^+等）作核心与配位体（如 H_2O、NH_3、CN^-、SCN^-、Cl^-等）结合在一起构成。一个中心离子结合的配位体的总数称为中心离子的配位数。络离子所带电荷是中心离子的电荷数和配位体的电荷数的代数和。

内轨型络合物

价键理论认为中心离子（或原子）和配位体以配位键结合，中心离子（或原子）则以杂化轨道参与形成配位键。若中心离子（或原子）以 $(n-1)$d、ns、np 轨道组成杂化轨道与配位体的孤对电子成键而形成的络合物叫内轨型络合物。如[$Fe(CN)_6$]$^{4-}$中 Fe^{2+}以 d^2sp^3 杂化轨道与 CN^-成键；[$Ni(CN)_4$]$^{2-}$中 Ni^{2+}以 dsp^2杂化轨道与 CN^-成键。内轨型络合物的特点是：中心离子（或原子）的电子层结构发生了变化，没有或很少有未成对电子，因轨道能量较低，所以一般内轨型络离子的稳定性较强。

外轨型络合物

若中心离子（或原子）以 ns、np、nd 轨道组成杂化轨道与配位体的孤对电子成键而形成的络合物叫外轨型络合物。如[FeF_6]$^{3-}$中 Fe^{3+}以 sp^3d^2杂化轨道与 F^-成键；[$Ni(H_2O)_6$]$^{2+}$中 Ni^{2+}以 sp^3d^2杂化轨道与 H_2O 成键。有的文献把中心离子以 ns、np 轨道组成的杂化轨道和配位体成键形成的络合物也称作外轨型络合物，如[$Zn(NH_3)_4$]$^{2+}$中，Zn^{2+}以 sp^3杂化轨道与 NH_3成键。外轨型络合物的特点是：中心离子（或原子）电子层结构无变化，未成对电子数较多，因轨道能量较高，所以一般外轨型络合物的稳定性较差。

实验三十四　草酸合铜酸钾的制备和组成测定

一、操作详解及注意事项

序号	操　　作	原理或注意事项
0	**实验前准备**：烧杯（100mL、200mL）、量筒（10mL、100mL）、布氏漏斗、吸滤瓶、温度计（0~100℃）、表面皿等。	1. **课前操作**：水浴设为90℃；烘箱设为150℃。 2. 自行配制和标定EDTA标准液。
1	**草酸合铜酸钾的制备**： 4.0g $CuSO_4 \cdot 5H_2O$ 溶于8mL 363K的水中，另取12g $K_2C_2O_4 \cdot H_2O$ 溶于44mL 363K的水中，趁热在快速搅拌下迅速将 $K_2C_2O_4$ 溶液加至 $CuSO_4$ 溶液中，冷至283K有沉淀析出，减压过滤，用8mL冷水分两次洗涤沉淀，在323K烘干产品。	1. 为什么将 $K_2C_2O_4 \cdot H_2O$ 溶于近沸水（363K）中，而不是沸水中？ 2. 注意快速搅拌！ 3. 若将 $CuSO_4$ 溶液加入到 $K_2C_2O_4$ 溶液中，快速搅拌，是否可行？
2	**组成测定**： **结晶水的测定**： （1）将两个干净的坩埚放入烘箱中，在423K下干燥1h，然后放在干燥器内冷却0.5h，称量。同法，再干燥0.5h，冷却，称量，直至恒重。 （2）准确称取0.5~0.6g产物两份，分别放在两个已恒重的坩埚内，在与空坩埚相同的条件下干燥、冷却、称量，直至恒重。	1. 为什么用坩埚而不用称量瓶？ 2. 坩埚应作好标记：标签纸在烘箱内容易掉落，可在烘干前用**记号笔作标记**。 3. 烘干1h，稍降温后，戴手套转移至干燥器中，充分冷至室温。 4. 分析天平准确称量，不要忘记戴手套，记录，将坩埚放回指定的干燥器中。 5. 该配合物在150℃时失去全部结晶水。至恒重时，由产物和坩埚的总质量及空坩埚的质量差 $\Delta m(H_2O)$，计算出结晶水的含量。
3	**铜含量测定**： （1）准确称取0.17~0.19g产物两份，用15mL $NH_3 \cdot H_2O-NH_4Cl$ 缓冲溶液（pH=10）溶解，再稀释至100mL。 （2）以紫脲酸铵作指示剂，用0.02mol·L^{-1} EDTA标准液滴定至溶液由亮黄变至紫色，即到终点。	1. 准确称取应使用台秤还是分析天平？ 2. 滴定前，必须使样品完全溶解。 3. 加15mL $NH_3 \cdot H_2O-NH_4Cl$ 缓冲溶液的作用？ 4. 注意终点半滴的控制。
4	**草酸根含量测定**： （1）准确称取0.21~0.23g产物两份，分别用2mL浓氨水溶解后，加入22mL 2mol·L^{-1} H_2SO_4 溶液，此时会有淡蓝色沉淀出现，稀释至100mL，水浴加热至343~358K，趁热用0.02mol·L^{-1} $KMnO_4$ 标准溶液滴定至微红色（30s内不褪色）。沉淀在滴定过程中逐渐消失。 （2）根据以上分析结果，计算 H_2O、Cu^{2+} 和 $C_2O_4^{2-}$ 含量，并推算出产物的实验式。	1. 淡蓝色沉淀是什么？ 2. 水浴加热温度不可过高，为什么？ 3. 写出相关反应的方程式，计算出各组分的含量，给出化学式，要求写出必要的计算过程。
5	**扩展实验**： 在测定 $C_2O_4^{2-}$ 含量时，加入2mol·L^{-1} H_2SO_4 后有沉淀出现，请自行设计实验，先定性鉴定沉淀为何物，再确定此沉淀的组成。	查阅资料，设计方案，然后通过实验加以验证，进而确定化合物的化学式。

二、课堂提问

（1）为什么用氨水溶解草酸合铜酸钾？

（2）失重法测结晶水为什么设定在423K？

（3）制备草酸合铜酸钾时，为什么将 $K_2C_2O_4 \cdot H_2O$ 溶液加到 $CuSO_4$ 溶液里，而不是相反？

（4）列举测定 Cu^{2+}、$C_2O_4^{2-}$ 的其他方法。

（5）通过什么方法证明 K^+ 是外界？

三、参考资料

1. 二草酸合铜酸钾

二草酸合铜酸钾，别名：二草酸根合铜酸钾，化学式 $K_2[Cu(C_2O_4)_2] \cdot 2H_2O$，分子量为317.7806，是一种工业用化工原料。

物理性质：铜钾络合物；纯蓝色针状或絮状沉淀，干燥品为微粒状；微溶于水，水溶液呈蓝色。

化学性质：在水中易分解出草酸铜沉淀，干燥时较为稳定；加热时分解。

（1）用氧化铜和草酸氢钾反应制备：

$$CuSO_4 + 2NaOH = Cu(OH)_2 \downarrow + Na_2SO_4$$

$$Cu(OH)_2 \xlongequal{\triangle} CuO + H_2O$$

$$2H_2C_2O_4 + K_2CO_3 = 2KHC_2O_4 + CO_2 \uparrow + H_2O$$

$$2KHC_2O_4 + CuO = K_2[Cu(C_2O_4)_2] + H_2O$$

（2）用硫酸铜和草酸钾反应制备：

$$H_2C_2O_4 + 2KOH = K_2C_2O_4 + 2H_2O$$

$$2K_2C_2O_4 + CuSO_4 = K_2[Cu(C_2O_4)_2] + K_2SO_4$$

小贴士：为方便从生成物中提取出纯品二草酸合铜酸钾，应用硫酸铜和草酸钾的浓溶液或饱和溶液反应，这样生成的 $K_2[Cu(C_2O_4)_2]$ 会由于微溶而从溶液中析出，再经过过滤、冷水重结晶提纯、过滤便可得到纯品。

2. 紫脲酸铵

紫脲酸铵(murexide)，中文名称：5-[(六氢-2,4,6-三氧代-5-嘧啶基)亚氨基]-2,4,6(1H，3H，5H)嘧啶三酮单铵盐，骨螺紫，氨基紫色酸，红紫酸铵，紫尿酸胺，5,5′-次氮基二巴比土酸铵盐；分子式：$C_8H_8N_6O_6$；分子量：284.18。

1）性质

（1）红紫色结晶性粉末，带有绿色金属光泽。能与许多阳离子形成各种颜色的络合物。

（2）溶于热水，微溶于冷水，几乎不溶于乙醇和乙醚。其水溶液呈深紫色，并随pH值不同而不同，在碱性溶液中呈深蓝色，在酸性溶液中为无色。水溶液极易变质。

（3）熔点>300℃。最大吸收波长(水中)520nm。

2）用途

（1）络合指示剂(用以滴定钙、铜、钴、镍、锰、钪、锌等)。钙的光度测定。

直接滴定：Ca、Co、Cu、Ni；

返滴定：Ca、Cr、Ga；

置换滴定：Ag、Au、Pd。

(2) 酸效应系数

lgαHIn	7.7	5.7	3.7	1.9	0.7	0.1
pH	6	7	8	9	10	11

(3) 紫脲酸胺指示剂与金属离子结合的颜色。

钙离子：粉红(pH>10 NaOH 溶液)。

钴离子：黄(pH=8~10 氨缓冲液)。

铜离子：橙(pH≈4 醋酸缓冲液)或黄(pH=7~8 氨缓冲液)。

镍离子：黄(pH=8.5~11.5 氨缓冲液)。

锌离子：粉红(pH=5~7 醋酸缓冲液)。

储藏：密封、干燥、避光保存；紫脲酸铵与氯化钠混合配制成 1∶100 固体混合物。

实验三十五　味精中氯化物和铁含量的测定

一、操作详解及注意事项

序号	操　　作	原理或注意事项
0	**实验前准备**：100mL 烧杯、100mL 容量瓶、250mL 锥形瓶、25mL 移液管、50mL 量筒、25mL 比色管、滴定管等。	1. 预习莫尔法。 2. 上课前，先将 100mL 烧杯清洗干净并置于烘箱中烘干备用。
1	**氯化物的测定(莫尔法)** **0.1mol·L^{-1}硝酸银溶液的标定**： (1)准确称取基准氯化钠 0.50~0.65g 于小烧杯中，加水溶解，定量转移至 100mL 容量瓶中，稀释至刻度，摇匀。 (2)移取上述溶液 25.00mL 于 250mL 锥形瓶中，加入 25mL 蒸馏水，加入 3 滴 50g·L^{-1} K_2CrO_4指示剂，不断摇动下，用 0.1mol·L^{-1}硝酸银溶液滴至刚出现砖红色沉淀，即为滴定终点。平行测定 3 份，根据滴定消耗的体积和氯化钠的质量，计算硝酸银溶液的准确浓度。	1. 反应式： $Ag^+ + Cl^- \Longrightarrow AgCl\downarrow$(白色)　① $2Ag^+ + CrO_4^{2-} \Longrightarrow Ag_2CrO_4\downarrow$(砖红色)　② 2. $AgNO_3$试剂中往往含有水分、金属银、有机物、亚硝酸银、氧化银等杂质，因此，配制的硝酸银溶液在使用前必须标定。 3. 基准物称量、定容应准确。 4. 稀释溶液的目的是什么？沉淀滴定中，为了减少沉淀对被测离子的吸附，一般滴定的体积以大些为好，因此需加蒸馏水稀释试液。 5. 滴定必须在中性或弱碱性溶液中进行，最适宜的 pH 值范围为 6.5~10.5； 6. $AgNO_3$有腐蚀性，应注意不要和皮肤接触。 7. 滴定前溶液的颜色为________色，滴定终点的颜色为________色，参见封二图 5。

续表

序号	操　作	原理或注意事项
2	**氯含量的测定：** (1)准确称取1.1~1.2g味精于小烧杯中，加水溶解，定量转至100mL容量瓶中，以水稀释至刻度，摇匀。 (2)用移液管移取25.00mL味精溶液于250mL锥形瓶中，加入25mL蒸馏水，加入3滴铬酸钾指示剂，以0.1mol·L^{-1}硝酸银溶液滴至刚出现砖红色沉淀，即为滴定终点。平行测定3份，根据硝酸银溶液的浓度和滴定消耗的体积，计算味精中氯的含量。	1. 相关原理或注意事项参见操作1。 2. K_2CrO_4指示剂的用量对滴定终点判断是否有影响？ 3. 实验完毕后，将装有硝酸银的滴定管先用蒸馏水冲洗2~3次后，再用自来水冲净，以免硝酸银残留于管中。
3	**铁含量的测定(硫氰酸钾比色法)：** (1)称取味精1.0g置于25mL比色管中，加水至10mL，摇动溶解，再加硝酸(1∶1)2mL，摇匀，准确吸取铁标准溶液(10μg·mL^{-1})0.5mL，置于另一只25mL比色管中，加水至10mL，摇动溶解，再加硝酸(1∶1)2mL，摇匀。 (2)将上述两管同时置于沸水浴中煮沸20min，取出用流水冲冷至室温，同时向各管加硫氰酸钾(150g·L^{-1})10mL，补加水至25mL刻度，摇匀，以白纸为背景，进行目视比色。若样品的颜色不高于标准管的颜色，即铁含量等于或低于5mg·kg^{-1}。	1. 原理：在酸性条件下，三价铁离子与硫氰酸钾作用，生成血红色的硫氰酸铁配合物，溶液颜色深浅与铁离子浓度成正比，故可以比色测定。反应式： $Fe^{3+}+nSCN^{-} = [Fe(SCN)_n]^{3-n}$(红色) 2. 目视比色时，应从管口垂直向下观察。 3. 冷却至室温的目的？ 4. 硫氰酸铁的稳定性差，时间稍长，红色会逐渐消退，所以应注意操作适当加速。

二、课堂提问

(1) 什么是银量法？银量法的分类及区分方法？

(2) 试说明 K_2CrO 指示剂的用量对滴定的影响？

(3) 用 K_2CrO_4作指示剂，滴定终点前后溶液颜色呈现什么变化？

(4) 根据实验原理解释为什么生成砖红色沉淀即为滴定终点？

(5) 为什么滴定要在中性或弱碱性的条件下进行？

(6) 滴定应在中性或弱碱性条件下进行，如果有铵盐 pH 值应控制在 6.5~7.2，为什么？

三、参考资料

1. 可溶性氯化物中氯含量的测定基本原理

见实验二十五“可溶性氯化物中氯含量的测定”参考资料。

2. 沉淀滴定法

见实验二十五“可溶性氯化物中氯含量的测定”参考资料。

3. 目视比色法

用眼睛比较溶液颜色的深浅以测定物质含量的方法，称为目视比色法。

常用的目视比色法是标准系列法。这种方法就是使用一套由同种材料制成的、大小形状相同的平底玻璃管(称为比色管)，于管中分别加入一系列不同量的标准溶液和待测液，在实验条件相同的情况下，再加入等量的显色剂和其他试剂，至一定刻度(比色管容量有10、25、50、100等几种)，然后从管口垂直向下观察，比较待测液与标准溶液颜色的深浅。若待测液与某一标准溶液颜色深度一致，则说明两者浓度相等，若待测液颜色介于两标准溶液之间，则取其算术平均值作为待测液浓度。

目视比色法的主要缺点是准确度不高，如果待测液中存在第二种有色物质，甚至会无法进行测定。另外，由于许多有色溶液颜色不稳定，标准系列不能久存，经常需在测定时配制，比较麻烦。虽然可采用其某些稳定的有色物质(如重铬酸钾、硫酸铜和硫酸钴等)配制永久性标准系列，或利用有色塑料、有色玻璃制成永久色阶，但由于它们的颜色与试液的颜色往往有差异，也需要进行校正。

目视比色法的主要优点是设备简单，操作方便。由于比色管内液层厚，使观察颜色的灵敏度较高，且不要求有色溶液严格服从比耳定律，因而它广泛应用于准确度要求不高的常规分析中；灵敏度高，常用于测定试样中质量分数为1%～10^{-5}的微量组分，甚至可测定低至质量分数为10^{-6}～10^{-8}的痕量组分。几乎所有的无机离子和许多有机化合物都可以直接或间接地用目视比色法或吸光光度法进行测定。

4. 硫氰化钾

硫氰化钾(potassium thiocyanate)，化学式KSCN；也称硫氰酸钾，玫瑰红酸钾，玫棕酸钾；是一种化学药品，主要用于合成树脂、杀虫杀菌剂、芥子油、硫脲类和药物等，也可用作化学试剂，是铁离子(Fe^{3+})的常用指示剂，加入后产生血红色絮状络合物；也用于配制硫氰酸盐(硫氰化物)溶液，鉴定铁离子、铜和银，尿液检验，钨显色剂，容量法定钛的指示剂；可用做致冷剂、照相增厚剂。

性状：无色单斜晶系结晶；溶解性：易溶于水，并因大量吸热而降温，也溶于乙醇和丙酮；密度：1.886；熔点：172.3℃；沸点(常压)：500℃；闪点：500℃。

KSCN常温下化学性质不稳定，在空气中易潮解并大量吸热而降温。在-29.5～6.8℃时化学性质稳定，低温下可得半水物结晶。灼热至约430℃时变蓝，冷却后又重新变为无色。

用于染料工业、照相业、农药以及钢铁分析，能与铁离子配位形成$[Fe(SCN)_n]^{3-n}$血红色配离子；用于检验溶液中Fe^{3+}，可观察到溶液呈血红色。

$$Fe^{3+}+nSCN^- \Longrightarrow [Fe(SCN)_n]^{3-n}$$

健康危害：误服致急性中毒时，引起恶心、呕吐、腹痛、腹泻等胃肠道功能紊乱，血压波动、心率变慢。重度中毒可致肾功能明显损害。慢性作用，可抑制甲状腺机能，可使妇女经期延长而量多。

危险特性：受高热分解，放出有毒的氰化物和硫化物烟气。

有害燃烧产物：氧化氮、硫化氢、氰化氢。

5. 硫氰化铁

硫氰化铁(ferric thiocyanate)化学式$Fe(SCN)_3$，又称硫氰酸铁；红色立方晶体，硫氰化铁是血红色配合物，可溶于水；在影视作品中常利用其呈血红色的特点，用来模仿血液，达到需要的拍摄效果。

性状：红色立方晶体；吸湿；加热时分解；溶解性：溶于水、乙醇、乙醚、丙酮、吡啶；不溶于氯仿、甲苯。

结构性质：硫氰化铁的形成遵循了“dsp杂化”。因为铁元素的3d能级有5个轨道，所以铁失去 3 个电子后，得到的铁离子形成了半充满的 d 轨道，从而比失去 2 个电子形成的亚铁离子要稳定(见洪特规则)。经过重整，有 2 个 3d 轨道、1 个 4s 轨道和 3 个 4p 轨道进行杂化，就形成了“dsp 杂化轨道”(内轨型轨道)。从而可以知道其电子云伸展方向是正八面体，其配合物离子表示为$[Fe(SCN)_6]^{3-}$。

使用硫氰化铁来鉴定铁的方法：取 SCN^-溶液，与 Fe^{3+}混合，即有血红色出现；该颜色在戊醇或醚中更为明显；但是，在实验前必须除去亚硝酸根，否则会生成 NOSCN，显红色，干扰实验，但红色在加热后消失。溶液中的碳酸钠会干扰实验，生成氢氧化铁沉淀，而且显色时间不长，很快便被还原为无色的硫氰化亚铁。

第八章　设计实验

“设计实验”是无机及分析化学实验中的一项重要内容，即学生在掌握了一定的实验技能和方法的基础上，运用所学知识，自行提出问题，进行选题并设计研究方案，通过实施实验、观察实验现象、对实验结果进行分析处理等环节最终得出正确的研究结论。

设计实验要求学生根据实验题目和所学知识查阅文献，进行归纳总结，设计出切实可行的实验方案，并独立完成实验，经过对实验数据处理和总结，最后把实验结果正确地表达出来、完成实验总结报告。

设计实验能够激发学生学习化学的浓厚兴趣，有助于培养学生理论联系实际、解决问题的能力，既加强巩固学生的基本技能训练，又为学生提供一个综合运用知识、自主探究实验的平台，能够掌握科学研究的基本方法和手段，培养学生环保和绿色化学意识，以及严谨的科学态度和科研创新精神，使学生的综合素质得到全面提高，为以后的学习和科研奠定坚实的基础。

第一节　分析类设计性实验

一、目的

为了培养学生自主实践能力和探索创新精神，为学生在“学”与“用”相结合、“理论”和“实践”相结合的学习过程中创造“自主”实践的机会，在将“知识”逐渐转化为“能力”的过程中成长，在完成基础实验以后，分析化学实验课安排了自主设计性实验。“自主”是指自主选题、自主设计方案。在自主设计实验过程中，可以采用学生自带选题与实验室提供的选题相结合，学生自主设计方案与课外自主学习相结合，培养学生独立思维能力和自主实践能力，将多学科知识综合运用，使学生从接受式学习向探索式学习自然转变。

在设计性实验课上，学生可以按照自己的兴趣和需求，从实验室所提供的实验题目中选择1个实验题目，用2~3周时间自主设计实验方案，学生通过调查研究、查阅文献、理论计算、分析论证、提交计划、与教师多次相互交流等，论证方案的可行性并反复修改。

(1) 在全面理解各种不同分析方法、原理、特点及应用范围的基础上，学会正确的选择分析方法，综合运用分析化学的理论知识，自行设计分析方案。

(2) 针对实际分析试样，试验试样的分解和干扰组分的分离。

(3) 针对要解决的实际问题，学会查阅资料。

(4) 巩固分析化学实验操作技术，提高分析化学实验技能。

二、要求

1. 分析方法的选择

应首先对实验题目进行分析解读，在了解试样的来源和特点的前提下，估计试样的大致成分。查阅资料，选择适当的分析方法。在选择分析方法时，应考虑待测组分的性质、含量的高低以及共存组分的干扰，尽量选择能避免干扰的方法。通常来说，常量组分选择滴定分析法或重量分析法，微量组分选择分光光度法。

2. 分析方案的设计

学生的自主实验方案要有可操作性。实验方案设计中要求做到思路清晰、原理明确、计算准确、步骤详细，正确表达各组分含量的计算公式、量的符号、量的单位，查阅计算所用的相关参数。试剂选择、取量范围要有计算依据，配制、标定方法要有可行性操作规程。

分析方案应包括：试样的分解、干扰组分的分离、测定方法的理论依据、测定条件、滴定方式、所需仪器和试剂、标准溶液及配制方法、具体实验步骤、测定结果的计算方法等。实验步骤可以用图示的方法表示。在能达到准确度要求的前提下，分析方案应该尽量简单快速、节约成本、绿色环保。将设计的方案交教师批阅，或通过同学之间讨论交流的方式进一步修改和完善。最后，经教师审阅后可在设计性实验课上实施自己的实验方案。

3. 实验探究

根据试样的性质选择合适的溶剂分解试样，必要时做溶解性实验。根据待测组分的含量确定称取试样的质量。必要时需要通过粗测来了解待测组分的大致含量。所需标准溶液的浓度和用量也要做出相应的计算，做到心中有数。然后按照分析方案进行实验。若发现设计的方案有不合理之处，应该反复试验，修改方案，找出最佳实验条件，提出较成熟的分析方案。

4. 实验报告

实验结束后要认真总结并完成实验报告，除了设计实验方案基本内容和原始数据外，还要进行实验数据处理并表达出实验结果(表格)；如果在实验中对预先设计的方案有所改动要说明原因，并写出操作步骤。对自己所设计的实验方案和实验结果给予客观的评价，写出相关的讨论内容和总结。

设计性实验报告的要求：

(1) 实验题目。

(2) 学生姓名。

(3) 前言(简单表述)。

(4) 设计方案原理：总体设计思想，可用框图简单表示。设计方案中的理论计算，即方案可行性依据，这是方案的重点部分。要求做到思路清晰、理论正确、计算准确、步骤详细，测定结果的公式表达(量化依据)要准确、规范，固体样品用质量分数表示，水质样品用质量浓度表示。

(5) 主要仪器和试剂：试剂的选择要有依据，取量范围要有计算依据，配制、标定方法要有可行性操作规程。

(6) 分析测试方法：自主设计的操作规程要有切实的可操作性，应详细表述。

(7) 操作步骤。

(8) 原始记录(要求齐全)。

(9) 实验结果与数据处理：该内容为实验报告中的重点部分，体现实验的成果，与实验课堂的教学中实验数据处理的要求相同。

(10) 评价与讨论。

(11) 注意事项。

(12) 参考文献。

(13) 总结。

三、设计性实验题目

1. 实验目的

(1) 在天平称量、酸碱滴定等基本操作训练的基础上，进一步巩固有关知识、提高实验操作技能。

(2) 学习查阅参考文献及书写实验总结报告。

(3) 培养学生独立操作、独立分析问题、解决问题的能力，提高创新思维和实验组织能力，获得科学研究的初步训练。

2. 实验要求

(1) 从上述题目中，选一个设计实验项目。

(2) 根据所选定的实验题目，运用所学的酸碱、配位或氧化还原理论知识，查阅有关的参考资料，设计出各未知浓度组分的测定原理及测定步骤，拟定分析方案。

(3) 经教师审阅后，独立完成实验并提交实验报告。

3. 设计内容

分析方案的设计应包括方法原理、试剂配制、标准溶液的配制和标定、指示剂的选择、所需仪器、取样量的确定、固体试样的溶样方法、具体的分析步骤以及分析结果的表达等。

4. 实验题目

实验三十六　酸碱滴定设计实验

Ⅰ　磷酸二氢钠-磷酸一氢钠混合物中各组分含量的测定

Ⅱ　HCl-H_3BO_3混合液中各组分浓度的测定

Ⅲ　HCl-HAc 混合液中各组分浓度的测定

Ⅳ　NH_3-NH_4Cl 混合液中各组分浓度的测定

Ⅴ　阿司匹林片剂中乙酰水杨酸含量的测定

(1) 应考虑的问题：

① 对酸碱组分是否能进行准确滴定进行判断。

② 设计方法的原理包括：化学计量点的产物、化学计量点的 pH 值、指示剂的选择，滴定误差的大小等。

③ 指示剂选择、配制。

④ 滴定剂的标定，滴定剂和被滴定物质的浓度可假设为 $0.1mol \cdot L^{-1}$，据此可估算其溶液的取样量。

(2) 实验室提供的试剂：

丙三醇(原装)、甘露醇(原装)、氯化钙(原装)、溴甲酚绿($1g \cdot L^{-1}$)、溴酚蓝($1g \cdot L^{-1}$)、百里酚酞($1g \cdot L^{-1}$)、酚酞($2g \cdot L^{-1}$)、甲基红($2g \cdot L^{-1}$)、甲基橙($2g \cdot L^{-1}$)、盐酸(原装)、

氢氧化钠(原装)、碳酸钠(基准)、硼砂(基准)、邻苯二甲酸氢钾(基准)等。

实验三十七　配位滴定设计实验

Ⅰ　铁铝混合液中各组分含量的测定

Ⅱ　Mg-EDTA 混合液中各组分含量的测定

Ⅲ　铝镁合金中铝和镁含量的测定

Ⅳ　铜镍合金中铜和镍含量的测定

Ⅴ　硫酸铝中铝和硫含量的测定

(1) 应考虑的问题:

① 一种金属离子或两种金属离子共存时，是否能被准确滴定?适宜的酸度范围是多少?

② 两种或两种以上金属共存时，能否控制酸度进行选择性滴定?

③ 掩蔽剂的选择和应用是配位滴定成功的关键，掩蔽的方法有配位掩蔽法、氧化还原掩蔽法、沉淀掩蔽法等。

④ 要注意金属离子指示剂的酸效应引起的滴定误差，即可根据滴定误差确定滴定体系的最佳酸度。

⑤ 滴定剂和被滴定物质的浓度设定在 0.02mol · L^{-1}左右，据此可考虑其溶液的取样量。

⑥ 标定 EDTA 用什么基准物?称量范围是多少?选择何种指示剂?滴定误差是多少?

⑦ 所用的缓冲溶液对滴定体系是否产生干扰?如何配制?用量为多少?

(2) 实验室提供的试剂:

EDTA(原装)、磺基水杨酸(质量分数 10%)、盐酸(原装)、甲基红(2g · L^{-1})、铬黑 T(5g · L^{-1})、二甲酚橙(2g · L^{-1})、氨水(原装)、氯化铵(原装)、六亚甲基四胺(原装)、氧化锌(基准)等。

实验三十八　氧化还原滴定设计实验

Ⅰ　注射液中葡萄糖含量的测定

Ⅱ　酸牛奶中钙含量的测定

Ⅲ　水中溶解氧(DO)的测定

Ⅳ　锰铁合金中锰和铁含量的测定

Ⅴ　蔬菜或水果中维生素 C 含量的测定

(1) 应考虑的问题:

① 高锰酸钾法、重铬酸钾法、碘量法是主要采用的方法。

② 滴定前，试样的氧化还原处理要彻底，过量的试剂要易消除，避免产生干扰。

③ 必须明确反应物和产物之间的计量关系，写出定量计算公式。

④ 注意氧化还原反应的介质条件，如温度、酸度、催化剂等。

(2) 实验室提供的试剂:

高锰酸钾、硫代硫酸钠、硫酸亚铁铵、碘化钾、硫氰酸钾、重铬酸钾(基准)、碘酸钾(基准)、铜(基准)、草酸钠(基准)、盐酸(原装)、硫酸(原装)、磷酸(原装)、邻菲罗啉、甲基红(2g · L^{-1})、甲基橙(2g · L^{-1})等。

第二节　无机及分析类设计性实验

实验三十九　由含铝废弃物制备明矾及其组成测定

一、目的意义

(1) 加深对铝及其化合物性质的认识，了解铝的两性，熟悉明矾的性质和应用。

(2) 试验利用废铝制备明矾的可行性，掌握目标化合物的制备和组成测定的方法。

(3) 学会自主学习与团结协作，提高发现、分析及解决问题的能力。

二、论文要求

摘要(Abstract)：摘要是对论文内容概括性的简短陈述，要求简要说明研究工作的目的、主要内容、研究结果、结论、科学意义或应用价值等，是一篇具有独立性和完整性的短文，应涵盖标题中“产物的制备”和“组成测定”两部分的内容。摘要中不宜使用公式、图表以及非公知公用的符号和术语，不标注引用文献编号。摘要要求详略得当，一般为200~300字左右。

关键词(Keyword)：关键词是供检索使用的，主题词条应为通用技术词汇，不得自造关键词。关键词一般为3~5个，按词条外延层次(学科目录分类)由高至低顺序排列。

前言(Introduction)：或称引言、导言，前言应综合评述前人工作，阐述论文工作的选题背景、目的和意义、论文所要研究的主要内容，对所研究问题的认识，以及在此基础上提出的问题等。前言内容应全面，论述结构应合理，段落层次要分明，阐述重点应突出，语言组织要流畅，且不单独体现“实验目的”“实验原理”等项目。本实验应根据铝的性质，说明由铝单质转变成铝化合物可采用的多种方法，通过进一步反应，生成目标化合物，然后对其组成进行分析；制备和分析方法应多样，针对各种方法进行综述，从中择优选出适合的方法，制定出合理的实验方案。

实验部分(Experiment)：制定切实可行的实验方案，包括试剂和仪器部分，实验内容应全面、具体，实验条件应明确，不可使用模糊的词语，如：适量试剂、一定温度下等；格式应规范，图表要清晰。

结果与讨论(Results and discussion)：对整个实验过程中所观察到的现象和所获取的数据进行数据处理、分析、归纳和总结；从理论(机理)上对实验结果加以解释。描述现象时要分清主次、抓住本质；图、表要精心设计、制作，使人一目了然；分析问题必须以事实为基础，以理论为依据，有逻辑性，切中要害，不能主观、武断、想当然；应说明结果的可信性、再现性和误差。最后，归纳整个论文的主要成果，应突出论文的创新点，以简练的文字对论文的主要工作进行评价。若不能得出预期结论，则需进行必要的讨论。可以在结论或讨论中提出建议、研究设想及尚待解决的问题等。

参考文献(Reference)：“参考文献”的引用是论文写作不可分割的重要部分，是论文中引用文献出处的目录。凡引用本人或他人文献中的学术思想、观点或研究方法、设计方案等，不论借鉴、评论、综述，还是用作立论依据、学术发展基础，都应编入参考文献目录。

非正式发表的资料一般不得引用，如在百度、google 等查阅的资料；每条文献的信息(作者、文献题目、期刊名称、年、卷、期、页码)应完整，符合格式规范。产品说明书不能作为参考文献；同一文献只能在参考文献目录中列用一次。”

三、实验安全及注意事项

(1) 注意用电安全、加热安全、试剂的取用安全等，防止意外事故发生。

(2) 如果原料是易拉罐，要注意材质应为铝罐，而不是铁罐等其他材质，反应前需要事先用砂纸打磨掉表面的涂层，打磨时须垫上石棉板等阻隔材料，严禁在实验台面上直接打磨。

(3) 应了解反应中涉及的铝及各种铝化合物的性质，在前言中的相关部分加以表述。

(4) 所需药品均为原装，按所需浓度自行配制，要求课前制定好配制方法，严格按照反应计量比取用。

(5) 合理安排时间，打好穿插配合。

实验四十 由废铜屑制备甲酸铜及其组成测定

一、目的意义

(1) 加深对铜及其化合物性质的认识，熟悉甲酸铜的性质和应用。

(2) 掌握目标化合物的制备和组成测定的方法。

(3) 学会自主学习与团结协作，提高发现问题、分析问题及解决问题的能力。

二、论文要求

参见实验三十九“由含铝废弃物制备明矾及其组成测定”。

三、实验安全及注意事项

为了确保实验安全，避免意外伤害事故发生，应注意以下事项并严格遵照执行：

1. “安全”为了实验，实验必须“安全”，禁止“蛮干”。

首先，必须有“安全”意识，严格遵守实验操作规程；其次，应有相应的防护措施，实验过程中佩戴护目镜、胶手套等防护用品，同时，应熟悉意外事故应急处理措施。

2. 浓酸、碱、过氧化氢等强腐蚀性试剂应注意安全使用，注意加入试剂的温度和速度，避免溢出或飞溅；液体应缓慢滴加，固体应分批加入；

3. 注意用电安全，正确使用电炉，注意电源线不要搭在电炉面板上，紧急情况下应先断电。

4. 注意加热安全，防止烫伤，禁止将高温容器直接放在台面上，各种试剂必须远离热源。

5. 观察现象时，不要将头部伸入通风橱内；禁止头部贴近反应器；不可将反应器举过头顶；从下口瓶取用液体试剂时，不要蹲下，眼睛不可低于溶液出口；转移药品时不要快速走动，注意自身防护并提醒他人注意避让。

6. 所提供药品均为原装，按所需浓度自行配制，要求课前制定好配制方法，避免课上耽误时间。

7. 原料废铜屑的称量质量应适量，课前查阅反应中涉及的铜及各种铜化合物的性质，在前言中的相关部分加以表述。

8. 各种试剂应严格按照反应计量比取用，避免浪费，例如，用酸溶解铜时，酸量不宜过大，否则会给后续中和带来麻烦；打开液体试剂瓶时，头部应躲开瓶口的正上方，防止瓶内气体将瓶盖冲出造成危险；称量药品时避免撒落在秤盘或台面上，称量完毕，将试剂瓶盖盖好，禁止“张冠李戴”，以免污染瓶内药品。

9. 提前查阅甲酸的性质，如密度、含量等，并根据实际情况提前计算用量。

参 考 文 献

[1] 王金刚，苗金玲，范迎菊，等．无机及分析化学实验学习指导[M]．第一版．北京：科学出版社，2016.

[2] 范勇，屈学俭，徐家宁．基础化学实验无机化学实验分册[M]．第二版．北京：高等教育出版社，2015.

[3] 王英华，魏士刚，徐家宁．基础化学实验化学分析实验分册[M]．第二版．北京：高等教育出版社，2015.

[4] 北京大学化学与分子工程学院分析化学教学组．基础分析化学实验[M]．第三版．北京：北京大学出版社，2010.

[5] 武汉大学．分析化学实验[M]．第五版．北京：高等教育出版社，2011.

[6] 中山大学等校．无机化学实验[M]．第三版．北京：高等教育出版社，2015.

[7] 南京大学《无机及分析化学实验》编写组．无机及分析化学实验[M]．第三版．北京：高等教育出版社，1998.

[8] 王彤，段春生．分析化学实验[M]．第二版．北京：高等教育出版社，2013.

[9] 李克安．分析化学教程[M]．第一版．北京：北京大学出版社，2005.

[10] 武汉大学．分析化学[M]．第六版．北京：高等教育出版社，2016.

a. 滴定前

b. 滴定终点

图 5　硝酸银溶液的标定

a. 比较标准的颜色

b. 颜色微发黄（可能是 Fe^{2+} 转变成 Fe^{3+}）

图 6　硫酸亚铁铵的制备（小火加热至微沸）

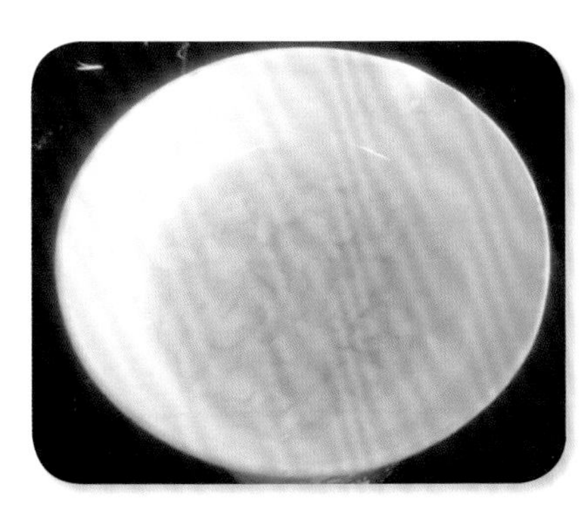

a. 比较标准的颜色

b. 颜色微发黄（可能是 Fe^{2+} 转变成 Fe^{3+}）

图 7　硫酸亚铁铵的制备（晶体析出）

a. 溶液

b. 晶体析出（正视图）

c. 晶体析出（俯视图）

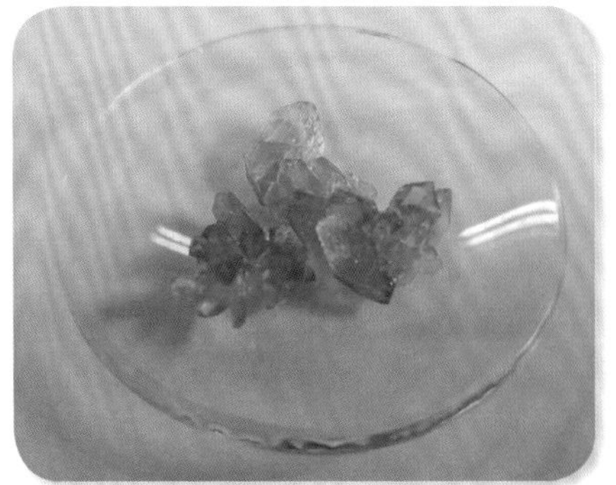

d. 晶体（过滤后）

图 8　三草酸合铁（Ⅲ）酸钾

责任编辑：任翠霞
责任校对：李　伟
封面设计：五色空间

关注官方微博
获取更多资讯

ISBN 978-7-5114-5422-5

定价：40.00元